U0386753

TensorFlow 2
强化学习手册

[美] 普拉文 · 帕拉尼萨米(Praveen Palanisamy) 著
陈 翔 王玺钧 译

清華大学出版社
北京

北京市版权局著作权合同登记号　图字：01-2021-2897

图书在版编目（CIP）数据

TensorFlow 2 强化学习手册 /（美）普拉文 • 帕拉尼萨米（Praveen Palanisamy）著；陈翔，王玺钧译. —北京：清华大学出版社，2023.12
（中外学者论 AI）
ISBN 978-7-302-64338-8

Ⅰ. ①T…　Ⅱ. ①普…　②陈…　③王…　Ⅲ. ①人工智能-算法　Ⅳ. ①TP18

中国国家版本馆 CIP 数据核字（2023）第 144615 号

责任编辑：王　芳
封面设计：刘　键
责任校对：徐俊伟
责任印制：宋　林

出版发行：清华大学出版社
网　　址：https://www.tup.com.cn, https://www.wqxuetang.com
地　　址：北京清华大学学研大厦 A 座　　邮　　编：100084
社 总 机：010-83470000　　邮　　购：010-62786544
投稿与读者服务：010-62776969, c-service@tup.tsinghua.edu.cn
质 量 反 馈：010-62772015, zhiliang@tup.tsinghua.edu.cn
课 件 下 载：https://www.tup.com.cn, 010-83470236
印 装 者：三河市少明印务有限公司
经　　销：全国新华书店
开　　本：185mm×260mm　　印　　张：21.75　　字　　数：503 千字
版　　次：2023 年 12 月第 1 版　　印　　次：2023 年 12 月第 1 次印刷
印　　数：1～2000
定　　价：99.00 元

产品编号：092441-01

译者序

TRANSLATOR PREFACE

随着人工智能和机器学习技术的不断发展，强化学习已经成为当前研究热点之一。它为机器提供了学习和改进行为的能力，帮助机器在没有人类监督的情况下执行各种任务。强化学习作为一种重要的机器学习方法，在各行各业得到了广泛应用。从游戏玩家到自动驾驶车辆，从金融交易到医疗诊断，强化学习的应用领域日益广泛。在这个过程中，TensorFlow 作为最流行的深度学习框架之一，在强化学习领域发挥着重要作用。

在这个背景下，我们非常高兴能有机会翻译本书。作者 Praveen Palanisamy 是微软高级 AI 工程师，在自动驾驶技术和深度强化学习领域有着丰富的经验。他曾经为自动驾驶汽车开发深度强化学习算法，并在学术界和创业公司中为建立自主机器人和智能系统做出了巨大贡献。作者在书中提供了从基础的强化学习概念到进阶的深度强化学习算法实现细节，帮助读者深入理解并实际应用 TensorFlow 2.x 框架和相关工具库，提供了一系列关于如何使用 TensorFlow 2.x 来构建、训练和部署强化学习系统的实用知识和技能。

本书从强化学习的基础知识和 TensorFlow 2.x 框架的概述开始，逐步深入地讲解如何使用 TensorFlow 2.x 构建强化学习系统。本书共 9 章，可以分为三大部分。首先，本书介绍了强化学习环境的构建，然后讲解了基于模型和无模型的强化学习算法，并深入介绍更高级的强化学习算法，以及讲解了如何使用这些算法来训练智能体。接下来，书中涵盖如何在现实世界中使用强化学习，例如构建加密货币交易智能体、股票/股票交易智能体和用于自动完成任务的智能体。最后，本书介绍了如何将深度强化学习智能体部署到云端，如何使用分布式训练加速深度强化学习智能体开发，以及如何使用 TensorFlow 2.x 为网页、移动设备和其他平台构建跨平台应用程序。

本书在每章都提供了详细的代码实现，帮助读者从零开始构建自己的强化学习系统。在阅读本书时，可以利用书中的代码进行实践并运行每个示例。这样不仅能加深对强化学习算法的理解，还能学到如何在实际系统中部署强化学习智能体。

总之，这是一本非常实用的强化学习入门书，作者通过深入浅出的方式，使读者可以很容易地理解和实现强化学习的基本概念和算法。通过本书的学习，读者可以掌握如何使用 TensorFlow 2.x 构建强化学习模型，并且可以通过本书中的具体代码实现进一步深入学习强化学习的知识。

在本译著诞生过程中，除译著者理应竭尽所能的本分外，更离不开诸多参与初稿和校对工作的学生们毫无保留的贡献，他们是冯俊杰、林浩鑫、林嘉鸿、刘昭炀、马力斐、申国斌、宋时雨、韦泳荃、吴不为、周晓峰、朱建航等。还要感谢原著作者和清华大学出版社协助提供本书英文版本原始文件，为本书的翻译成稿提供了极大的便利。

由于译者的水平所限，且全书篇幅较大，本译著难免存在一些不妥之处，恳请各位读者批评指正。

陈　翔　王玺钧

2023 年 1 月

前言
PREFACE

深度强化学习能够构建超越计算机视觉或感知的智能体、产品和服务来执行操作。TensorFlow 2.x 是最流行的深度学习框架的最新版本，用于开发和训练**深度神经网络（Deep Neural Network，DNN）**。

本书首先介绍了深度强化学习的基础知识和 TensorFlow 2.x 的最新主要版本。接下来的内容涵盖了 OpenAI Gym、基于模型的强化学习和无模型的强化学习，以及学习如何开发基本智能体。接着，读者将了解如何实现高级的深度强化学习算法，如行动者-评论家、深度确定性策略梯度、深度 Q 网络、近端策略优化、深度循环 Q 网络和软行动者-评论家等算法，以训练强化学习智能体。读者还将通过构建加密货币交易智能体、股票/股份交易智能体和用于自动完成任务的智能体来探索现实世界中的强化学习。最后，读者将了解如何将深度强化学习智能体部署到云端，以及如何使用 TensorFlow 2.x 为 Web 端、移动端和其他平台构建跨平台应用程序。

通过本书，可以使用 TensorFlow 2.x 从头开始进行简单易懂的实现，读者可以更深入理解深度强化学习算法。

本书的目标读者

本书是面向希望使用 TensorFlow 2.x 从零开始构建、训练和部署自己的强化学习系统的机器学习应用开发者、人工智能和应用人工智能研究人员、数据科学家、深度学习从业者和了解强化学习基础知识的学生。

本书涵盖的内容

第 1 章，使用 TensorFlow 2.x 开发深度强化学习的基本模块，提供了为具有离散和连续动作空间的强化学习应用构建强化学习环境、基于深度神经网络的强化学习智能体、进化神经智能体以及其他基本模块的初始教程。

第 2 章，基于价值、策略和行动者-评论家的深度强化学习算法实现，包含实现基于价值迭代的学习智能体的方法，并将强化学习中几个基础算法（如蒙特卡洛控制、SARSA 和 Q 学习、行动者-评论家以及策略梯度算法）的实现分解为简单的步骤。

第 3 章，高级强化学习算法的实现，提供了使用深度 Q 网络（Deep Q-Network，DQN）、双重与竞争深度 Q 网络（Double and Dueling Deep Q-Network，DDDQN）、深度循环 Q 网络（Deep Recurrent Q-Network，DRQN）、异步优势行动者-评论家（Asynchronous Advantage Actor-Critic，A3C）、近端策略优化（Proximal Policy Optimization，PPO）以及深度确定性策略梯度（Deep Deterministic Policy Gradient，DDPG）算法实现完整智能体训练系统的简明方法。

第 4 章，现实世界中的强化学习——构建加密货币交易智能体，展示了如何使用来自 Gemini 等交易所的真实市场数据在自定义强化学习环境中实现和训练一个软行动者-评论家智能体，用于比特币和以太币交易，其中包括表格和视觉（图像）的状态/观测以及离散和连续的动作空间。

第 5 章，现实世界中的强化学习——构建股票/股份交易智能体，涵盖了如何在由真实的股票市场交易数据支撑的自定义强化学习环境中训练高级的强化学习智能体，使用可视化价格图表和/或表格票证数据等在股票市场上进行交易以获取利润。

第 6 章，现实世界中的强化学习——构建智能体来完成您的待办事项，提供了构建、训练和测试基于视觉的强化学习智能体来完成 Web 上的任务的方法，以帮助您自动完成任务，如单击网页上的弹出/确认对话框、登录各种网站、查找并预订最便宜的行程机票、整理您的电子邮件收件箱，以及在社交媒体网站上点赞/分享/转发帖子以与您的关注者互动。

第 7 章，在云端部署深度强化学习智能体，提供了工具和详细信息，帮助读者领先一步使用深度强化学习提前建立基于云的模拟即服务和智能体/机器人即服务程序。通过部署交易机器人即服务，学习如何使用在云端运行的远程模拟器来训练强化学习智能体，组装强化学习智能体的运行组件，以及将深度强化学习智能体部署到云端。

第 8 章，使用分布式训练加速深度强化学习智能体开发，包含了使用 TensorFlow 2.x 进行深度神经网络模型的分布式训练以加速深度强化学习智能体开发的方法。您将了解如何在单台机器和机器集群上利用多个 CPU 和 GPU 来纵向/横向扩展您的深度强化学习智能体训练，以及如何利用 Ray、Tune 和 RLLib 进行大规模加速训练。

第 9 章，深度强化学习智能体的多平台部署，提供了可自定义的模板，读者可以利用这些模板来为自己的用例构建和部署深度强化学习应用程序。读者将了解如何以各种实际使用的格式（如 TensorFlow Lite、TensorFlow.js 和 ONNX）导出用于服务/部署的强化学习智能体模型，并了解如何利用 NVIDIA Triton 或构建您自己的解决方案来启动可实际使用的、基于强化学习的人工智能服务。读者还可以在手机和 Web 应用程序中部署强化学习智能体，并学习如何在 Node.js 应用程序中部署强化学习机器人。

书尽其用的建议

本书的代码已经在 Ubuntu 18.04 和 Ubuntu 20.04 上进行了广泛的测试，而且可以在安装了 Python 3.6+ 的 Ubuntu 后续版本中正常工作。在安装 Python 3.6 的情况下，搭配每项内容开始时列出的必要 Python 工具包，本书的代码也同样可以在 Windows 和

macOS X 上运行。

建议创建和使用一个名为 tf2rl-cookbook 的 Python 虚拟环境安装工具包以及运行本书的代码。推荐读者安装 Miniconda 或 Anaconda 管理 Python 虚拟环境。

建议对 GitHub 存储库加注星标并进行分叉，以便接收代码的更新和改进。此外，建议读者在 GitHub 本书讨论区分享自己的成果，并与其他读者和社区进行互动。

示例代码文件的下载

扫描下方二维码下载全书示例代码。

彩色图像的下载

本书提供了书中图像的 PDF 文件，包含本书中使用的屏幕截图/图表的彩色图像，可以扫描下方二维码下载。

使用的约定

本书中使用了许多文本约定。

Code in text：表示文本中使用的代码字。下面是一个示例："我们将从实现 Actor 类中的 save 方法开始，以将 Actor 模型导出为 TensorFlow 的 SavedModel 格式。"

代码块的设置如下：

```
def save(self, model_dir: str, version: int = 1):
    actor_model_save_dir = os.path.join(model_dir, "actor", str(version),
        "model.savedmodel")
    self.model.save(actor_model_save_dir, save_format="tf")
    print(f"Actor model saved at:{actor_model_save_dir}")
```

对于代码块的特定部分，相关行或项将以粗体显示[①]：

① 译者注：此处原书也未体现粗体。

```
if args.agent != "SAC":
    print(f"Unsupported Agent: {args.agent}. Using SAC Agent")
    args.agent = "SAC"
    # Create an instance of the Soft Actor-Critic Agent
    agent = SAC(env.observation_space.shape, env.action_space)
```

任何命令行输入或输出都按如下方式给出：

```
(tfrl-cookbook)praveen@desktop:~/tensorflow2-reinforcement-learning-
cookbook/src/ch7-cloud-deploy-deep-rl-agents$ python 3
_training_rl_agents_using_remote_sims.py
```

粗体（Bold）：表示新术语、重要词或屏幕上看到的词。例如，菜单或对话框中的单词会像这样出现在文本中。例如，"单击**打开现有项目（Open an Existing Project）**选项，可以看到一个弹出窗口，询问选择文件系统上的目录。导航到第 9 章的内容，并选择 **9.2_rl_android_app**。"

> **提示或重要说明**
> 像这样出现。

目录
CONTENTS

第 1 章 使用TensorFlow 2.x开发深度强化学习的基本模块

本章对深度强化学习（**Deep Reinforcement Learning，DRL**）的基本原理进行了具体的描述，其中包含使用最新的 **TensorFlow 2.x** 版本实现基本模块的方法，包括在 **OpenAI Gym** 这一强化学习（**Reinforcement Learning，RL**）环境开发基于神经网络的智能体（Agent），以及用于解决深度强化学习在离散和连续值空间上应用的进化神经网络智能体的方法。

本章讨论了以下内容：

- 构建训练强化学习智能体的环境和奖励机制；
- 针对离散动作空间和离散决策问题实现基于神经网络的强化学习策略；
- 针对连续动作空间和连续控制问题实现基于神经网络的强化学习策略；
- 将 OpenAI Gym 作为强化学习的训练环境；
- 构建神经网络智能体；
- 构建神经网络进化智能体。

1.1 技术要求

本书的代码已经在 Ubuntu 18.04 和 Ubuntu 20.04 上进行了广泛的测试，而且可以在安装了 Python 3.6+ 的 Ubuntu 后续版本中正常工作。在安装 Python 3.6 的情况下，搭配每项内容开始时列出的必要 Python 工具包，本书的代码也同样可以在 Windows 和 mac OS X 上运行。建议读者创建和使用一个命名为 tf2rl-cookbook 的 Python 虚拟环境来安装工具包以及运行本书的代码。推荐读者安装 Miniconda 或 Anaconda 来管理 Python 虚拟环境。

1.2 构建训练强化学习智能体的环境和奖励机制

本节将引导读者构建 **Gridworld** 学习环境训练强化学习智能体。Gridworld 是一个用网格表示的简单环境。网格上的每个位置称为单元格。在这个环境中，智能体的目标是在网格中找到可以到达目标单元格的路径，如图 1.1 所示。

图 1.1　Gridworld 环境的屏幕截图

智能体在网格中的位置用蓝色单元格表示，目标的位置用绿色单元格表示，地雷/炸弹/障碍物的位置用红色单元格表示。智能体（蓝色单元格）需要在不越过地雷/炸弹（红色单元格）的情况下，在网格中找到到达目标（绿色单元格）的路径。

1.2.1　前期准备

为了完成本节内容，需要激活命名为 tf2rl-cookbook 的 Python/Conda 虚拟环境并在命令行运行 pip install numpy gym。如果下面的导入语句在运行时没有出现问题，就可以准备开始了：

```
import copy
import sys
import gym
import numpy as np
```

1.2.2　实现步骤

为了训练强化学习智能体，需要一个类似于监督学习所用数据集的学习环境。该学习环境是一个模拟器，它为强化学习智能体提供观测值，让强化学习智能体可以执行一系列动作，并根据智能体执行的动作返回奖励/新的观测。

执行以下步骤可以实现一个 Gridworld 学习环境，该环境是一个简单的二维地图，其中彩色单元格表示智能体、目标、地雷/炸弹/障碍物、墙和网格上的空白位置。

（1）首先定义在 Gridworld 环境中使用的不同单元格状态及其颜色之间的映射：

```
EMPTY = BLACK = 0
```

```
WALL = GRAY = 1
AGENT = BLUE = 2
MINE = RED = 3
GOAL = GREEN = 4
SUCCESS = PINK = 5
```

（2）使用 RGB 强度值生成颜色图：

```
COLOR_MAP = {
    BLACK: [0.0, 0.0, 0.0],
    GRAY: [0.5, 0.5, 0.5],
    BLUE: [0.0, 0.0, 1.0],
    RED: [1.0, 0.0, 0.0],
    GREEN: [0.0, 1.0, 0.0],
    PINK: [1.0, 0.0, 1.0],
}
```

（3）定义动作映射：

```
NOOP = 0
DOWN = 1
UP = 2
LEFT = 3
RIGHT = 4
```

（4）创建一个 GridworldEnv() 类，用 __init__() 函数定义包括观测空间和动作空间的类变量：

```
class GridworldEnv():
    def __init__(self):
```

将在以下步骤中实现 __init__() 函数。

（5）使用单元格状态映射定义 Gridworld 环境的布局：

```
self.grid_layout = """
       1 1 1 1 1 1 1 1
       1 2 0 0 0 0 0 1
       1 0 1 1 1 0 0 1
       1 0 1 0 1 0 0 1
       1 0 1 4 1 0 0 1
       1 0 3 0 0 0 0 1
       1 0 0 0 0 0 0 1
       1 1 1 1 1 1 1 1
       """
```

在上述布局中，根据步骤（1）中所定义的映射，0 对应于空单元格，1 对应于墙，2 对应于智能体的起始位置，3 对应于地雷/炸弹/障碍物的位置，4 对应于目标位置。

（6）定义 Gridworld 强化学习环境的观测空间：

```
self.initial_grid_state = np.fromstring(
        self.grid_layout, dtype=int, sep=" ")
self.initial_grid_state = \
        self.initial_grid_state.reshape(8, 8)
self.grid_state = copy.deepcopy(
            self.initial_grid_state)
self.observation_space = gym.spaces.Box(
    low=0, high=6, shape=self.grid_state.shape
)
self.img_shape = [256, 256, 3]
self.metadata = {"render.modes": ["human"]}
```

（7）定义动作空间以及动作与智能体在网格中移动方式的映射关系：

```
self.action_space = gym.spaces.Discrete(5)
self.actions = [NOOP, UP, DOWN, LEFT, RIGHT]
self.action_pos_dict = {
   NOOP: [0, 0],
   UP: [-1, 0],
   DOWN: [1, 0],
   LEFT: [0, -1],
   RIGHT: [0, 1],
}
```

（8）通过使用 get_state() 函数初始化智能体的初始和目标状态来完成 ___init___() 函数的定义（其中 get_state() 函数将在第（9）步中实现）：

```
(self.agent_start_state, self.agent_goal_state,) = \
                                    self.get_state()
```

（9）实现 get_state() 函数，该函数为 Gridworld 环境返回初始和目标状态：

```
def get_state(self):
    start_state = np.where(self.grid_state == AGENT)
    goal_state = np.where(self.grid_state == GOAL)

    start_or_goal_not_found = not (start_state[0] \
                                    and goal_state[0])
    if start_or_goal_not_found:
        sys.exit(
            "Start and/or Goal state not present in
```

```
                "the Gridworld. "
                "Check the Grid layout"
            )
        start_state = (start_state[0][0],
                        start_state[1][0])
        goal_state = (goal_state[0][0], goal_state[1][0])

        return start_state, goal_state
```

（10）实现 step() 函数执行动作并获得下一个状态/观测、相关的奖励以及该回合是否结束：

```
    def step(self, action):
        """return next observation, reward, done, info"""
        action = int(action)
        info = {"success": True}
        done = False
        reward = 0.0
        next_obs = (
            self.agent_state[0] + \
                self.action_pos_dict[action][0],
            self.agent_state[1] + \
                self.action_pos_dict[action][1],
        )
```

（11）设定奖励，并在最后返回 grid_state、reward、done 和 info：

```
    # Determine the reward
        if action == NOOP:
            return self.grid_state, reward, False, info
        next_state_valid = (
            next_obs[0] < 0 or next_obs[0] >= \
                                self.grid_state.shape[0]
        ) or (next_obs[1] < 0 or next_obs[1] >= \
                                self.grid_state.shape[1])
        if next_state_valid:
            info["success"] = False
            return self.grid_state, reward, False, info

        next_state = self.grid_state[next_obs[0],
                                    next_obs[1]]
        if next_state == EMPTY:
            self.grid_state[next_obs[0],
                            next_obs[1]] = AGENT
```

```
    elif next_state == WALL:
        info["success"] = False
        reward = -0.1
        return self.grid_state, reward, False, info
    elif next_state == GOAL:
        done = True
        reward = 1
    elif next_state == MINE:
        done = True
        reward = -1  # self._render("human")
    self.grid_state[self.agent_state[0],
                    self.agent_state[1]] = EMPTY
    self.agent_state = copy.deepcopy(next_obs)
    return self.grid_state, reward, done, info
```

（12）实现 reset() 函数，该函数在一个回合结束时（或者在请求重置环境时）重置 Gridworld 环境：

```
def reset(self):
        self.grid_state = copy.deepcopy(
                                    self.initial_grid_state)
        (self.agent_state, self.agent_goal_state,) = \
                                          self.get_state()

        return self.grid_state
```

（13）为了可视化 Gridworld 环境的状态，实现一个渲染函数，将在第（5）步中定义的 grid_layout 转换为图像并显示。这样实现了 Gridworld 环境：

```
def gridarray_to_image(self, img_shape=None):
        if img_shape is None:
            img_shape = self.img_shape
        observation = np.random.randn(*img_shape) * 0.0
        scale_x = int(observation.shape[0] / self.grid_\
                                             state.shape[0])
        scale_y = int(observation.shape[1] / self.grid_\
                                             state.shape[1])
        for i in range(self.grid_state.shape[0]):
            for j in range(self.grid_state.shape[1]):
                for k in range(3): # 3-channel RGB image
                    pixel_value = \
                        COLOR_MAP[self.grid_state[i, j]][k]
                    observation[
                        i * scale_x : (i + 1) * scale_x,
                        j * scale_y : (j + 1) * scale_y,
```

```
                        k,
                    ] = pixel_value
        return (255 * observation).astype(np.uint8)
    def render(self, mode="human", close=False):
        if close:
            if self.viewer is not None:
                self.viewer.close()
                self.viewer = None
            return

            img = self.gridarray_to_image()
            if mode == "rgb_array":
                return img
            elif mode == "human":
                from gym.envs.classic_control import \
                    rendering
                if self.viewer is None:
                    self.viewer = \
                            rendering.SimpleImageViewer()
                self.viewer.imshow(img)
```

（14）为了测试环境是否按预期工作，添加 __main__ 函数，如果直接运行环境脚本，就会执行该函数：

```
if __name__ == "__main__":
    env = GridworldEnv()
    obs = env.reset()
    # Sample a random action from the action space
    action = env.action_space.sample()
    next_obs, reward, done, info = env.step(action)
    print(f"reward:{reward} done:{done} info:{info}")
    env.render()
    env.close()
```

（15）Gridworld 环境已准备就绪，可以通过运行脚本（python envs/gridworld.py）进行快速测试，将显示如下输出：

```
reward:0.0 done:False info:{'success': True}
```

同时还将显示 Gridworld 环境的以下渲染结果，如图 1.2 所示。

图 1.2 Gridworld

1.2.3 工作原理

在 1.2.2 节中第（5）步定义的 grid_layout 表示学习环境的状态。Gridworld 环境定义了观测空间、动作空间和奖励机制实现**马尔可夫决策过程（Markov Decision Process, MDP）**。从环境的动作空间中抽取一个有效的动作，并在环境中执行所选动作，从而得到新的观测、奖励和表示回合是否结束的布尔状态值，这些将作为 Gridworld 环境对智能体动作的响应。env.render() 函数将环境的内部网格表示转换为图像并显示出来，以便帮助读者直观地理解环境的状态。

1.3 针对离散动作空间和离散决策问题实现基于神经网络的强化学习策略

许多强化学习环境（包括模拟的和真实的）都要求强化学习智能体从动作集合中选择一个动作，换而言之，采取离散动作。虽然可以使用简单的线性函数来表示这类智能体的策略，但它们通常不能拓展到复杂的问题。非线性函数逼近器，如（深度）神经网络，可以逼近任意函数，甚至是解决复杂问题所需的函数。

基于神经网络的策略网络是高级强化学习和**深度强化学习**的重要组成部分，并且适用于一般的离散决策问题。

通过本节，可以实现一个在 **TensorFlow 2.x** 中实现的基于神经网络策略的智能体，该智能体可以在 **Gridworld** 环境中执行动作，也可以在少量或没有修改的情况下在任何其他离散动作空间的环境中执行动作。

1.3.1 前期准备

激活命名为 tf2rl-cookbook 的 Python 虚拟环境并运行以下命令安装和导入软件包：

```
pip install --upgrade numpy tensorflow tensorflow_probability seaborn
import seaborn as sns
import tensorflow as tf
from tensorflow import keras
from tensorflow.keras import layers
import tensorflow_probability as tfp
```

1.3.2 实现步骤

下面探讨智能体在具有离散动作空间的环境中可使用的策略分布类型。

（1）首先使用 TensorFlow_probability 库在 TensorFlow 2.x 中创建一个二元策略分布：

```
binary_policy = tfp.distributions.Bernoulli(probs=0.5)
for i in range(5):
    action = binary_policy.sample(1)
    print("Action:", action)
```

上述代码应该打印出如下类似内容：

```
Action: tf.Tensor([0], shape=(1,), dtype=int32)
Action: tf.Tensor([1], shape=(1,), dtype=int32)
Action: tf.Tensor([0], shape=(1,), dtype=int32)
Action: tf.Tensor([1], shape=(1,), dtype=int32)
Action: tf.Tensor([1], shape=(1,), dtype=int32)
```

重要提示

读者得到的动作值将与此处显示的值会有所不同，因为它们将从伯努利分布(Bernoulli distribution)中采样，而伯努利分布不是一个确定性过程。

（2）快速查看二元策略的分布情况：

```
# Sample 500 actions from the binary policy distribution
sample_actions = binary_policy.sample(500)
sns.distplot(sample_actions)
```

上述代码生成如图 1.3 所示的分布图。

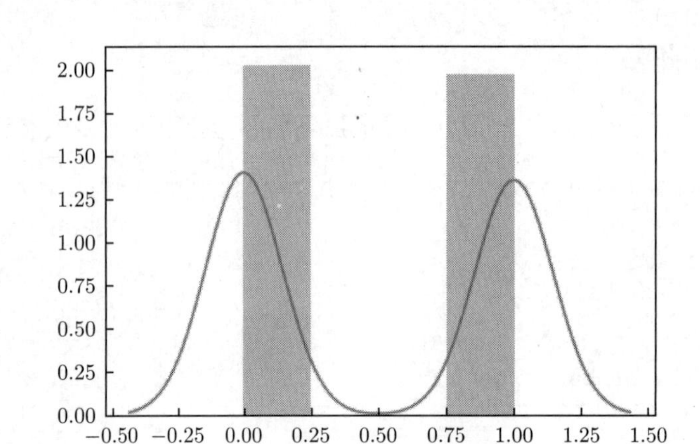

图 1.3　二元策略的分布图

（3）实现一个离散策略分布。在 k 个有限类别上的单个离散随机变量的分布称为**范畴分布**（multinoulli）。将范畴分布推广到多次试验即为表示离散策略分布的多项式（multinomial）分布：

```
action_dim = 4  # Dimension of the discrete action space
action_probabilities = [0.25, 0.25, 0.25, 0.25]
discrete_policy = tfp.distributions.
Multinomial(probs=action_probabilities, total_count=1)
for i in range(5):
    action = discrete_policy.sample(1)
    print(action)
```

上述代码应该打印出如下类似内容：

```
tf.Tensor([[0. 0. 0. 1.]], shape=(1, 4), dtype=float32)
tf.Tensor([[0. 0. 1. 0.]], shape=(1, 4), dtype=float32)
tf.Tensor([[0. 0. 1. 0.]], shape=(1, 4), dtype=float32)
tf.Tensor([[1. 0. 0. 0.]], shape=(1, 4), dtype=float32)
tf.Tensor([[0. 1. 0. 0.]], shape=(1, 4), dtype=float32)
```

> **重要提示**
> 读者得到的动作值与此处显示的值会有所不同，因为它们从多项式分布中采样，这不是一个确定性过程。

（4）查看离散概率的分布：

```
sns.distplot(discrete_policy.sample(1))
```

上述代码将生成一个分布图，如图 1.4 所示的离散策略（discrete_policy）分布图。

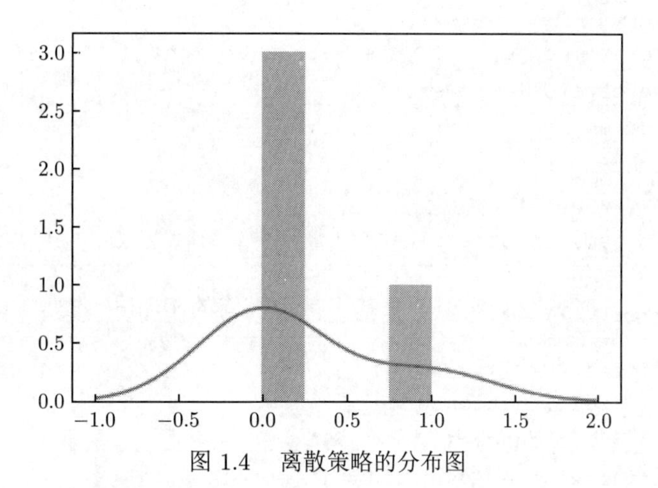

图 1.4　离散策略的分布图

（5）计算离散策略的熵：

```
def entropy(action_probs):
    return -tf.reduce_sum(action_probs * \
                          tf.math.log(action_probs), axis=-1)
action_probabilities = [0.25, 0.25, 0.25, 0.25]
print(entropy(action_probabilities))
```

（6）实现一个离散策略类 DiscretePolicy()：

```
class DiscretePolicy(object):
    def __init__(self, num_actions):
        self.action_dim = num_actions
    def sample(self, actino_logits):
        self.distribution = tfp.distributions.Multinomial(logits=
            action_logits, total_count=1)
        return self.distribution.sample(1)
    def get_action(self, action_logits):
        action = self.sample(action_logits)
        return np.where(action)[-1]
        # Return the action index
    def entropy(self, action_probabilities):
        return - tf.reduce_sum(action_probabilities * tf.math.log(
            action_probabilities), axis=-1)
```

（7）实现一个 evaluate() 函数评估给定环境中的智能体：

```
def evaluate(agent, env, render=True):
    obs, episode_reward, done, step_num = env.reset(),
                                          0.0, False, 0
    while not done:
        action = agent.get_action(obs)
```

```
        obs, reward, done, info = env.step(action)
        episode_reward += reward
        step_num += 1
        if render:
            env.render()
    return step_num, episode_reward, done, info
```

（8）使用 TensorFlow 2.x 实现一个基于神经网络的 Brain() 类：

```
class Brain(keras.Model):
    def __init__(self, action_dim=5,
                input_shape=(1, 8 * 8)):
        """Initialize the Agent's Brain model
        Args:
            action_dim (int): Number of actions
        """
        super(Brain, self).__init__()
        self.dense1 = layers.Dense(32, input_shape=\
                        input_shape, activation="relu")
        self.logits = layers.Dense(action_dim)
    def call(self, inputs):
        x = tf.convert_to_tensor(inputs)
        if len(x.shape) >= 2 and x.shape[0] != 1:
            x = tf.reshape(x, (1, -1))
        return self.logits(self.dense1(x))
    def process(self, observations):
    # Process batch observations using 'call(inputs)' behindthe-scenes
        action_logits = \
                        self.predict_on_batch(observations)
        return action_logits
```

（9）实现一个简单的 Agent() 类，它使用 DiscretePolicy 对象在离散环境中执行动作：

```
class Agent(object):
    def __init__(self, action_dim=5,
                input_dim=(1, 8 * 8)):
        self.brain = Brain(action_dim, input_dim)
        self.policy = DiscretePolicy(action_dim)
    def get_action(self, obs):
        action_logits = self.brain.process(obs)
        action = self.policy.get_action(
                                np.squeeze(action_logits, 0))
        return action
```

（10）在 GridworldEnv() 中测试智能体：

```
from envs.gridworld import GridworldEnv
env = GridworldEnv()
agent = Agent(env.action_space.n,
            env.observation_space.shape)
steps, reward, done, info = evaluate(agent, env)
print(f"steps:{steps} reward:{reward} done:{done} info:{info}")
env.close()
```

本节说明了如何实现一个策略，接下来介绍其工作原理。

1.3.3 工作原理

强化学习智能体的核心组件之一是在观测和动作之间进行映射的策略函数。从形式上讲，策略是动作的一个分布，它给定了在给定观测情况下选择某一动作的概率。

在智能体最多可以执行两个不同动作的环境中，例如，在二元动作空间中，可以使用**伯努利分布**表示策略，其中采取动作 1 的概率为 $p(x=1)=\phi$, 采取动作 0 的概率为 $p(x=0)=1-\phi$, 从而得出以下概率分布：

$$p(x=x)=\phi^{x}(1-\phi)^{(1-x)}$$

当智能体在环境中可以采取 k 种可能的动作之一时，可以使用离散概率分布来表示强化学习智能体的策略。

一般来说，这种分布可用于描述可以取 k 种可能的类别之一的随机变量的可能结果，因此也被称为**分类分布**。这是对伯努利分布进行的 k 种事件的推广，被称为范畴分布。

1.4 针对连续动作空间和连续控制问题实现基于神经网络的强化学习策略

强化学习在许多控制问题中取得了先进的成果，不仅在 Atari、Go、Chess、Shogi 和 StarCraft 等游戏中的控制问题，而且在如 HVAC 控制系统的实际场景中也如此。

在动作是实值的连续动作空间中，需要实值且连续的策略分布。当环境的动作空间包含实数时，可以使用连续概率分布表示强化学习智能体的策略。一般来说，这种分布可用于描述可以取任何（实）值的随机变量的可能结果。

完成 1.4.2 节的步骤后，就可以有一个完整的代码脚本，可以控制汽车在具有连续动作空间的二维 MountainCarContinuous 环境中，驾驶上山。MountainCarContinuous 环境的屏幕截图如图 1.5 所示。

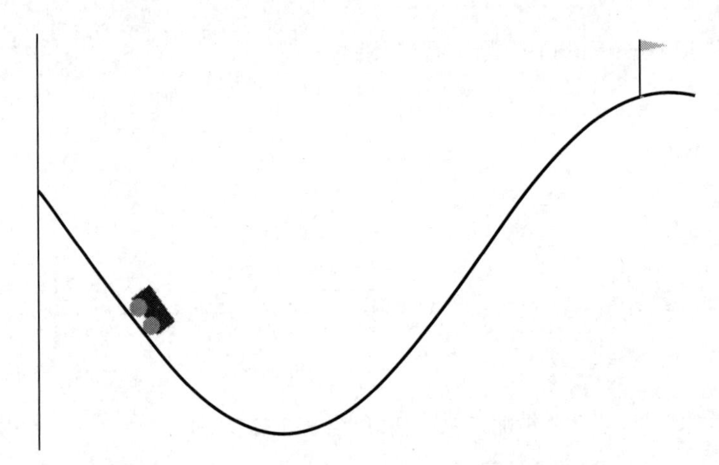

图 1.5 MountainCarContinuous 环境的屏幕截图

1.4.1 前期准备

激活命名为 tf2rl-cookbook 的 Python/Conda 虚拟环境并运行以下命令安装和导入此方法所需的 Python 包：

```
pip install --upgrade tensorflow_probability
import tensorflow_probability as tfp
import seaborn as sns
```

1.4.2 实现步骤

首先使用 **TensorFlow 2.x** 和 tensorflow_probability 库创建连续策略分布，并建立必要的动作采样方法，为给定连续空间的强化学习环境生成动作。

（1）在 **TensorFlow 2.x** 使用 tensorflow_probability 库创建一个连续策略分布。使用高斯/正态分布在连续值上创建策略分布：

```
sample_actions = continuous_policy.sample(500)
sns.distplot(sample_actions)
```

（2）查看连续策略的分布：

```
sample_actions = continuous_policy.sample(500)
sns.distplot(sample_actions)
```

上述代码将生成一个连续策略的分布图，如图 1.6 所示。

（3）使用高斯/正态分布实现连续策略分布：

```
mu = 0.0  # Mean = 0.0
sigma = 1.0  # Std deviation = 1.0
continuous_policy = tfp.distributions.Normal(loc=mu,
                                             scale=sigma)
```

```
# action = continuous_policy.sample(10)
for i in range(10):
    action = continuous_policy.sample(1)
    print(action)
```

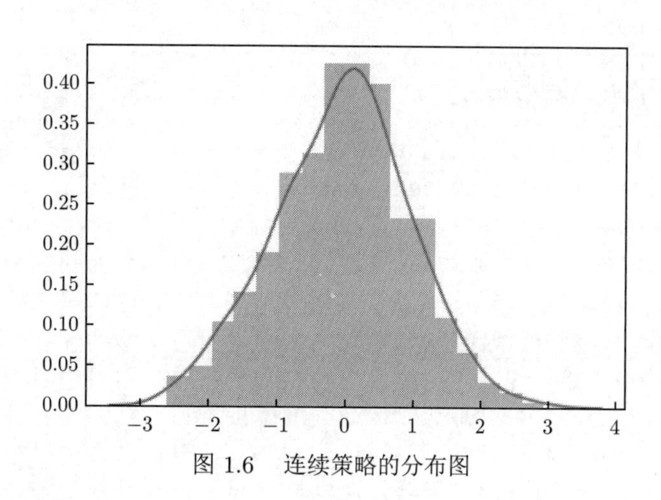

图 1.6　连续策略的分布图

上述代码将打印类似于以下代码块中显示的内容：

```
tf.Tensor([-0.2527136], shape=(1,), dtype=float32)
tf.Tensor([1.3262751], shape=(1,), dtype=float32)
tf.Tensor([0.81889665], shape=(1,), dtype=float32)
tf.Tensor([1.754675], shape=(1,), dtype=float32)
tf.Tensor([0.30025303], shape=(1,), dtype=float32)
tf.Tensor([-0.61728036], shape=(1,), dtype=float32)
tf.Tensor([0.40142158], shape=(1,), dtype=float32)
tf.Tensor([1.3219402], shape=(1,), dtype=float32)
tf.Tensor([0.8791297], shape=(1,), dtype=float32)
tf.Tensor([0.30356944], shape=(1,), dtype=float32)
```

重要提示

读者得到的动作值与此处显示的值会有所不同，因为它们将从高斯分布中采样，这不是一个确定性过程。

（4）实现一个多维连续策略。多元高斯分布可以用来表示多维连续策略。当智能体在具有多维、连续实值动作空间的环境中执行动作时，此类策略非常有用：

```
mu = [0.0, 0.0]
covariance_diag = [3.0, 3.0]
```

```
continuous_multidim_policy = tfp.distributions.MultivariateNormalDiag(loc=
    mu, scale_diag=covariance_diag)
# action = continuous_multidim_policy.sample(10)
for i in range(10):
    action = continuous_multidim_policy.sample(1)
    print(action)
```

上述代码将打印如下类似内容：

```
tf.Tensor([[ 1.7003113 -2.5801306]], shape=(1, 2), dtype=float32)
tf.Tensor([[ 2.744986 -0.5607129]], shape=(1, 2), dtype=float32)
tf.Tensor([[ 6.696332 -3.3528223]], shape=(1, 2), dtype=float32)
tf.Tensor([[ 1.2496299 -8.301748 ]], shape=(1, 2), dtype=float32)
tf.Tensor([[ 2.0009246 3.557394 ]], shape=(1, 2), dtype=float32)
tf.Tensor([[-4.491785 -1.0101566]], shape=(1, 2), dtype=float32)
tf.Tensor([[ 3.0810184 -0.9008362]], shape=(1, 2), dtype=float32)
tf.Tensor([[ 1.4185237 2.2145705]], shape=(1, 2), dtype=float32)
tf.Tensor([[-1.9961193 -2.1251974]], shape=(1, 2), dtype=float32)
tf.Tensor([[-1.2200387 -4.3516426]], shape=(1, 2), dtype=float32)
```

重要提示

读者得到的动作值与此处显示的值会有所不同，因为它们将从多元高斯/正态分布中采样，这不是一个确定性过程。

（5）查看多维连续策略：

```
sample_actions = continuous_multidim_policy.sample(500)
sns.jointplot(sample_actions[:, 0], sample_actions[:, 1], kind='scatter')
```

上述代码将生成类似如图 1.7 所示的联合分布图。

（6）实现连续策略类 ContinuousPolicy()：

```
class ContinuousPolicy(object):
    def __init__(self, action_dim):
        self.action_dim = action_dim
    def sample(self, mu, var):
        self.distribution = \
            tfp.distributions.Normal(loc=mu, scale=sigma)
        return self.distribution.sample(1)
    def get_action(self, mu, var):
        action = self.sample(mu, var)
        return action
```

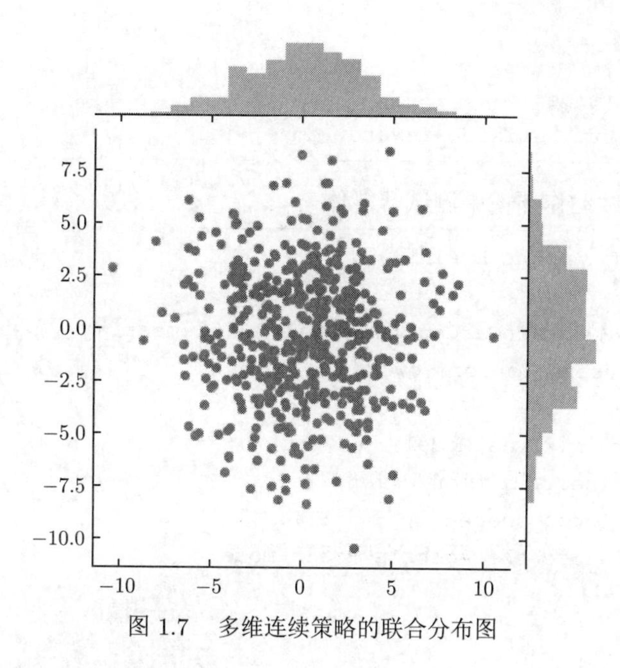

图 1.7 多维连续策略的联合分布图

（7）实现一个多维连续策略类 ContinuousMultiDimensionalPolicy()：

```
import tensorflow_probability as tfp
import numpy as np
class ContinuousMultiDimensionalPolicy(object):
    def __init__(self, num_actions):
        self.action_dim = num_actions
    def sample(self, mu, covariance_diag):
        self.distribution = tfp.distributions.\
                MultivariateNormalDiag(loc=mu,
                scale_diag=covariance_diag)
        return self.distribution.sample(1)
    def get_action(self, mu, covariance_diag):
        action = self.sample(mu, covariance_diag)
        return action
```

（8）实现 evaluate() 函数，其可以在具有连续动作空间的环境中评估智能体在每个回合中的表现：

```
def evaluate(agent, env, render=True):
    obs, episode_reward, done, step_num = env.reset(),
                                          0.0, False, 0
    while not done:
        action = agent.get_action(obs)
        obs, reward, done, info = env.step(action)
        episode_reward += reward
        step_num += 1
```

```
        if render:
            env.render()
    return step_num, episode_reward, done, info
```

（9）准备在连续动作环境中测试智能体：

```
from neural_agent import Brain
import gym
env = gym.make("MountainCarContinuous-v0")Implementing a Neural-network
    Brain class using TensorFlow 2.x.

        class Brain(keras.Model):
    def __init__(self, action_dim=5,
                input_shape=(1, 8 * 8)):
        """Initialize the Agent's Brain model

        Args:
            action_dim (int): Number of actions
        """
        super(Brain, self).__init__()
        self.dense1 = layers.Dense(32,
                input_shape=input_shape, activation="relu")
        self.logits = layers.Dense(action_dim)

    def call(self, inputs):
        x = tf.convert_to_tensor(inputs)
        if len(x.shape) >= 2 and x.shape[0] != 1:
            x = tf.reshape(x, (1, -1))
        return self.logits(self.dense1(x))

    def process(self, observations):
        # Process batch observations using 'call(inputs)'
        # behind-the-scenes
        action_logits = \
            self.predict_on_batch(observations)
        return action_logits
```

（10）利用 ContinuousPolicy 对象实现一个简单的 Agent() 类，使其在连续动作空间环境中执行动作：

```
class Agent(object):
    def __init__(self, action_dim=5,
                input_dim=(1, 8 * 8)):
        self.brain = Brain(action_dim, input_dim)
```

```
        self.policy = ContinuousPolicy(action_dim)
    def get_action(self, obs):
        action_logits = self.brain.process(obs)
        action = self.policy.get_action(*np.\
                            squeeze(action_logits, 0))
        return action
```

（11）在具有连续动作空间的环境中测试智能体的性能：

```
from neural_agent import Brain
import gym
env = gym.make("MountainCarContinuous-v0")

action_dim = 2 * env.action_space.shape[0]
    # 2 values (mu & sigma) for one action dim
agent = Agent(action_dim, env.observation_space.shape)
steps, reward, done, info = evaluate(agent, env)
print(f"steps:{steps} reward:{reward} done:{done} info:{info}")
env.close()
```

上述脚本将调用 MountainCarContinuous 环境，将其呈现在屏幕上，并显示智能体如何在此连续动作空间环境中执行动作，截图如图 1.8 所示。

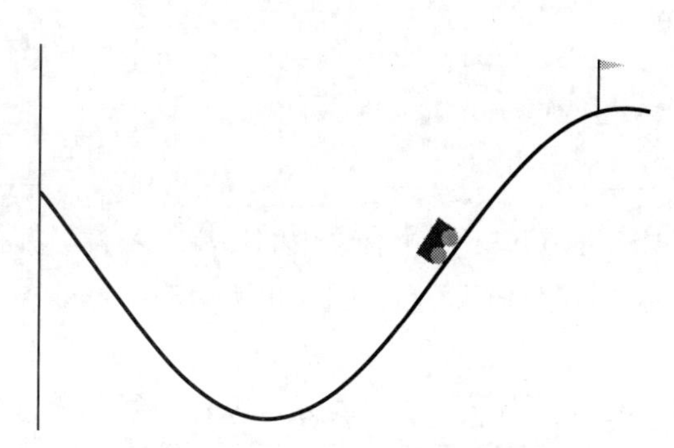

图 1.8　MountainCarContinuous-v0 环境中智能体的屏幕截图

1.4.3　工作原理

我们使用**高斯分布**实现了强化学习智能体的连续策略。高斯分布也称为**正态分布**，是最常用的实数分布。它用两个参数 μ 以及 σ 表示。根据式 (1-1) 给出的概率密度，通过在分布中采样生成连续值动作：

$$N(x;\mu,\sigma^2)=\sqrt{\frac{1}{2\pi\sigma^2}\exp\left(-\frac{1}{(2\sigma^2)(x-\mu)^2}\right)} \tag{1-1}$$

多元正态分布将正态分布推广到多变量，使用这个分布可以生成多维连续策略。

1.5 将 OpenAI Gym 作为强化学习的训练环境

本节提供了一个快速了解和使用 OpenAI Gym 环境的指南。Gym 环境和接口提供了训练强化学习智能体的平台，它是目前应用最广泛、接受度最高的强化学习环境接口。

1.5.1 前期准备

首先需要完整安装 OpenAI Gym，才可以使用可用的环境。可参考 OpenAI Gym 官方网站列出的安装步骤进行操作。

至少应执行以下命令：

```
pip install gym[atari]
```

1.5.2 实现步骤

首先选择一个环境，并探索 Gym 接口。经过前面的学习，读者可能已经熟悉了创建 Gym 环境的基本函数调用。

基本步骤应如下所示。

（1）查看 Gym 的环境列表：

```
#!/usr/bin/env python
from gym import envs
env_names = [spec.id for spec in envs.registry.all()]
for name in sorted(env_names):
    print(name)
```

（2）上述脚本将打印安装 Gym 后所有可用的环境的名称，并按字母顺序排序。运行脚本后应该会看到列出的一长串环境名称。图 1.9 所示的屏幕截图显示了前面一些环境名称，以供参考。

（3）通过以下脚本可以探索任何一个可用的 Gym 环境：

```
#!/usr/bin/env python


import gym
import sys


def run_gym_env(argv):
    env = gym.make(argv[1])  # Name of the environment
                             # supplied as 1st argument
    env.reset()
    for _ in range(int(argv[2])):
        env.render()
        env.step(env.action_space.sample())
```

```
    env.close()

if __name__ == "__main__":
    run_gym_env(sys.argv)
```

```
Acrobot-v1
AirRaid-ram-v0
AirRaid-ram-v4
AirRaid-ramDeterministic-v0
AirRaid-ramDeterministic-v4
AirRaid-ramNoFrameskip-v0
AirRaid-ramNoFrameskip-v4
AirRaid-v0
AirRaid-v4
AirRaidDeterministic-v0
AirRaidDeterministic-v4
AirRaidNoFrameskip-v0
AirRaidNoFrameskip-v4
Alien-ram-v0
Alien-ram-v4
Alien-ramDeterministic-v0
Alien-ramDeterministic-v4
Alien-ramNoFrameskip-v0
Alien-ramNoFrameskip-v4
Alien-v0
Alien-v4
AlienDeterministic-v0
AlienDeterministic-v4
AlienNoFrameskip-v0
AlienNoFrameskip-v4
Amidar-ram-v0
Amidar-ram-v4
Amidar-ramDeterministic-v0
Amidar-ramDeterministic-v4
Amidar-ramNoFrameskip-v0
Amidar-ramNoFrameskip-v4
Amidar-v0
Amidar-v4
AmidarDeterministic-v0
```

图 1.9　使用 openai-gym 包的可用环境列表

（4）将前面的脚本保存为 run_gym_env.py，并按如下方式运行脚本：

```
(tf2rl-cookbook) praveen@g5: ~/tf2rl-cookbook/ch1/src$python run_gym_env.
py Alien-v4 1000
```

该脚本将呈现 Alien-v4 环境，该环境的屏幕截图如图 1.10 所示。

图 1.10　使用 Alien-v4 1000 作为参数的 run_gym_env.py 的示例输出

> **提示**
> 可以将第（4）步中的 Alien-v4 更改为列出的任何可用的 Gym 环境。

1.5.3 工作原理

表 1.1 总结了 Gym 环境的工作原理。

表 1.1 Gym 环境接口总结

返回值	类型	描述
next_observation	对象	环境返回的观察结果，对象可以是屏幕或相机的 RGB 像素数据，RAM 内容或机器人的关节接角度和摇摆速度等，具体取决于环境
Reward	浮点	对前一行动作的奖励，为浮点数表示，其范围随环境的不同而变化。由于环境的影响，较高的奖励总是更好的，智能体的目标是最大化总体奖励
Done	布尔	指示环境是否在下一步重置。当布尔值为 true 时，意味着该回合已结束（原因包括智能体生命损失，超时或其他终止条件）
Info	字典	附加信息可由环境以任意键值对组成的字典形式给出。开发的智能体不应该依赖字典中的任何信息采取行动。如果此值可用，则一般用于调试程序

1.6 构建神经网络智能体

本节将指引读者构建完整智能体以及智能体和环境的交互循环，这是任何强化学习应用的主要组成部分。当完成本节的学习后，可以得到一个可执行脚本，让一个简单的智能体尝试在 Gridworld 环境中执行操作。图 1.11 所示的屏幕截图显示了构建的智能体可能正在执行的动作。

图 1.11 neural_agent.py 脚本输出的屏幕截图

1.6.1 前期准备

首先激活命名为 tf2rl-cookbook 的 Python/Conda 虚拟环境并运行以下代码来安装和导入必要的 Python 模块：

```
pip install tensorflow gym tqdm  # Run this line in a terminal
import tensorflow as tf
from tensorflow import keras
from tensorflow.keras import layers
import gym
import envs
from tqdm import tqdm
```

1.6.2 实现步骤

首先利用由 TensorFlow 2.x 构建的神经网络实现一个 Brain() 类。

（1）使用 TensorFlow 2.x 和 Keras 函数 API 初始化一个神经网络模型：

```
class Brain(keras.Model):
    def __init__(self, action_dim=5,
                 input_shape=(1, 8 * 8)):
        """Initialize the Agent's Brain model

        Args:
            action_dim (int): Number of actions
        """
        super(Brain, self).__init__()
        self.dense1 = layers.Dense(32, input_shape= \
                           input_shape, activation="relu")
        self.logits = layers.Dense(action_dim)
```

（2）实现 Brain() 类的 call() 函数：

```
def call(self, inputs):
    x = tf.convert_to_tensor(inputs)
    if len(x.shape) >= 2 and x.shape[0] != 1:
        x = tf.reshape(x, (1, -1))
    return self.logits(self.dense1(x))
```

（3）实现 Brain() 类的 process() 函数，以方便地对一批输入/观测进行预测：

```
def process(self, observations):
        # Process batch observations using 'call(inputs)'
        # behind-the-scenes
        action_logits = \
```

```
            self.predict_on_batch(observations)
        return action_logits
```

（4）实现 Agent() 类的 __init__() 函数：

```
class Agent(object):
    def __init__(self, action_dim=5,
                 input_shape=(1, 8 * 8)):
        """Agent with a neural-network brain powered
           policy

        Args:
            brain (keras.Model): Neural Network based
        model
        """
        self.brain = Brain(action_dim, input_shape)
        self.policy = self.policy_mlp
```

（5）为智能体定义一个简单的 policy_mlp() 函数：

```
  def policy_mlp(self, observations):
        observations = observations.reshape(1, -1)
        # action_logits = self.brain(observations)
        action_logits = self.brain.process(observations)
        action = tf.random.categorical(tf.math.\
                        log(action_logits), num_samples=1)
        return tf.squeeze(action, axis=1)
```

（6）为智能体实现一个简便的 get_action() 函数：

```
  def get_action(self, observations):
        return self.policy(observations)
```

（7）为 learn() 创建一个占位函数，该函数将在之后的章节中实现：

```
  def learn(self, samples):
        raise NotImplementedError
```

这样就完成了实现一个基本智能体所需的必要组成部分。

（8）在给定的环境中评估智能体在一个回合中的表现：

```
def evaluate(agent, env, render=True):
    obs, episode_reward, done, step_num = env.reset(),
                                          0.0, False, 0
    while not done:
        action = agent.get_action(obs)
```

```
        obs, reward, done, info = env.step(action)
        episode_reward += reward
        step_num += 1
        if render:
            env.render()
    return step_num, episode_reward, done, info
```

（9）实现 __main__ 函数：

```
if __name__ == "__main__":
    env = gym.make("Gridworld-v0")
    agent = Agent(env.action_space.n,
                  env.observation_space.shape)
    for episode in tqdm(range(10)):
        steps, episode_reward, done, info = \
                                  evaluate(agent, env)
        print(f"EpReward:{episode_reward:.2f}\
              steps:{steps} done:{done} info:{info}")
    env.close()
```

（10）执行如下脚本：

```
python neural_agent.py
```

执行脚本后可以看到 Gridworld 环境的 GUI 弹出，可以展示智能体在环境中正在执行的动作，具体如图 1.12 所示。

图 1.12 神经智能体在 Gridworld 环境中执行动作的截图

上面提供了一个简单但完整的方法构建智能体以及智能体和环境之间的交互循环。剩下的就是将选择的强化学习算法添加到 learn() 函数中，然后智能体将开始智能地执行动作。

1.6.3 工作原理

前面的内容汇集了构建一个完整的智能体-环境系统所必需的组成部分。Brain 类实现了作为智能体处理单元的神经网络，Agent() 类利用 Brain() 类和一个简单的策略，其中神经网络对从环境获得的观测进行处理，而策略将根据神经网络的输出选择一个动作。

将 Brain() 类作为 keras.Model 类的一个子类进行实现，这允许为智能体的大脑定义一个自定义的神经网络模型。使用 __init__() 函数初始化 Brain 模型，并使用 **TensorFlow 2.x Keras 函数 API** 定义必要的神经网络层。在这个 Brain 模型中，创建了两个**密集层**（也称为**全连接层**）构建初始神经网络。除了 __init__() 函数之外，call() 函数也是继承自 keras.Model 类的子类必须实现的必要方法。call() 方法先将输入转换为 TensorFlow 2.x 张量，然后将输入展平为 1×total_number_of_elements 形状的张量，该张量元素的个数为输入张量中的元素总数。例如，如果输入数据的形状为 8×8（8 行 8 列），则先将数据转换为张量，然后将形状展平为 $1\times8\times8 = 1\times64$。展平后的输入由第一个密集层处理，该密集层包含 32 个神经元和一个 ReLU 激活函数。最后，logits 层处理前一层的输出，并生成与动作维度（n）相对应的 n 个输出值。

predict_on_batch() 函数对一批作为参数的输入进行预测。该函数与 **Keras** 的 predict() 函数不同，它假定作为参数提供的输入（观测值）正好是一批输入，因此不需要对输入数据做进一步拆分，而是将该批次数据直接输入网络中。

实现 Agent() 类，并在智能体初始化函数中，通过定义以下内容创建 Brain() 类的对象实例：

```
self.brain = Brain(action_dim, input_shape)
```

这里，input_shape 是 Brain() 类的对象实例预期处理的输入的形状，action_dim 是 Brain() 类的对象实例预期处理的输出的形状。智能体的策略定义为基于 Brain() 类的对象实例神经网络架构的自定义**多层感知机（MLP）**策略。注意，也可以利用 1.3.2 节的离散策略 DiscretePolicy() 初始化智能体的策略。

智能体的策略函数 policy_mlp() 将输入的观测展平，并发送给智能体的大脑进行处理，以获得 action_logits，即动作的非归一化概率。通过使用 TensorFlow 2.x 中 random 模块的 categorical() 函数获得最终采取的动作，该方法从给定的 action_logits（非归一化概率）中采样一个有效的动作。

> **重要提示**
> 如果提供给 predict_on_batch() 函数的所有观测值无法存储在给定大小的 GPU 内存或 RAM 中（CPU），则该操作可能会导致 GPU **内存不足（OOM）**错误。

如果直接运行 neural_agent.py 脚本，启动的主函数将创建 Gridworld-v0 环境的实例，使用此环境的动作和观测空间初始化一个智能体，对智能体进行 10 个回合的评估。

1.7 构建神经网络进化智能体

进化方法是基于黑盒优化的，由于不涉及梯度计算，因此也称为无梯度方法。本节将使用 **TensorFlow 2.x** 实现一个简单且近似的基于交叉熵的神经进化智能体。

1.7.1 前期准备

激活命名为 tf2rl-cookbook 的 Python 虚拟环境并导入运行此方法所需的下列包：

```
from collections import namedtuple


import gym
import matplotlib.pyplot as plt
import numpy as np
import tensorflow as tf
from tensorflow import keras
from tensorflow.keras import layers
from tqdm import tqdm


import envs
```

1.7.2 实现步骤

将本章学到的所有内容结合起来，构建一个使用进化过程改进其策略，以在 Gridworld 环境中导航的神经网络智能体。

（1）从 neural_agent.py 导入基本的 Agent() 类和 Brain() 类开始：

```
from neural_agent import Agent, Brain
from envs.gridworld import GridworldEnv
```

（2）实现一个 rollout() 函数，模拟一个回合内智能体在给定的环境中的轨迹，并返回参数 obs_batch、actions_batch 和 episode_retward：

```
def rollout(agent, env, render=False):
    obs, episode_reward, done, step_num = env.reset(),
                                            0.0, False, 0
    observations, actions = [], []
    episode_reward = 0.0
    while not done:
        action = agent.get_action(obs)
        next_obs, reward, done, info = env.step(action)
        # Save experience
        observations.append(np.array(obs).reshape(1, -1))
        # Convert to numpy & reshape (8, 8) to (1, 64)
```

```
        actions.append(action)
        episode_reward += reward
        obs = next_obs
        step_num += 1
        if render:
            env.render()
    env.close()
    return observations, actions, episode_reward
```

（3）测试轨迹模拟方法：

```
env = GridworldEnv()
# input_shape = (env.observation_space.shape[0] * \
                env.observation_space.shape[1], )
brain = Brain(env.action_space.n)
agent = Agent(brain)
obs_batch, actions_batch, episode_reward = rollout(agent,
                                                   env)
```

（4）验证模拟生成的经验数据是否一致：

```
assert len(obs_batch) == len(actions_batch)
```

（5）模拟多个完整的轨迹收集经验数据：

```
# Trajectory: (obs_batch, actions_batch, episode_reward)
# Rollout 100 episodes; Maximum possible steps = 100 * 100 = 10e4
trajectories = [rollout(agent, env, render=True) \
                for _ in tqdm(range(100))]
```

（6）利用经验数据样本查看奖励的分布。还可以利用收集的经验数据在回合奖励值的第 50 百分位处绘制一条红色垂直线：

```
from tqdm.auto import tqdm
import matplotlib.pyplot as plt
%matplotlib inline

sample_ep_rewards = [rollout(agent, env)[-1] for _ in \
                    tqdm(range(100))]

plt.hist(sample_ep_rewards, bins=10, histtype="bar");
`~\\`
```

运行此代码将生成一个直方图，如图 1.13 所示。

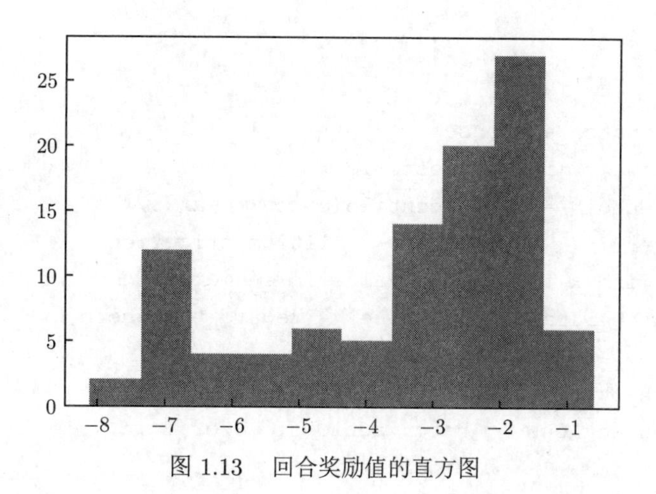

图 1.13　回合奖励值的直方图

（7）创建一个用于存储轨迹的容器：

```
from collections import namedtuple
Trajectory = namedtuple("Trajectory", ["obs", "actions",
                                        "reward"])
# Example for understanding the operations:
print(Trajectory(*(1, 2, 3)))
# Explanation: '*' unpacks the tuples into individual
# values
Trajectory(*(1, 2, 3)) == Trajectory(1, 2, 3)
# The rollout(...) function returns a tuple of 3 values:
# (obs, actions, rewards)
# The Trajectory namedtuple can be used to collect
# and store mini batch of experience to train the neuro
# evolution agent
trajectories = [Trajectory(*rollout(agent, env)) \
                for _ in range(2)]
```

（8）为进化过程挑选精英（elite）经验：

```
def gather_elite_xp(trajectories, elitism_criterion):
    """Gather elite trajectories from the batch of
        trajectories
    Args:
        batch_trajectories (List): List of episode \
        trajectories containing experiences (obs,
                                 actions,episode_reward)
    Returns:
        elite_batch_obs
        elite_batch_actions
        elite_reard_threshold
```

```
    """
    batch_obs, batch_actions,
    batch_rewards = zip(*trajectories)
    reward_threshold = np.percentile(batch_rewards,
                                      elitism_criterion)
    indices = [index for index, value in enumerate(
            batch_rewards) if value >= reward_threshold]

    elite_batch_obs = [batch_obs[i] for i in indices]
    elite_batch_actions = [batch_actions[i] for i in \
                            indices]
    unpacked_elite_batch_obs = [item for items in \
                         elite_batch_obs for item in items]
    unpacked_elite_batch_actions = [item for items in \
                    elite_batch_actions for item in items]
    return np.array(unpacked_elite_batch_obs), \
        np.array(unpacked_elite_batch_actions), \
        reward_threshold
```

（9）测试精英经验的收集程序：

```
elite_obs, elite_actions, reward_threshold = gather_elite_xp(trajectories,
    elitism_criterion=75)
```

（10）定义辅助函数，将离散的动作索引转换为 One-Hot 编码向量或动作的概率分布：

```
def gen_action_distribution(action_index, action_dim=5):
    action_distribution = np.zeros(action_dim).\
                              astype(type(action_index))
    action_distribution[action_index] = 1
    action_distribution = \
                np.expand_dims(action_distribution, 0)
    return action_distribution
```

（11）测试动作分布生成函数：

```
elite_action_distributions = np.array([gen_action_distribution(a.item())
    for a in elite_actions])
```

（12）使用 TensorFlow 2.x 的 Keras 函数 API 创建并编译神经网络大脑：

```
brain = Brain(env.action_space.n)
brain.compile(loss="categorical_crossentropy", optimizer="adam", metrics=
    ["accuracy"])
```

（13）测试大脑训练循环：

```
elite_obs, elite_action_distributions = elite_obs.astype("float16"),
    elite_action_distributions.astype("float16")
brain.fit(elite_obs, elite_action_distributions, batch_size=128,
    epochs=1);
```

将产生以下输出：

```
1/1 [==============================] - 0s 960us/step - loss: 0.8060 -
    accuracy: 0.4900
```

> **提示**
> 数字可能有所不同。

（14）实现一个可以用 Brain() 类对象实例进行初始化的 Agent() 类，以便在环境中执行动作：

```
class Agent(object):
    def __init__(self, brain):
        """Agent with a neural-network brain powered
            policy

        Args:
            brain (keras.Model): Neural Network based \
            model
        """
        self.brain = brain
        self.policy = self.policy_mlp

    def policy_mlp(self, observations):
        observations = observations.reshape(1, -1)
        action_logits = self.brain.process(observations)
        action = tf.random.categorical(
                tf.math.log(action_logits), num_samples=1)
        return tf.squeeze(action, axis=1)

    def get_action(self, observations):
        return self.policy(observations)
```

（15）实现辅助函数 evaluate()，用于评估给定环境中的智能体：

```
def evaluate(agent, env, render=True):
    obs, episode_reward, done, step_num = env.reset(),
                                          0.0, False, 0
```

```
    while not done:
        action = agent.get_action(obs)
        obs, reward, done, info = env.step(action)
        episode_reward += reward
        step_num += 1
        if render:
            env.render()
    return step_num, episode_reward, done, info
```

（16）测试智能体评估循环：

```
env = GridworldEnv()
agent = Agent(brain)
for episode in tqdm(range(10)):
    steps, episode_reward, done, info = evaluate(agent,
                                                  env)
env.close()
```

（17）定义训练循环的参数：

```
total_trajectory_rollouts = 70
elitism_criterion = 70  # percentile
num_epochs = 200
mean_rewards = []
elite_reward_thresholds = []
```

（18）创建 environment、brain 和 agent 对象：

```
env = GridworldEnv()
input_shape = (env.observation_space.shape[0] * \
                env.observation_space.shape[1], )
brain = Brain(env.action_space.n)

brain.compile(loss="categorical_crossentropy",
                optimizer="adam", metrics=["accuracy"])
agent = Agent(brain)



for i in tqdm(range(num_epochs)):
    trajectories = [Trajectory(*rollout(agent, env)) \
                for _ in range(total_trajectory_rollouts)]
    _, _, batch_rewards = zip(*trajectories)
    elite_obs, elite_actions, elite_threshold = \
                    gather_elite_xp(trajectories,
                    elitism_criterion=elitism_criterion)
```

```
    elite_action_distributions = \
        np.array([gen_action_distribution(a.item()) \
                    for a in elite_actions])
    elite_obs, elite_action_distributions = \
        elite_obs.astype("float16"),
        elite_action_distributions.astype("float16")
    brain.fit(elite_obs, elite_action_distributions,
                batch_size=128, epochs=3, verbose=0);
    mean_rewards.append(np.mean(batch_rewards))
    elite_reward_thresholds.append(elite_threshold)
    print(f"Episode#:{i + 1} elite-reward-\
          threshold:{elite_reward_thresholds[-1]:.2f} \
          reward:{mean_rewards[-1]:.2f} ")

plt.plot(mean_rewards, 'r', label="mean_reward")
plt.plot(elite_reward_thresholds, 'g',
         label="elites_reward_threshold")
plt.legend()
plt.grid()
plt.show()
```

运行代码后生成如图 1.14 所示的图。图中的实线是神经进化智能体获得的平均奖励，虚线是用于确定精英奖励的奖励阈值。

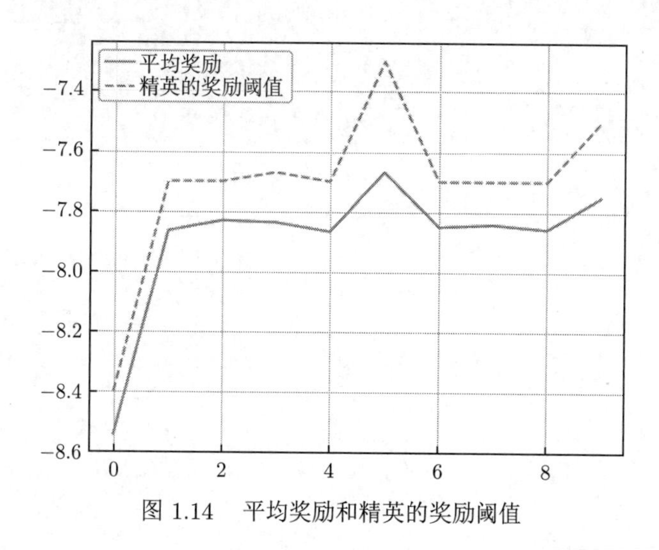

图 1.14　平均奖励和精英的奖励阈值

> **重要提示**
>
> 因为回合奖励会变化，所以实际运行时，图会有所不同。

1.7.3 工作原理

在每一次迭代中，进化过程都会模拟或收集一组轨迹，使用智能体大脑中当前的一组神经权重建立经验数据。然后进行精英选择过程，根据轨迹/经验中获得的回合奖励，选择最高的 k 个百分位（精英标准）轨迹/经验。然后使用这些入围的经验数据更新智能体的大脑模型。这个过程会重复一个预设的迭代次数，使智能体的大脑模型不断改进并获得更多的奖励。

1.8 参考资料

有关更多信息，建议阅读 The CMA Evolution Strategy: A Tutorial: https://arxiv.org/pdf/1604.00772.pdf。

第2章 基于价值、策略和行动者-评论家的深度强化学习算法实现

本章提供了一种实用方法构建基于价值、基于策略和基于行动者-评论家 (actor-critic) 算法的**强化学习**智能体。它包括用于实现基于值迭代的智能体的方法，并将强化学习中几种基础算法的实现细节分解为几个简单的步骤。基于策略梯度的智能体和基于行动者-评论家的智能体使用 TensorFlow 2.x 的最新版本定义神经网络策略。

本章包含以下内容:

- 构建用于训练强化学习智能体的随机环境；
- 构建基于价值的强化学习智能体算法；
- 实现时间差分学习；
- 构建强化学习中的蒙特卡洛预测和控制算法；
- 实现 SARSA 算法和对应的强化学习智能体；
- 构建基于 Q 学习的智能体；
- 实现策略梯度；
- 实现行动者-评论家算法。

2.1 技术要求

本书的代码已经在 Ubuntu 18.04 和 Ubuntu 20.04 上进行了广泛的测试，而且可以在安装了 Python 3.6+ 的 Ubuntu 后续版本中正常工作。在安装 Python 3.6 的情况下，搭配每项内容开始时列出的必要 Python 工具包，本书的代码也同样可以在 Windows 和 mac OS X 上运行。建议读者创建和使用一个命名为 tf2rl-cookbook 的 Python 虚拟环境来安装工具包并运行本书的代码。推荐读者安装 Miniconda 或 Anaconda 来管理 Python 虚拟环境。

2.2 构建用于训练强化学习智能体的随机环境

由于现实世界的问题本质上是随机的，因此需要随机的学习环境，以训练能够在现实世界中应用的强化学习智能体。本节将引导读者逐步构建迷宫环境用于训练强化学习智能

体。迷宫是一个简单的随机环境，其世界表示为网格。网格上的每个位置都可以称为单元格。在这个环境中，智能体的目标是找到通往目标状态的路径。考虑如图 2.1 所示的迷宫，其中黑色单元格表示墙壁。

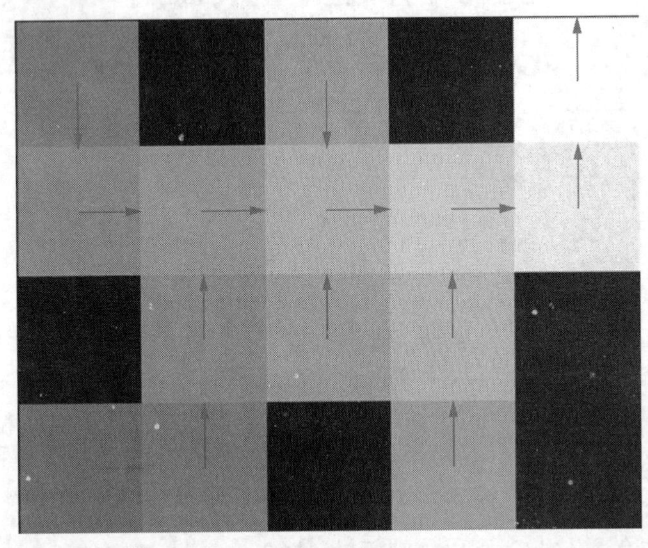

图 2.1　迷宫环境

智能体的初始位置位于迷宫左上角的单元格。智能体需要在网格中找到一条能够抵达迷宫右上角目标单元格的路径，沿途尽可能多地收集硬币，同时避开墙。目标、硬币和墙的位置，以及智能体的起始位置，都可以在环境的代码中修改。

迷宫环境所支持的四个方向的离散动作如下。

（1）0：向上移动。

（2）1：向下移动。

（3）2：向左移动。

（4）3：向右移动。

奖励的大小由智能体在到达目标状态前所收集的硬币数量决定。因为环境是随机的，所以智能体采取的动作具有轻微的“滑动”概率（0.1），其中实际执行的动作将随机改变。滑动是顺时针方向的（左 → 上，上 → 右，以此类推）。例如，在 slip_probability=0.2 的情况下，向右移动的动作将有 0.2 的概率导致向下移动。

2.2.1　前期准备

为了完成本节内容，需要激活命名为 tf2rl-cookbook 的 Python/Conda 虚拟环境并在命令行运行 pip install -r requirements.txt。如果运行下面的导入语句时没有出现问题，就可以准备开始了：

```
import gym
import numpy as np
```

2.2.2　实现步骤

学习环境是一个为强化学习智能体提供观测的仿真器，支持强化学习智能体执行一系列的动作，并返回新的观测值作为智能体执行动作的结果。

根据以下步骤实现一个代表简单二维地图的随机迷宫学习环境，其中的单元格代表智能体、目标、墙壁、硬币和空白区域。

（1）首先定义一个 MazeEnv() 类和一个迷宫环境的地图：

```
class MazeEnv(gym.Env):
    def __init__(self, stochastic=True):
        """Stochastic Maze environment with coins,\
           obstacles/walls and a goal state.
        """
          self.map = np.asarray(["SWFWG", "OOOOO",
                                 "WOOOW", "FOWFW"])
```

（2）在环境中合适的位置放置障碍物/墙壁：

```
    self.dim = (4, 5)
    self.img_map = np.ones(self.dim)
    self.obstacles = [(0, 1), (0, 3), (2, 0),
                      (2, 4), (3, 2), (3, 4)]
    for x in self.obstacles:
        self.img_map[x[0]][x[1]] = 0
```

（3）定义顺时针方向上的“滑动”动作映射：

```
    self.slip_action_map = {
        0: 3,
        1: 2,
        2: 0,
        3: 1,
    }
```

（4）定义一个字典形式的查询表用于将下标映射为迷宫环境中的单元格：

```
    self.index_to_coordinate_map = {
        0: (0, 0),
        1: (1, 0),
        2: (3, 0),
        3: (1, 1),
        4: (2, 1),
        5: (3, 1),
        6: (0, 2),
        7: (1, 2),
```

```
        8: (2, 2),
        9: (1, 3),
        10: (2, 3),
        11: (3, 3),
        12: (0, 4),
        13: (1, 4),
    }
```

（5）定义反向查询表，根据给定的索引查找单元格：

```
self.coordinate_to_index_map = dict((val, key) for \
  key, val in self.index_to_coordinate_map.items())
```

这样就完成了环境的初始化。

（6）定义一个处理硬币以及它们在环境中的状态的函数 num2coin()，其中，0 代表硬币没有被智能体收集，1 代表硬币被智能体收集：

```
def num2coin(self, n: int):
    coinlist = [
        (0, 0, 0),
        (1, 0, 0),
        (0, 1, 0),
        (0, 0, 1),
        (1, 1, 0),
        (1, 0, 1),
        (0, 1, 1),
        (1, 1, 1),
    ]
    return list(coinlist[n])
```

（7）定义一个执行反向操作的快速方法，查询硬币的数量状态/值：

```
def coin2num(self, v: List):
    if sum(v) < 2:
        return np.inner(v, [1, 2, 3])
    else:
        return np.inner(v, [1, 2, 3]) + 1
```

（8）定义 set_state() 函数设置环境的状态。这对价值迭代等算法来说是有用的，因为算法需要获取到环境中的每个状态来计算价值函数：

```
def set_state(self, state: int) -> None:
  """Set the current state of the environment.
    Useful for value iteration
```

```
    Args:
        state (int): A valid state in the Maze env \
        int: [0, 112]
    """
    self.state = state
```

（9）首先实现 step() 函数并基于 slip_probability 应用“滑动”后的动作：

```
def step(self, action, slip=True):
    """Run one step into the Maze env

    Args:
        state (Any): Current index state of the maze
        action (int): Discrete action for up, down,\
        left, right
        slip (bool, optional): Stochasticity in the \
        env. Defaults to True.

    Raises:
        ValueError:  If invalid action is provided as
        input

    Returns:
        Tuple : Next state, reward, done, _
    """
    self.slip = slip
    if self.slip:
        if np.random.rand() < self.slip_probability:
            action = self.slip_action_map[action]
```

（10）继续 step() 函数的实现，基于智能体执行的动作更新环境的状态：

```
    cell = self.index_to_coordinate_map[int(self.state / 8)]
    if action == 0:
        c_next = cell[1]
        r_next = max(0, cell[0] - 1)
    elif action == 1:
        c_next = cell[1]
        r_next = min(
            self.dim[0] - 1, cell[0] + 1)
    elif action == 2:
        c_next = max(0, cell[1] - 1)
        r_next = cell[0]
    elif action == 3:
```

```
        c_next = min(
            self.dim[1] - 1, cell[1] + 1)
        r_next = cell[0]
    else:
        raise ValueError(
            f"Invalid action:{action}")
```

（11）确定智能体是否到达目标：

```
    if (r_next == self.goal_pos[0]) and (
         c_next == self.goal_pos[1]
    ):  # Check if goal reached
      v_coin = self.num2coin(self.state % 8)
      self.state = 8 * self.coordinate_to_index_\
        map[(r_next, c_next)] + self.state % 8
      return (
        self.state,
        float(sum(v_coin)),
        True,
      )
```

（12）处理智能体执行的动作导致和障碍物/墙壁碰撞的情况：

```
    else:
      if (r_next, c_next) in self.obstacles:  # obstacle
      # tuple list
        return self.state, 0.0, False
```

（13）最后一种需要处理的情况是判断智能体执行的动作是否能够收集到硬币：

```
      else:  # Coin locations
        v_coin = self.num2coin(self.state % 8)
        if (r_next, c_next) == (0, 2):
          v_coin[0] = 1
        elif (r_next, c_next) == (3, 0):
          v_coin[1] = 1
        elif (r_next, c_next) == (3, 3):
          v_coin[2] = 1
        self.state = 8 * self.coordinate_to_index_map[(r_next, c_next)] +
            self.coin2num(v_coin)
        return (
          self.state,
          0.0,
          False,
        )
```

（14）为了使用便于理解的方式可视化 Gridworld 的状态，实现 render() 函数，用以输出迷宫环境当前状态的文本表示：

```
def render(self):
  cell = self.index_to_coordinate_map[int(
                  self.state / 8)]
  desc = self.map.tolist()

  desc[cell[0]] = (
    desc[cell[0]][: cell[1]]
    + "\x1b[1;34m"
    + desc[cell[0]][cell[1]]
    + "\x1b[0m"
    + desc[cell[0]][cell[1] + 1 :]
  )

  print("\n".join("".join(row) for row in desc))r row in desc))
```

（15）为了测试环境是否按预期工作，添加 __main__ 函数，如果直接运行环境脚本，就会执行该函数：

```
if __name__ == "__main__":
    env = MazeEnv()
    obs = env.reset()
    env.render()
    done = False
    step_num = 1
    action_list = ["UP", "DOWN", "LEFT", "RIGHT"]
    # Run one episode
    while not done:
      # Sample a random action from the action space
        action = env.action_space.sample()
        next_obs, reward, done = env.step(action)
        print(
            f"step#:{step_num} action:\
            {action_list[action]} reward:{reward} \
            done:{done}"'
        )
        step_num += 1
        env.render()
  env.close()
```

（16）至此全部设置好了。迷宫环境已经就绪，可以通过运行环境脚本（python envs/maze.py）进行快速测试。输出如图 2.2 所示。

```
(tf2rl-cookbook) praveen@g5:~/tf2rl-cookbook/src/c
h2-value-based-policy-gradients-and-actor-critic-m
ethods/envs$ python maze.py
SWFWG
OOOOO
WOOOW
FOWFW
step#:1 action:RIGHT reward:0.0 done:False
SWFWG
OOOOO
WOOOW
FOWFW
step#:2 action:UP reward:0.0 done:False
SWFWG
OOOOO
WOOOW
FOWFW
step#:3 action:UP reward:0.0 done:False
SWFWG
OOOOO
WOOOW
FOWFW
step#:4 action:DOWN reward:0.0 done:False
SWFWG
OOOOO
WOOOW
FOWFW
step#:5 action:RIGHT reward:0.0 done:False
SWFWG
OOOOO
WOOOW
FOWFW
step#:6 action:RIGHT reward:0.0 done:False
SWFWG
OOOOO
WOOOW
FOWFW
step#:7 action:DOWN reward:0.0 done:False
SWFWG
OOOOO
WOOOW
FOWFW
```

图 2.2 迷宫环境的文本表示，加入高亮和下画线突出显示智能体的当前状态

2.2.3 工作原理

在 2.2.2 节的步骤（1）中定义的地图，表示学习环境的状态。这个迷宫环境定义了观测空间、动作空间以及奖励机制，可以实现一个**马尔可夫决策过程**（**Markov Decision Process，MDP**）。从环境的动作空间中采取一个有效的动作，并在环境中执行选择的动作，进而获得新的观测、奖励以及一个作为迷宫环境响应的布尔型完成标志（表示当前回合是否完成）。env.render() 函数将环境内部的网格表示转变为简单的文本/字符串并打印出来，便于直观理解。

2.3 构建基于价值的强化学习智能体算法

基于价值的强化学习算法通过在给定环境中学习状态价值函数或动作价值函数运行。本节将展示如何创建和更新迷宫环境的价值函数以得到一个最优策略。学习价值函数，特别是在环境模型不可知的无模型强化学习问题中，是非常有效的，特别是对于具有低维状态空间的强化学习问题。

通过本节内容的学习，可以得到一个能够基于价值函数产生图 2.3 所示最优动作序列的算法，其中状态值用颜色表示。

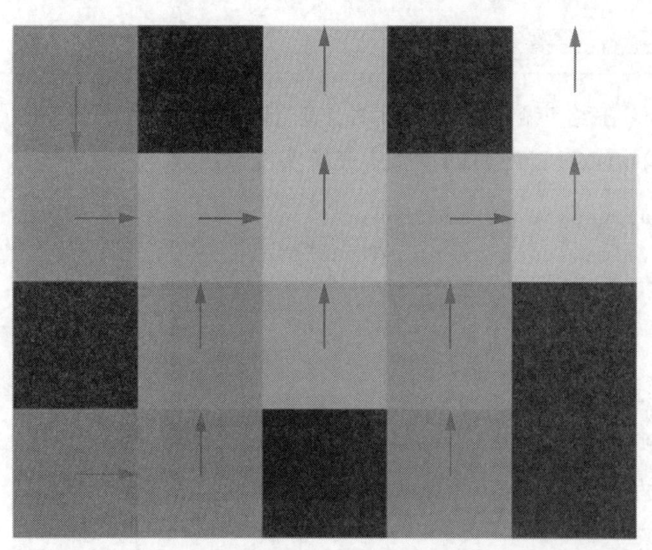

图 2.3 基于价值的强化学习算法产生的最优动作序列

2.3.1 前期准备

为了完成本节内容，需要激活命名为 tf2rl-cookbook 的 Python/Conda 虚拟环境并在命令行运行 pip install numpy gym。如果运行下面的导入语句时没有出现问题，就可以准备开始了：

```
import numpy as np
```

2.3.2 实现步骤

接下来基于价值迭代实现一个价值函数学习算法，其中使用迷宫环境实现和分析价值迭代算法。

跟着下列步骤来实现本节内容。

（1）从 envs.maze 中导入迷宫学习环境：

```
from envs.maze import MazeEnv
```

（2）创建一个 MazeEnv 实例并打印状态空间和动作空间：

```
env = MazeEnv()
print(f'Observation space: {env.observation_space}')
print(f'Action space: {env.action_space}')
```

（3）定义状态维度初始化 state_values、q_values 以及策略：

```
state_dim = env.distinct_states
state_values = np.zeros(state_dim)
q_values = np.zeros((state_dim, env.action_space.n))
```

```
policy = np.zeros(state_dim)
```

（4）实现能够在给定环境状态和动作时计算状态/动作价值的函数。首先声明 calculate_values() 函数，在之后的步骤中完整实现该函数：

```
def calculate_values(state, action):
  """Evaluate Value function for given state and action

  Args:
    state (int): Valid (discrete) state in discrete \
    'env.observation_space'
    action (int): Valid (discrete) action in \
    'env.action_space'

  Returns:
    v_sum: value for given state, action
  """
```

（5）生成 slip_action，这是一个基于学习环境随机性的随机动作：

```
  slip_action = env.slip_action_map[action]
```

（6）在计算给定状态-动作对的价值时，非常重要的一步是能够在执行动作前设置环境的状态以观测到奖励/结果。迷宫环境提供了一个便捷的 set_state() 函数，用于设置当前环境的状态。使用 set_state() 函数，在环境中执行所需（输入）的动作：

```
  env.set_state(state)
  slip_next_state, slip_reward, _ = \
              env.step(slip_action, slip=False)
```

（7）根据贝尔曼方程，需要环境的一系列转移计算奖励。创建 transitions 列表并补充新获得的环境转移信息：

```
  transitions = []
  transitions.append((slip_reward, slip_next_state,
          env.slip))
```

（8）使用状态和动作可以确定性地获得另一个转移。这可以通过在迷宫环境中步进时设置 slip=False 实现：

```
  env.set_state(state)
  next_state, reward, _ = env.step(action, slip=False)
  transitions.append((reward, next_state,
          1 - env.slip))
```

（9）完成 calculate_values() 函数还需要进行最后一步，即计算价值：

```
  for reward, next_state, pi in transitions:
      v_sum += pi * (reward + discount * \
                state_values[next_state])
  return v_sum
```

（10）开始实现状态/动作价值的学习。首先定义一个 max_iteration 超参数：

```
# Define the maximum number of iterations per learning
# step
max_iteration = 1000
```

（11）使用价值迭代实现 state_values() 函数的学习循环：

```
for i in range(iters):
  v_s = np.zeros(state_dim)
  for state in range(state_dim):
    if env.index_to_coordinate_map[int(state / 8)]==\
    env.goal_pos:
      continue
    v_max = float("-inf")
    for action in range(env.action_space.n):
      v_sum = calculate_values(state, action)
      v_max = max(v_max, v_sum)
    v_s[state] = v_max
  state_values = np.copy(v_s)
```

（12）目前已经实现了 state_values() 函数的学习循环，接下来实现 action_values() 函数：

```
for state in range(state_dim):
  for action in range(env.action_space.n):
    q_values[state, action] = calculate_values(state,
                              action)
```

（13）实现 action_values() 函数后，很快就可以获得最优策略：

```
for state in range(state_dim):
    policy[state] = np.argmax(q_values[state, :])
```

（14）使用以下代码打印 Q 值（state-action 价值）和策略：

```
print(f"Q-values: {q_values}")
print("Action mapping:[0 - UP; 1 - DOWN; 2 - LEFT; \
     3 - RIGHT")
print(f"optimal_policy: {policy}")
```

（15）最后一步是价值函数的学习和策略的更新：

```
from value_function_utils import visualize_maze_values
visualize_maze_values(q_values, env)
```

上述代码将产生如图 2.4（a）～图 2.4（h）展示的价值函数学习和策略更新的过程。

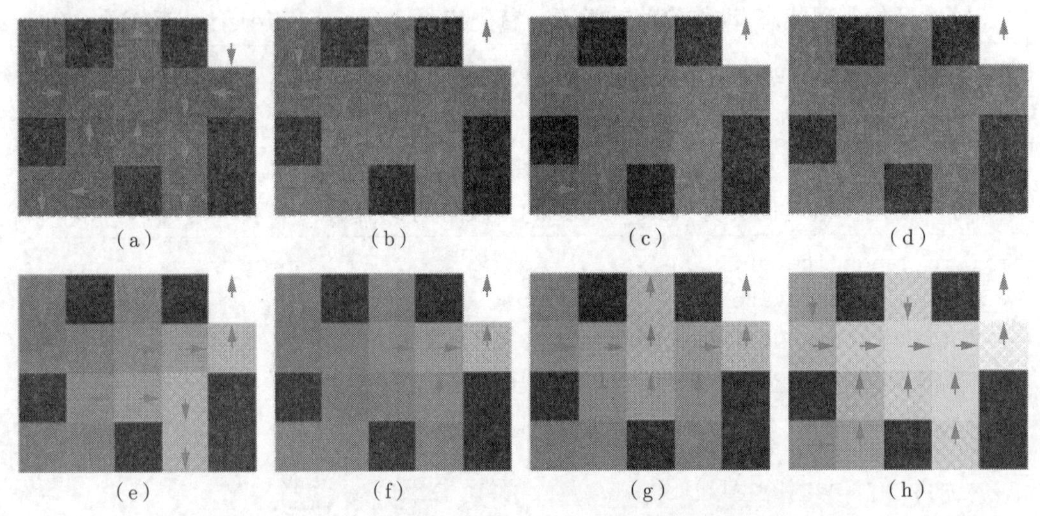

图 2.4　学习过程中价值函数学习和策略更新过程

2.3.3　工作原理

迷宫环境包含一个起始单元格、一个目标单元格以及一些包含硬币、墙壁和空地的单元格。由于含有硬币的单元格性质各异，在迷宫环境中有 112 种截然不同的状态。例如，当智能体收集一枚硬币时，其环境状态与智能体收集另一枚硬币时的环境状态完全不同，这是因为硬币的位置也很重要。

q_values(状态-动作值) 是一个大小为 112×4 的大矩阵，所以它将打印为一个很长的值列表。在第（14）步中的另外两个打印语句应该会产生类似于图 2.5 所示的内容输出。

```
Action mapping:[0 - UP; 1 - DOWN; 2 - LEFT; 3 - RIGHT
Optimal actions:
[1. 1. 1. 1. 1. 1. 1. 1. 3. 3. 3. 3. 3. 3. 3. 3. 1. 1. 3. 1. 3. 1. 3. 3.
 3. 1. 3. 3. 3. 3. 3. 3. 0. 3. 0. 0. 3. 0. 0. 0. 2. 2. 0. 2. 0. 2. 0. 0.
 0. 1. 0. 0. 1. 1. 0. 1. 0. 1. 0. 0. 3. 3. 0. 3. 0. 3. 0. 0. 3. 0. 0. 0.
 1. 1. 1. 2. 3. 3. 3. 3. 1. 1. 1. 0. 1. 0. 0. 0. 1. 1. 1. 0. 1. 0. 0. 0.
 1. 0. 0. 0. 0. 0. 0. 0. 2. 2. 2. 2. 0. 0. 0. 0.]
```

图 2.5　最佳动作序列的文本表示

基于价值迭代的价值函数学习遵循贝尔曼方程，并且可以通过从 Q 值函数中选择 Q 值/动作价值最高的动作来获得最优策略。

在图 2.4 中，价值函数使用颜色表示，而策略使用绿色箭头表示。最初，这些状态的值几乎是均匀的。随着学习的进行，有硬币的状态比没有硬币的状态获得更多的价值，而通向目标的状态获得一个非常高的价值，这个值只比目标状态本身的值略低。迷宫中的黑色单元格代表墙壁。箭头表示策略对迷宫中给定单元格做出的运动方向。正如图 2.4（h）所示，随着学习的收敛，策略变为最优，使得在智能体收集完每一枚硬币后引导它到达目标。

2.4 实现时序差分学习

本节内容介绍如何实现**时序差分（Temporal Difference，TD）**学习算法。时序差分算法允许渐进式地从不完整的经验片段中学习，这意味着它们可以用于解决需要在线学习的问题。时序差分算法适用于无模型强化学习，因为它们不依赖于马尔可夫决策过程的转移模型或奖励模型。为了直观地理解时序差分算法的学习进程，本节还将展示如何实现 GridworldV2 学习环境，如图 2.6 所示。

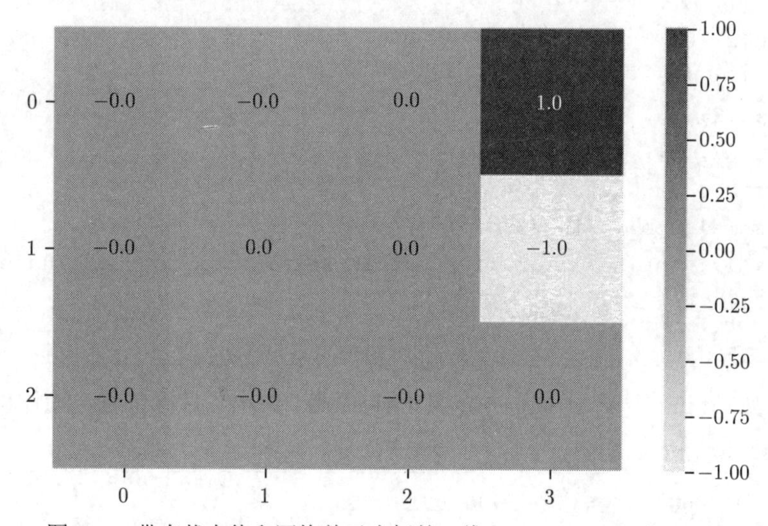

图 2.6 带有状态值和网格单元坐标的二维 GridworldV2 学习环境

2.4.1 前期准备

为了完成本节内容，需要激活命名为 tf2rl-cookbook 的 Python/Conda 虚拟环境并在命令行运行 pip install numpy gym。如果运行下面的导入语句时没有出现问题，就可以准备开始了：

```
import gym
import matplotlib.pyplot as plt
import numpy as np
```

2.4.2 实现步骤

本节包含两部分，并会在最后将它们合并在一起。第一部分是 GridworldV2 的实现，第二部分是时序差分学习算法的实现。

（1）首先实现 GridworldV2，定义 GridworldV2Env() 类：

```
class GridworldV2Env(gym.Env):
  def __init__(self, step_cost=-0.2, max_ep_length=500,
  explore_start=False):
    self.index_to_coordinate_map = {
      "0": [0, 0],
      "1": [0, 1],
      "2": [0, 2],
      "3": [0, 3],
      "4": [1, 0],
      "5": [1, 1],
      "6": [1, 2],
      "7": [1, 3],
      "8": [2, 0],
      "9": [2, 1],
      "10": [2, 2],
      "11": [2, 3],
    }
    self.coordinate_to_index_map = {
      str(val): int(key) for key, val in self.index_to_coordinate_map.
         items()
    }
```

（2）实现 __init__() 函数，并定义 Gridworld 大小、目标位置、墙体位置和炸弹位置等必要的值：

```
    self.map = np.zeros((3, 4))
    self.observation_space = gym.spaces.Discrete(1)
    self.distinct_states = [str(i) for i in \
               range(12)]
    self.goal_coordinate = [0, 3]map.values())
    self.bomb_coordinate = [1, 3]
    self.wall_coordinate = [1, 1]
    self.goal_state = self.coordinate_to_index_map[
           str(self.goal_coordinate)]  # 3
    self.bomb_state = self.coordinate_to_index_map[
           str(self.bomb_coordinate)]  # 7
    self.map[self.goal_coordinate[0]]\
      [self.goal_coordinate[1]] = 1
```

```
    self.map[self.bomb_coordinate[0]]\
        [self.bomb_coordinate[1]] = -1
    self.map[self.wall_coordinate[0]]\
        [self.wall_coordinate[1]] = 2

    self.exploring_starts = explore_start
    self.state = 8
    self.done = False
    self.max_ep_length = max_ep_length
    self.steps = 0
    self.step_cost = step_cost
    self.action_space = gym.spaces.Discrete(4)
    self.action_map = {"UP": 0, "RIGHT": 1,
              "DOWN": 2, "LEFT": 3}
    self.possible_actions = \
              list(self.action_map.values())
```

（3）定义 reset() 函数，它将在每一个回合的开始被调用，包括第一个回合：

```
def reset(self):
    self.done = False
    self.steps = 0
    self.map = np.zeros((3, 4))
    self.map[self.goal_coordinate[0]]\
        [self.goal_coordinate[1]] = 1
    self.map[self.bomb_coordinate[0]]\
        [self.bomb_coordinate[1]] = -1
    self.map[self.wall_coordinate[0]]\
            [self.wall_coordinate[1]] = 2

    if self.exploring_starts:
        self.state = np.random.choice([0, 1, 2, 4, 6,
                        8, 9, 10, 11])
    else:
        self.state = 8
    return self.state
```

（4）实现一个 get_next_state() 函数，以便获取下一个状态：

```
def get_next_state(self, current_position, action):

  next_state = self.index_to_coordinate_map[
          str(current_position)].copy()
```

```
    if action == 0 and next_state[0] != 0 and \
    next_state != [2, 1]:
      # Move up
      next_state[0] -= 1
    elif action == 1 and next_state[1] != 3 and \
    next_state != [1, 0]:
      # Move right
      next_state[1] += 1
    elif action == 2 and next_state[0] != 2 and \
    next_state != [0, 1]:
      # Move down
      next_state[0] += 1
    elif action == 3 and next_state[1] != 0 and \
    next_state != [1, 2]:
      # Move left
      next_state[1] -= 1
    else:
      pass
    return self.coordinate_to_index_map[str(
                        next_state)]t_state)]
```

（5）实现 GridworldV2 环境中主要的 step() 函数：

```
def step(self, action):
    assert action in self.possible_actions, \
    f"Invalid action:{action}"

    current_position = self.state
    next_state = self.get_next_state(
                current_position, action)
    self.steps += 1
    if next_state == self.goal_state:
      reward = 1
      self.done = True
    elif next_state == self.bomb_state:
      reward = -1
      self.done = True
    else:
      reward = self.step_cost
    if self.steps == self.max_ep_length:
      self.done = True
    self.state = next_state
    return next_state, reward, self.done
```

（6）继续实现时序差分学习算法。首先使用一个二维 numpy 数组初始化网格的状态值，然后设置目标位置和炸弹状态的值：

```
def temporal_difference_learning(env, max_episodes):
  grid_state_values = np.zeros((len(
              env.distinct_states), 1))
  grid_state_values[env.goal_state] = 1
  grid_state_values[env.bomb_state] = -1
```

（7）定义折扣因子 gamma、学习率 alpha，将 done 初始化为 False：

```
  # v: state-value function
  v = grid_state_values
  gamma = 0.99  # Discount factor
  alpha = 0.01  # learning rate
  done = False
```

（8）定义外部主循环，使其运行 max_episodes 次，并在每个回合开始时将环境状态重置为初始值：

```
  for episode in range(max_episodes):
      state = env.reset()
```

（9）实现内循环，其中使用一行代码进行时序差分学习更新：

```
    while not done:
        action = env.action_space.sample()
        # random policy
        next_state, reward, done = env.step(action)

        # State-value function updates using TD(0)
        v[state] += alpha * (reward + gamma * \
                  v[next_state] - v[state])
        state = next_state
```

（10）学习收敛后，希望能够可视化 GridworldV2 环境中每个状态的状态值。为此，可以使用 value_function_utils() 函数中的 visualize_grid_state_values() 函数：

```
visualize_grid_state_values(grid_state_values.reshape((3, 4)))
```

（11）在主函数中运行 temporal_difference_learning() 函数：

```
if __name__ == "__main__":
    max_episodes = 4000
    env = GridworldV2Env(step_cost=-0.1,
                         max_ep_length=30)
    temporal_difference_learning(env, max_episodes)
```

（12）上面的代码将花费几秒钟运行 max_episodes 个回合的时序差分学习，然后产生的图可以展示 GridworldV2 环境的网格单元坐标和状态值，每个状态根据右边显示的刻度着色，具体见图 2.7。

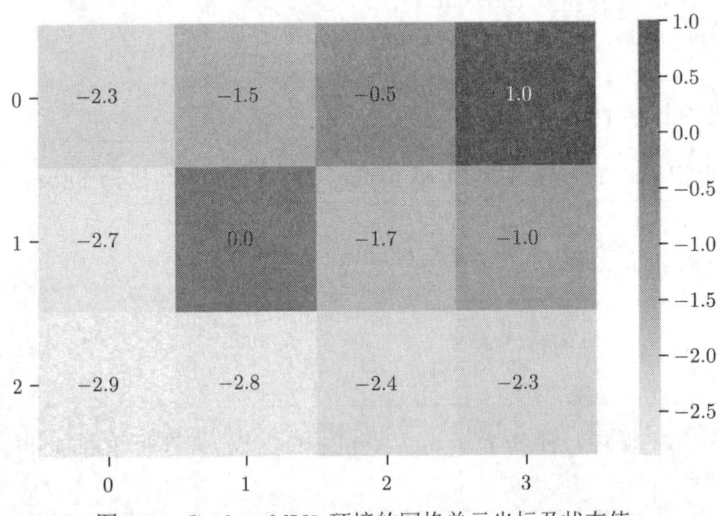

图 2.7 GridworldV2 环境的网格单元坐标及状态值

2.4.3 工作原理

根据环境实现，注意 goal_state 位于 (0,3)，bomb_state 位于 (1,3)。这是基于网格单元的坐标、颜色及值确定的，如图 2.8 所示。

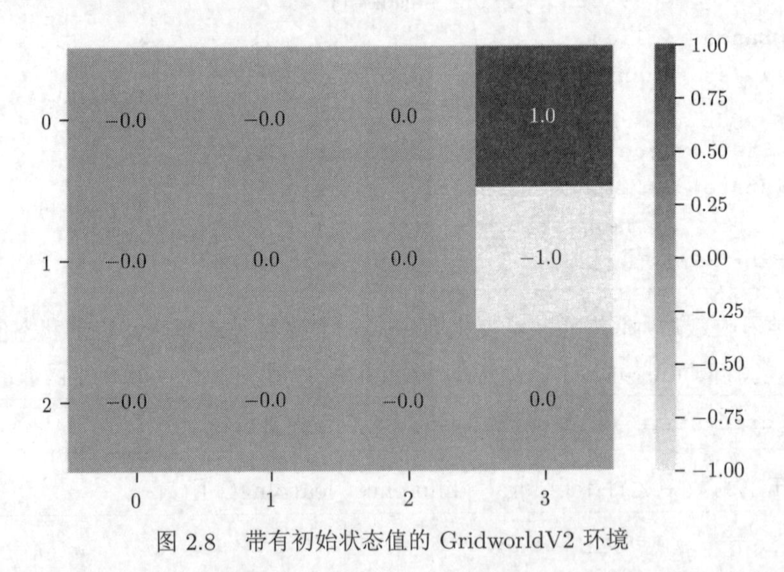

图 2.8 带有初始状态值的 GridworldV2 环境

状态是线性化的，用一个整数表示 GridworldV2 环境中的 12 个不同状态。图 2.9 显示了网格状态的线性化表示，以便更好地理解状态的编码。

现在已经了解了如何实现时序差分学习，下面继续构建蒙特卡洛算法。

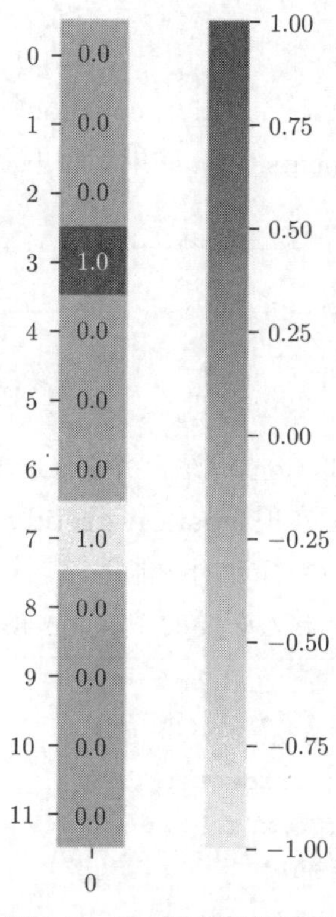

图 2.9　状态的线性化表示

2.5　构建强化学习中的蒙特卡洛预测和控制算法

本节提供了构建蒙特卡洛预测和控制算法的主要内容，以便读者可以构建自己的强化学习智能体。与时序差分学习算法类似，蒙特卡洛学习方法可用于学习状态函数和动作价值函数。由于蒙特卡洛方法从真实经验的完整回合中学习，而没有近似预测。因此蒙特卡洛方法是无偏的。这个方法适用于需要良好收敛性的应用。图 2.10 展示了蒙特卡洛方法在 GridworldV2 环境中学到的价值函数。

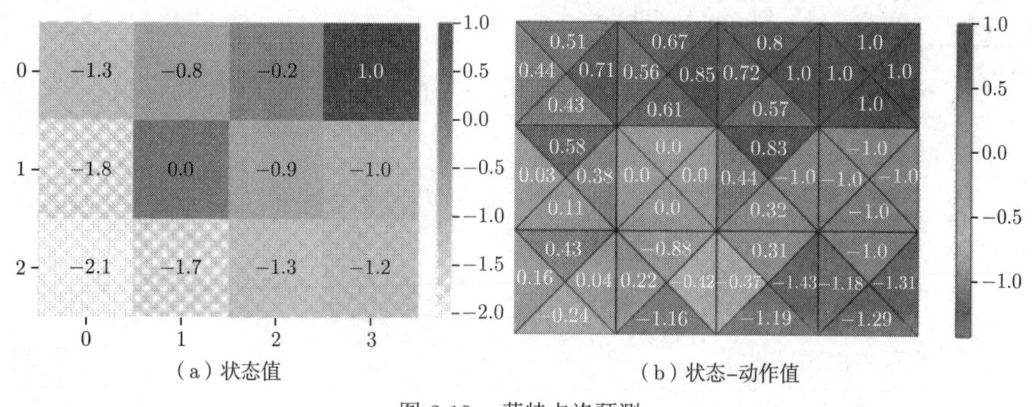

图 2.10　蒙特卡洛预测

2.5.1 前期准备

为了完成本节内容，需要激活命名为 tf2rl-cookbook 的 Python/Conda 虚拟环境并在命令行运行 pip install -r requirements.txt。如果运行下面的导入语句时没有出现问题，就可以准备开始了：

```
import numpy as np
```

2.5.2 实现步骤

首先实现 monte_carlo_prediction 算法，并在 GridworldV2 环境中对学习到的每个状态的价值函数进行可视化。随后实现 **epsilon-greedy 策略**和 monte_carlo_control 算法，构造一个可以在强化学习环境中行动的智能体。

（1）从 import 语句开始，并导入必要的 Python 模块：

```
import numpy as np


from envs.gridworldv2 import GridworldV2Env
from value_function_utils import (
    visualize_grid_action_values,
    visualize_grid_state_values,
)
```

（2）定义 monte_carlo_prediction() 函数并初始化必要的对象：

```
def monte_carlo_prediction(env, max_episodes):
  returns = {state: [] for state in \
        env.distinct_states}
  grid_state_values = np.zeros(len(
              env.distinct_states))
  grid_state_values[env.goal_state] = 1
  grid_state_values[env.bomb_state] = -1
  gamma = 0.99  # Discount factor
```

（3）实现外部循环。外部循环在所有强化学习智能体训练代码中都很常见：

```
  for episode in range(max_episodes):
    g_t = 0
    state = env.reset()
    done = False
    trajectory = []
```

（4）实现内部循环：

```
    while not done:
```

```
        action = env.action_space.sample()
          # random policy
        next_state, reward, done = env.step(action)
        trajectory.append((state, reward))
        state = next_state
```

（5）计算网格中的状态值：

```
    for idx, (state, reward) in enumerate(trajectory[::-1]):
        g_t = gamma * g_t + reward
        # first visit Monte-Carlo prediction
        if state not in np.array(trajectory[::-1])\
        [:, 0][idx + 1 :]:
          returns[str(state)].append(g_t)
          grid_state_values[state] =np.mean(returns[str(state)])
# Let's visualize the learned state value function using the
# visualize_grid_state_values helper function from the
    # value_function_utils script:
visualize_grid_state_values(grid_state_values.reshape((3, 4)))
```

（6）运行蒙特卡洛预测器：

```
if __name__ == "__main__":
  max_episodes = 4000
  env = GridworldV2Env(step_cost=-0.1,
              max_ep_length=30)
  print(f"===Monte Carlo Prediction===")
  monte_carlo_prediction(env, max_episodes)
```

（7）上述代码将生成图表显示 GridworldV2 环境和状态值，如图 2.11 所示。

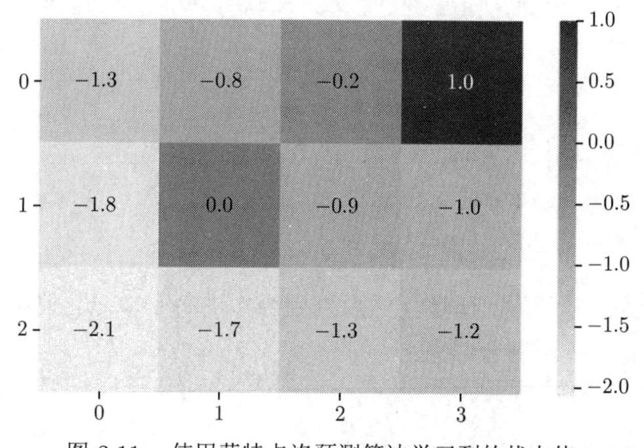

图 2.11　使用蒙特卡洛预测算法学习到的状态值

（8）实现一个 epsilon-greedy 策略的函数：

```
def epsilon_greedy_policy(action_logits, epsilon=0.2):
  idx = np.argmax(action_logits)
  probs = []
  epsilon_decay_factor = np.sqrt(sum([a ** 2 for a in \
                  action_logits]))

  if epsilon_decay_factor == 0:
    epsilon_decay_factor = 1.0
  for i, a in enumerate(action_logits):
    if i == idx:
      probs.append(round(1 - epsilon + (
          epsilon / epsilon_decay_factor), 3))
    else:
      probs.append(round(
          epsilon / epsilon_decay_factor, 3))
  residual_err = sum(probs) - 1
  residual = residual_err / len(action_logits)

  return np.array(probs) - residual
```

（9）实现强化学习的蒙特卡洛控制算法。首先定义函数以及状态-动作价值的初始值：

```
def monte_carlo_control(env, max_episodes):
    grid_state_action_values = np.zeros((12, 4))
    grid_state_action_values[3] = 1
    grid_state_action_values[7] = -1
```

（10）继续对所有可能的状态-动作的回报进行初始化：

```
possible_states = ["0", "1", "2", "3", "4", "5", "6", "7", "8", "9",
  "10", "11"]
possible_actions = ["0", "1", "2", "3"]
returns = {}
for state in possible_states:
  for action in possible_actions:
    returns[state + ", " + action] = []
```

（11）为每个回合定义外部循环，然后为回合中的每个单步定义内部循环。这样就可以收集经验轨迹，直到一个回合结束：

```
gamma = 0.99
for episode in range(max_episodes):
  g_t = 0
  state = env.reset()
```

```
    trajectory = []
    while True:
      action_values = \
         grid_state_action_values[state]
      probs = epsilon_greedy_policy(action_values)
      action = np.random.choice(np.arange(4), \
               p=probs)  # random policy
      next_state, reward, done = env.step(action)
      trajectory.append((state, action, reward))

      state = next_state
      if done:
        break
```

（12）通过内循环获得一个回合的完整轨迹，可以实现蒙特卡洛控制并更新状态-动作价值：

```
    for step in reversed(trajectory):
      g_t = gamma * g_t + step[2]
      Returns[str(step[0]) + ", " + \
          str(step[1])].append(g_t)
      grid_state_action_values[step[0]][step[1]]= \
      np.mean(
        Returns[str(step[0]) + ", " + \
            str(step[1])]
      )
```

（13）一旦外部循环结束，就可以使用 value_function_utils 脚本中的辅助函数 visualize_grid_action_values() 可视化状态-动作价值：

```
visualize_grid_action_values(grid_state_action_values)
```

（14）运行 monte_carlo_control() 函数，在 GridworldV2 环境中学习状态-动作价值，并展示学习到的值：

```
if __name__ == "__main__":
  max_episodes = 4000
  env = GridworldV2Env(step_cost=-0.1, \
           max_ep_length=30)
  print(f"===Monte Carlo Control===")
  monte_carlo_control(env, max_episodes)
```

上面的代码将产生如图 2.12 所示的效果，其中用矩形表示的每个网格状态有 4 个动作值。

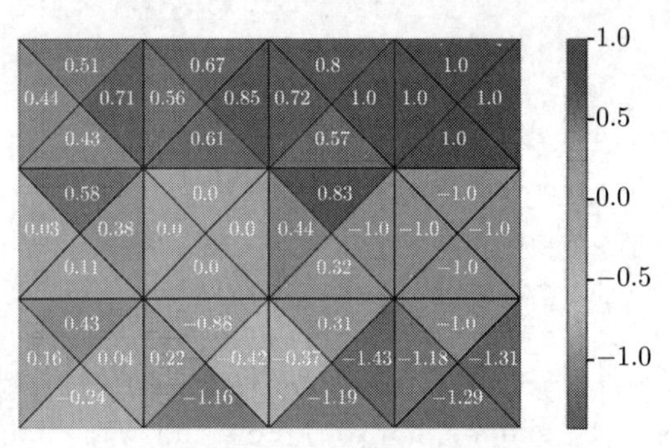

图 2.12　GridworldV2 环境

2.5.3 工作原理

对于回合任务，蒙特卡洛方法直接从一个回合中获得的完整样本回报中学习。基于对首次访问进行平均来估计价值函数的蒙特卡洛预测算法如图 2.13 所示。

Initialize:
　　$\pi \leftarrow$ policy to be evaluated
　　$V \leftarrow$ an arbitrary state-value function
　　$Returns(s) \leftarrow$ an empty list, for all $s \in \mathcal{S}$

Repeat forever:
　　Generate an episode using π
　　For each state s appearing in the episode:
　　　　$G \leftarrow$ return following the first occurrence of s
　　　　Append G to $Returns(s)$
　　　　$V(s) \leftarrow \text{average}(Returns(s))$

图 2.13　蒙特卡洛预测算法

一旦智能体收集了一系列的轨迹，就可以利用蒙特卡洛控制算法中的转移信息来学习状态-动作价值函数。智能体可以使用该价值函数在给定的强化学习环境中工作。蒙特卡洛控制算法如图 2.14 所示。

Initialize, for all $s \in \mathcal{S}$, $a \in \mathcal{A}(s)$:
　　$Q(s, a) \leftarrow$ arbitrary
　　$Returns(s, a) \leftarrow$ empty list
　　$\pi \leftarrow$ an arbitrary ε-soft policy

Repeat forever:
　　(a) Generate an episode using π
　　(b) For each pair s, a appearing in the episode:
　　　　$R \leftarrow$ return following the first occurrence of s, a
　　　　Append R to $Returns(s, a)$
　　　　$Q(s, a) \leftarrow \text{average}(Returns(s, a))$
　　(c) For each s in the episode:
　　　　$a^* \leftarrow \text{argmax}_a Q(s, a)$
　　　　For all $a \in \mathcal{A}(s)$:

$$\pi(s, a) \leftarrow \begin{cases} 1-\varepsilon+\varepsilon/|\mathcal{A}(s)| & \text{if } a=a^* \\ \varepsilon/|\mathcal{A}(s)| & \text{if } a\neq a^* \end{cases}$$

图 2.14　蒙特卡洛控制算法

学习到的状态-动作价值函数的结果如图 2.12 所示，其中网格单元中的每个三角形显示了在该网格状态下采取该方向动作的状态-动作价值。三角形的底边与动作的方向一致。例如，图 2.12 左上角的三角形的值为 0.44，这是在该网格状态下执行向左移动动作的状态-动作价值。

2.6 实现 SARSA 算法和对应的强化学习智能体

本节内容将展示如何实现**状态-行动-奖励-状态-行动（State-Action-Reward-State-Action，SARSA）**算法，以及如何使用 SARSA 算法开发和训练智能体，使其能够在强化学习环境中执行动作。SARSA 算法可以应用于无模型控制问题，并对未知马尔可夫决策过程的价值函数进行优化。

完成本节内容后，就可以获得一个可工作的强化学习智能体，当其在 GridworldV2 环境中运行时，该智能体将使用 SARSA 学习算法生成图 2.15 所示状态-动作价值函数，每个三角形表示在该网格状态下采取该方向动作的动作价值。

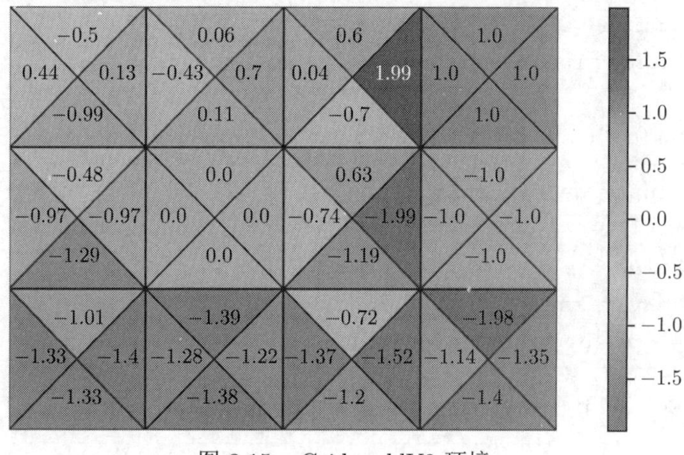

图 2.15　GridworldV2 环境

2.6.1 前期准备

为了完成本节内容，需要激活命名为 tf2rl-cookbook 的 Python/Conda 虚拟环境并在命令行运行 pip install -r requirements.txt。如果运行下面的导入语句时没有出现问题，就可以准备开始了：

```
import numpy as np
import random
```

2.6.2 实现步骤

使用一个函数实现 SARSA 学习算法的更新，并使用 epsilon-greedy 的探索策略。将这两部分结合起来，就可以得到一个在给定的强化学习环境中工作的完整智能体。在本节中，我们将在 GridworldV2 环境中训练和测试智能体。

（1）定义一个实现 SARSA 算法的函数，并用 0 初始化状态-动作价值：

```
def sarsa(env, max_episodes):
  grid_action_values = np.zeros((len(
        env.distinct_states), env.action_space.n))
```

（2）根据环境的配置更新目标状态和炸弹状态的价值：

```
  grid_action_values[env.goal_state] = 1
  grid_action_values[env.bomb_state] = -1
```

（3）定义折扣因子 gamma 和学习率超参数 alpha。同样，创建一个方便的别名 q 表示 grid_action_values：

```
  gamma = 0.99  # discounting factor
  alpha = 0.01  # learning rat
  # q: state-action-value function
  q = grid_action_values
```

（4）实现外部循环：

```
  for episode in range(max_episodes):
      step_num = 1
      done = False
      state = env.reset()
      action = greedy_policy(q[state], 1)
```

（5）实现内循环，其中包括 SARSA 学习的更新步骤：

```
    while not done:
        next_state, reward, done = env.step(action)
        step_num += 1
        decayed_epsilon = gamma ** step_num
        # Doesn't have to be gamma
        next_action = greedy_policy(q[next_state], \
                      decayed_epsilon)
        q[state][action] += alpha * (
          reward + gamma * q[next_state] \
            [next_action] - q[state][action]
        )
        state = next_state
        action = next_action
```

（6）在 SARSA 函数的最后一步，可视化状态-动作价值函数：

```
visualize_grid_action_values(grid_action_values)
```

（7）实现智能体要使用的 epsilon-greedy 策略 greedy_policy()：

```
def greedy_policy(q_values, epsilon):
    """Epsilon-greedy policy """

    if random.random() >= epsilon:
        return np.argmax(q_values)
    else:
        return random.randint(0, 3)
```

（8）实现 __main__ 函数并运行 SARSA 算法：

```
if __name__ == "__main__":
    max_episodes = 4000
    env = GridworldV2Env(step_cost=-0.1, \
                max_ep_length=30)
    sarsa(env, max_episodes)
```

当执行完，一个带有状态-动作价值的 GridworldV2 环境如图 2.16 所示。

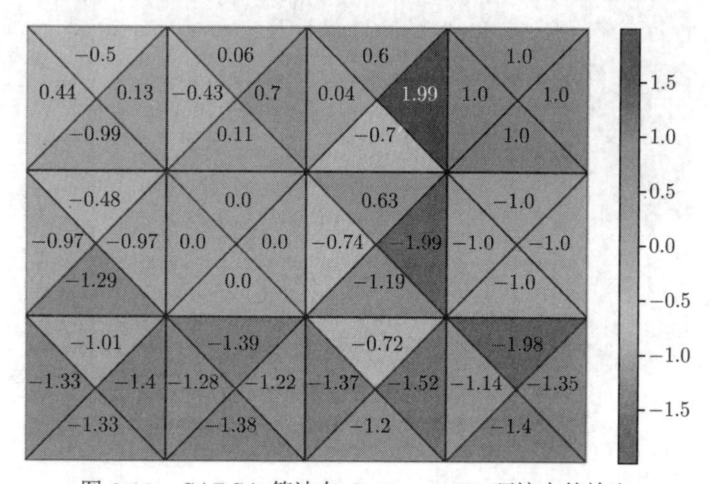

图 2.16　SARSA 算法在 GridworldV2 环境中的输出

2.6.3　工作原理

SARSA 是一种基于时序差分学习的在轨策略（on-policy）控制算法。本节内容使用了 SARSA 算法估计最优状态-动作价值。SARSA 算法可以概括为图 2.17 所示。

由图 2.17 可以看出，SARSA 算法与 Q 学习算法非常相似，在了解 2.7 节相关内容后，这种相似会更加清晰。

Initialize $Q(s, a)$, $\forall s \in \mathcal{S}$, $a \in \mathcal{A}(s)$, arbitrarily, and $Q(\textit{terminal-state}, \cdot) = 0$
Repeat (for each episode):
  Initialize S
  Choose A from S using policy derived from Q (e.g., ϵ-greedy)
  Repeat (for each step of episode):
    Take action A, observe R, S'
    Choose A' from S' using policy derived from Q (e.g., ϵ-greedy)
    $Q(S, A) \leftarrow Q(S, A) + \alpha[R + \gamma Q(S', A') - Q(S, A)]$
    $S \leftarrow S'$; $A \leftarrow A'$;
  until S is terminal

图 2.17 SARSA 算法

2.7 构建基于 Q 学习的智能体

本节主要展示如何建立一个 Q 学习（Q-Learning）智能体。Q 学习可以应用于无模型的强化学习问题。它支持离轨策略（off-policy）学习，为使用其他策略或其他智能体（甚至是人类）收集经验的问题提供了实用的解决方案。

完成本节内容后，可构造一个可工作的强化学习智能体，当在 GridworldV2 环境中运行时，该智能体将使用 Q 学习算法生成图 2.18 所示的状态-动作价值函数。

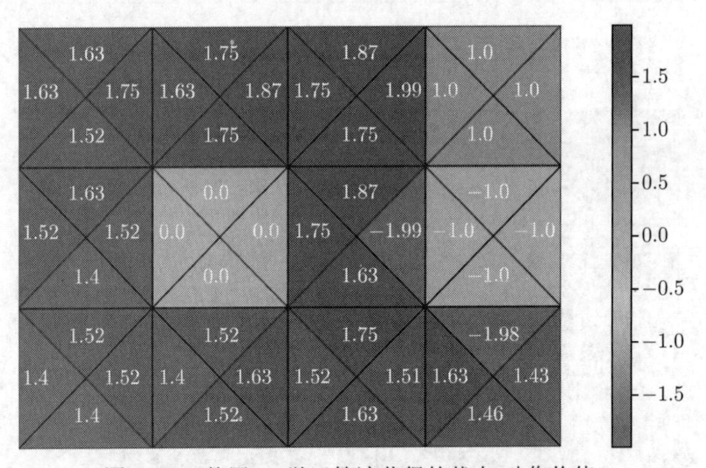

图 2.18 使用 Q 学习算法获得的状态-动作价值

2.7.1 前期准备

为了完成本节内容，需要激活命名为 tf2rl-cookbook 的 Python/Conda 虚拟环境并在命令行运行 pip install -r requirements.txt。如果运行下面的导入语句时没有出现问题，就可以准备开始了：

```
import numpy as np
import random
```

2.7.2　实现步骤

用一个函数实现 Q 学习算法，并使用 epsilon-greedy 策略来构建 Q 学习智能体。

（1）定义一个实现 Q 学习算法的函数，并用 0 初始化状态-动作价值：

```
def q_learning(env, max_episodes):
    grid_action_values = np.zeros((len(\
      env.distinct_states), env.action_space.n))
```

（2）根据环境的配置更新目标状态和炸弹状态的值：

```
  grid_action_values[env.goal_state] = 1
  grid_action_values[env.bomb_state] = -1
```

（3）定义折扣因子 gamma 和学习率超参数 alpha。同样，创建一个方便的别名 q 表示 grid_action_values：

```
  gamma = 0.99  # discounting factor
  alpha = 0.01  # learning rate
  # q: state-action-value function
  q = grid_action_values
```

（4）实现外部循环：

```
  for episode in range(max_episodes):
      step_num = 1
      done = False
      state = env.reset()
```

（5）实现内循环，其中包括 Q 学习的更新。此外对 epsilon-greedy 策略中使用的 epsilon 进行衰减：

```
      while not done:
          decayed_epsilon = 1 * gamma ** step_num
          # Doesn't have to be gamma
          action = greedy_policy(q[state], \
               decayed_epsilon)
          next_state, reward, done = env.step(action)

          # Q-Learning update
          grid_action_values[state][action] += alpha *(
            reward + gamma * max(q[next_state]) - \
            q[state][action]
          )
          step_num += 1
          state = next_state = next_state
```

（6）作为 q_learning() 函数的最后一步，对状态-动作价值函数进行可视化：

```
visualize_grid_action_values(grid_action_values)
```

（7）实现智能体要使用的 epsilon-greedy 策略：

```
def greedy_policy(q_values, epsilon):
    """Epsilon-greedy policy """

    if random.random() >= epsilon:
        return np.argmax(q_values)
    else:
        return random.randint(0, 3)
```

（8）实现 __main__ 函数，并运行 Q 学习算法：

```
if __name__ == "__main__":
    max_episodes = 4000
    env = GridworldV2Env(step_cost=-0.1,
                max_ep_length=30)
    q_learning(env, max_episodes)
```

执行代码后，将显示带有状态-动作价值的 GridworldV2 环境，如图 2.19 所示。

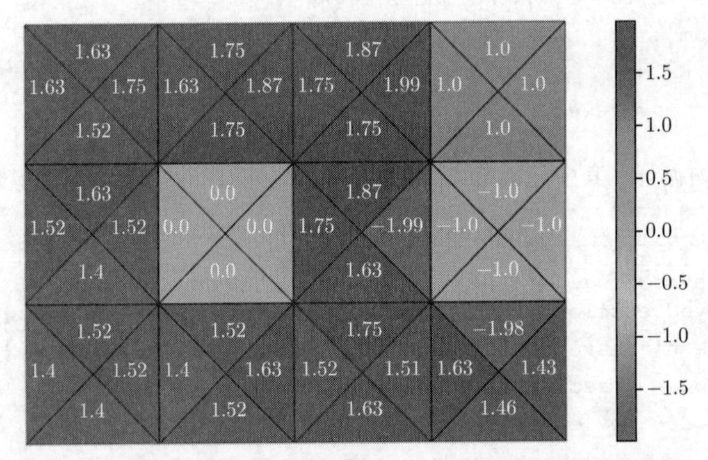

图 2.19 使用 Q 学习算法获得的 GridworldV2 环境的动作价值

2.7.3 工作原理

Q 学习算法中涉及 Q 值的更新，可以总结为：

$$Q[s,a] = Q[s,a] + \lambda\left(r + \gamma \max_{a'}\left(Q\left[s',a'\right]\right) - Q[s,a]\right)$$

其中，

（1）$Q(s,a)$ 是当前状态 s 和动作 a 的 Q 函数值；

（2）$\max\left(Q\left[s',a'\right]\right)$ 用于从下一步可能的 Q 值中选择最大值；

（3）s 为智能体的当前位置；

（4）a 为当前动作；

（5）λ 为学习率；

（6）r 为在当前位置获得的奖励；

（7）γ 为 gamma（奖励衰减因子，折扣因子）；

（8）s' 为下一个状态；

（9）a' 为下一个状态 s' 时可选择的动作。

现在可以看出，Q 学习算法和 SARSA 算法之间的区别仅在于如何计算下一个状态和动作对的动作价值/Q 值。在 Q 学习中，使用 $\max\left(Q\left[s',a'\right]\right)$，即 Q 函数的最大值计算 Q 值，而在 SARSA 算法中，使用下一个状态选择的动作的 Q 值。这听起来可能很微妙，但因为 Q 学习算法通过对所有动作取最大值来推断价值，而不是仅仅基于当前的行为策略推断，所以它可以直接学习最优策略。另一方面，SARSA 算法根据行为策略的探测参数（例如 ϵ-贪心策略中的 ϵ 参数）学习近似最优策略。SARSA 算法比 Q 学习算法具有更好的收敛性，因此它更适合在线学习或者在真实系统上学习，或者在模拟或模拟世界中训练也需要花费真正的资源（时间和/或金钱）的情况。Q 学习算法更适合于在模拟环境或真实系统上资源（如时间/金钱）不太昂贵的情况下训练“最优”智能体。

2.8　实现策略梯度

策略梯度算法是强化学习的基础，是许多高级强化学习算法的基础。这些算法直接优化最优策略，与基于价值的算法相比，有更快的学习速度。策略梯度算法适用于具有高维或连续动作空间的问题和应用。本节内容将介绍如何使用 TensorFlow 2.0 实现策略梯度算法。通过本节，可以实现在任何兼容的 OpenAI Gym 环境中训练强化学习智能体。

2.8.1　前期准备

为了完成本节内容，需要激活命名为 tf2rl-cookbook 的 Python/Conda 虚拟环境并在命令行运行 pip install -r requirements.txt。如果运行下面的导入语句时没有出现问题，就可以准备开始了：

```
import tensorflow as tf
import tensorflow_probability as tfp
from tensorflow import keras
from tensorflow.keras import layers
import numpy as np
import gym
```

2.8.2 实现步骤

本节内容包含三个主要部分。第一部分是使用由 TensorFlow 2.x 实现的神经网络所表示的策略函数。第二部分是实现 Agent 类。最后一部分实现一个训练函数，该函数用于在给定的强化学习环境中训练基于策略梯度的智能体。

（1）定义 PolicyNet() 类，定义一个具有三层全连接层或稠密层的神经网络作为模型：

```
class PolicyNet(keras.Model):
  def __init__(self, action_dim=1):
    super(PolicyNet, self).__init__()
    self.fc1 = layers.Dense(24, activation="relu")
    self.fc2 = layers.Dense(36, activation="relu")
    self.fc3 = layers.Dense(action_dim,
                activation="softmax")
```

（2）实现 call() 函数，调用该函数可以处理模型的输入：

```
def call(self, x):
    x = self.fc1(x)
    x = self.fc2(x)
    x = self.fc3(x)
    return x
```

（3）定义 process() 函数，调用该函数可以通过模型处理 batch 观测：

```
def process(self, observations):
    # Process batch observations using 'call(x)'
    # behind-the-scenes
    action_probabilities = \
        self.predict_on_batch(observations)
    return action_probabilities
```

（4）定义了策略网络后，可以实现利用策略网络的 Agent() 类和一个用于训练网络模型的优化器：

```
class Agent(object):
    def __init__(self, action_dim=1):
        """Agent with a neural-network brain powered
           policy

        Args:
            action_dim (int): Action dimension
        """
        self.policy_net = PolicyNet(
                            action_dim=action_dim)
```

```
    self.optimizer = tf.keras.optimizers.Adam(
                        learning_rate=1e-3)
    self.gamma = 0.99
```

（5）定义一个策略辅助函数 policy()，它将观测值作为输入，通过策略网络对其进行处理，并返回输出的动作：

```
def policy(self, observation):
    observation = observation.reshape(1, -1)
    observation = tf.convert_to_tensor(observation,
                    dtype=tf.float32)
    action_logits = self.policy_net(observation)
    action = tf.random.categorical(
         tf.math.log(action_logits), num_samples=1)
    return action
```

（6）定义另一个辅助函数 get_action()，从智能体获取动作：

```
def get_action(self, observation):
    action = self.policy(observation).numpy()
    return action.squeeze()
```

（7）可以定义策略梯度算法的学习更新。用一个折扣奖励的空列表初始化 learn() 函数：

```
def learn(self, states, rewards, actions):
    discounted_reward = 0
    discounted_rewards = []
    rewards.reverse()
```

（8）当输入一个回合的奖励时，按照下面的方法计算折扣奖励：

```
  for r in rewards:
      discounted_reward = r + self.gamma * \
                discounted_reward
      discounted_rewards.append(discounted_reward)
      discounted_rewards.reverse()
```

（9）实现计算策略梯度的关键步骤，并使用优化器更新策略神经网络的参数：

```
  for state, reward, action in zip(states,
  discounted_rewards, actions):
    with tf.GradientTape() as tape:
      action_probabilities = \
        self.policy_net(np.array([state]),\
                training=True)
      loss = self.loss(action_probabilities, \
```

```
            action, reward)
    grads = tape.gradient(loss,
        self.policy_net.trainable_variables)
    self.optimizer.apply_gradients(
      zip(grads,
        self.policy_net.trainable_variables)
    )
```

（10）实现第（9）步中提到的损失函数 loss()，并计算策略参数更新：

```
def loss(self, action_probabilities, action, reward):
  dist = tfp.distributions.Categorical(
    probs=action_probabilities, dtype=tf.float32
  )
  log_prob = dist.log_prob(action)
  loss = -log_prob * reward
  return loss
```

（11）Agent 类完全实现之后，可以继续实现智能体的 train() 函数。先从函数的定义开始：

```
def train(agent: Agent, env: gym.Env, episodes: int, render=True):
    """Train 'agent' in 'env' for 'episodes'

    Args:
        agent (Agent): Agent to train
        env (gym.Env): Environment to train the agent
        episodes (int): Number of episodes to train
        render (bool): True=Enable/False=Disable \
                rendering; Default=True
  """
```

（12）实现智能体 train() 函数的外部循环：

```
  for episode in range(episodes):
      done = False
      state = env.reset()
      total_reward = 0
      rewards = []
      states = []
      actions = []
```

（13）实现内循环完成 train() 函数：

```
    while not done:
```

```
        action = agent.get_action(state)
        next_state, reward, done, _ = \
                    env.step(action)
        rewards.append(reward)
        states.append(state)
        actions.append(action)
        state = next_state
        total_reward += reward
        if render:
            env.render()
        if done:
            agent.learn(states, rewards, actions)
            print("\n")
        print(f''Episode#:{episode} \
        ep_reward:{total_reward}'', end="\r")
```

（14）实现主函数 __name__：

```
if __name__ == "__main__":
    agent = Agent()
    episodes = 500
    env = gym.make("MountainCar-v0")
    train(agent, env, episodes)
    env.close()
```

上述代码将在 **MountainCar** 环境中启动智能体的训练过程。设置 render=True，就可以可视化该环境，并显示智能体如何在该环境中驾驶汽车上山。一旦智能体经过足够多回合的训练，就可以看到智能体驾驶着汽车成功上山，如图 2.20 所示。

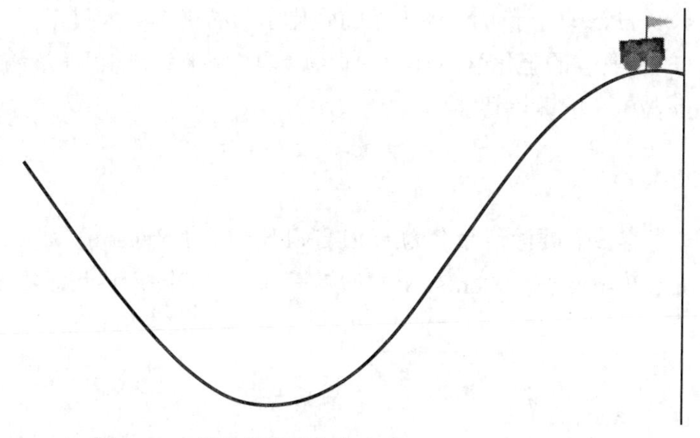

图 2.20 策略梯度智能体完成 MountainCar 任务

2.8.3 工作原理

使用 TensorFlow 2.x 的 **Keras API** 定义一个多层前向传播神经网络模型来表示强化学习智能体的策略。然后定义一个 Agent() 类，它利用神经网络策略在 MountainCar 强化学习环境中执行动作。策略梯度算法如图 2.21 所示。

Input: a differentiable policy parameterization $\pi(a|s, \boldsymbol{\theta})$, $\forall a \in \mathcal{A}$, $s \in \mathcal{S}$, $\boldsymbol{\theta} \in \mathbb{R}^n$
Initialize policy weights $\boldsymbol{\theta}$
Repeat forever:
  Generate an episode $S_0, A_0, R_1, \ldots, S_{T-1}, A_{T-1}, R_T$, following $\pi(\cdot|\cdot, \boldsymbol{\theta})$
  For each step of the episode $t = 0, \ldots, T-1$:
    $G_t \leftarrow$ return from step t
    $\boldsymbol{\theta} \leftarrow \boldsymbol{\theta} + \alpha\gamma^t G_t \nabla_{\boldsymbol{\theta}} \log\pi(A_t|S_t, \boldsymbol{\theta})$

图 2.21　策略梯度算法

在训练基于策略梯度的智能体时，虽然智能体可以学习开车上山，但这可能需要很长时间或者可能会困在局部最优值中。这个基本版本的策略梯度算法存在一定的局限性。策略梯度是一种在轨策略（on-policy）算法，它只能使用正在优化的同一策略收集的经验/轨迹或回合转移信息。策略梯度算法的基本版本并不能保证性能的单调提升，因为它可能会陷入局部最优值。

2.9 实现行动者-评论家算法

行动者-评论家（Actor-Critic）算法可以将基于价值的强化学习和基于策略的强化学习结合为一个一体化智能体。虽然策略梯度方法直接在策略空间中搜索和优化策略，可以得到更平滑的学习曲线和性能的提升，但它们往往会陷入（长期奖励优化目标的）局部最优值。基于价值的方法就不会陷于局部最优值，但它们缺乏收敛性保证，而且像 Q 学习这样的算法往往有高偏差，并且样本效率不高。行动者-评论家方法结合了基于价值的算法和基于策略梯度的算法的优点。行动者-评论家方法也具有高的样本效率。本节内容使用 TensorFlow 2.x 实现一个基于行动者-评论家的强化学习智能体。通过本节，可以得到能够在任何 OpenAI Gym 兼容的强化学习环境中训练基于行动者-评论家的智能体。本节案例主要基于 CartPole-V0 环境训练智能体。

2.9.1 前期准备

为了完成本节内容，需要激活命名为 tf2rl-cookbook 的 Python/Conda 虚拟环境并在命令行运行 pip install -r requirements.txt。如果运行下面的导入语句时没有出现问题，就可以准备开始了：

```
import numpy as np
import tensorflow as tf
import gym
```

```
import tensorflow_probability as tfp
```

2.9.2　实现步骤

本节内容包含三个主要部分。第一部分是创建由 TensorFlow 2.x 实现的神经网络所表示的行动者-评论家模型。第二部分是创建 Agent 类。最后一部分将创建一个训练函数，该函数将在给定的强化学习环境中训练基于行动者-评论家的智能体。

（1）实现 ActorCritic() 类：

```
class ActorCritic(tf.keras.Model):
  def __init__(self, action_dim):
    super().__init__()
    self.fc1 = tf.keras.layers.Dense(512, \
                    activation="relu")
    self.fc2 = tf.keras.layers.Dense(128, \
                    activation="relu")
    self.critic = tf.keras.layers.Dense(1, \
                    activation=None)
    self.actor = tf.keras.layers.Dense(action_dim, \
                    activation=None)
```

（2）在 ActorCritic() 类中需要做的最后一件事是实现 call() 函数，它通过神经网络模型执行前向传播：

```
  def call(self, input_data):
      x = self.fc1(input_data)
      x1 = self.fc2(x)
      actor = self.actor(x1)
      critic = self.critic(x1)
      return critic, actor
```

（3）定义了 ActorCritic() 类后，可以继续实现 Agent() 类并初始化 ActorCritic 模型和一个优化器来更新行动者-评论家模型的参数：

```
class Agent:
    def __init__(self, action_dim=4, gamma=0.99):
        """Agent with a neural-network brain powered
           policy

        Args:
            action_dim (int): Action dimension
            gamma (float) : Discount factor. Default=0.99
        """
```

```
        self.gamma = gamma
        self.opt = tf.keras.optimizers.Adam(
                        learning_rate=1e-4)
        self.actor_critic = ActorCritic(action_dim)
```

（4）实现智能体的 get_action() 函数：

```
def get_action(self, state):
    _, action_probabilities = \
            self.actor_critic(np.array([state]))
    action_probabilities = tf.nn.softmax(
                action_probabilities)
    action_probabilities = \
                action_probabilities.numpy()
    dist = tfp.distributions.Categorical(
      probs=action_probabilities, dtype=tf.float32
    )
    action = dist.sample()
    return int(action.numpy()[0])
```

（5）实现 actor_loss() 函数计算基于行动者-评论家算法的动作损失函数，以驱动行动者-评论家网络的参数更新，并实现智能体提升策略：

```
def actor_loss(self, prob, action, td):
    prob = tf.nn.softmax(prob)
    dist = tfp.distributions.Categorical(probs=prob,
                    dtype=tf.float32)
    log_prob = dist.log_prob(action)
    loss = -log_prob * td
    return loss
```

（6）实现行动者-评论家智能体的 learn() 函数：

```
def learn(self, state, action, reward, next_state, done):
        state = np.array([state])
        next_state = np.array([next_state])

        with tf.GradientTape() as tape:
            value, action_probabilities = \
              self.actor_critic(state, training=True)
            value_next_st, _ = self.actor_critic(
                      next_state, training=True)
            td = reward + self.gamma * value_next_st * \
                (1 - int(done)) - value
```

```
        actor_loss = self.actor_loss(
              action_probabilities, action, td)
        critic_loss = td ** 2
        total_loss = actor_loss + critic_loss
    grads = tape.gradient(total_loss,
             self.actor_critic.trainable_variables)
    self.opt.apply_gradients(zip(grads,
            self.actor_critic.trainable_variables))
    return total_loss
```

（7）定义 train() 函数，用于在给定强化学习环境中训练智能体：

```
def train(agent, env, episodes, render=True):
    """Train 'agent' in 'env' for 'episodes'

    Args:
        agent (Agent): Agent to train
        env (gym.Env): Environment to train the agent
        episodes (int): Number of episodes to train
        render (bool): True=Enable/False=Disable \
                rendering; Default=True
    """
    for episode in range(episodes):
        done = False
        state = env.reset()
        total_reward = 0
        all_loss = []
        while not done:
            action = agent.get_action(state)
            next_state, reward, done, _ = \
                          env.step(action)
            loss = agent.learn(state, action, reward,
                        next_state, done)
            all_loss.append(loss)
            state = next_state
            total_reward += reward
            if render:
              env.render()
            if done:
              print("\n")
            print(f"Episode#:{episode}
                ep_reward:{total_reward}",
                end="\r")
```

（8）实现主函数 ___name___，调用训练器训练智能体直到给定的回合数：

```
if __name__ == "__main__":

    env = gym.make("CartPole-v0")
    agent = Agent(env.action_space.n)
    num_episodes = 20000
    train(agent, env, num_episodes)
```

一旦智能体经过了充分的训练，就能够很好地平衡推车上的杆子，如图 2.22 所示。

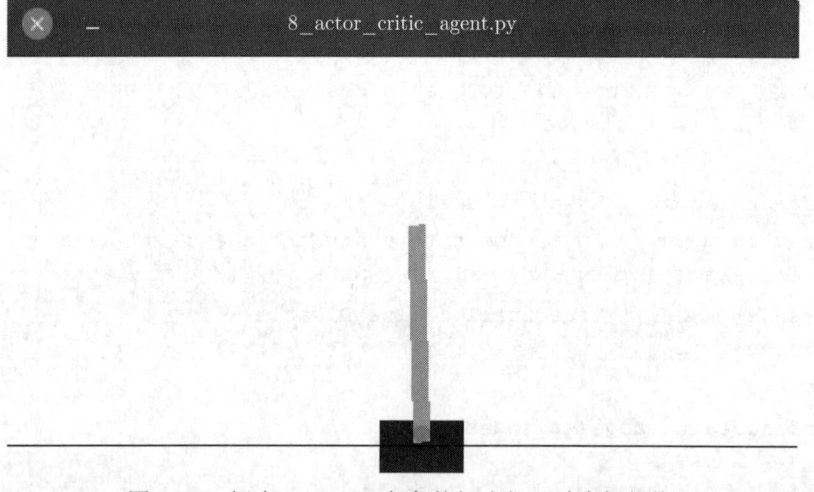

图 2.22　解决 CartPole 任务的行动者-评论家智能体

2.9.3　工作原理

在本节中，使用 TensorFlow 2.x 的 Keras API 定义了一个基于神经网络的行动者-评论家模型。在神经网络模型中，定义了两个全连接或稠密的神经网络层从输入中提取特征。产生的两个输出分别对应行动者的输出和评论家的输出。评论家的输出是一个单一的浮点值，而行动者的输出表示给定环境中每个允许动作的逻辑值（logit）。

第3章 高级强化学习算法的实现

本章提供了简明教程使用 **TensorFlow 2.x** 从头开始实现高级强化学习算法和智能体，包括构建 **Deep-Q-Networks**（**DQN**）、**Double Deep Q-Networks**（**DDQN**）、**Double Dueling Deep Q-Networks**（**DDDQN**）、**Deep Recurrent Q-Neworks**（**DRQN**）、**Asynchronous Advantage Actor-Critic**（**A3C**）、**Proximal Policy Optimization**（**PPO**）以及 **Deep Deterministic Policy Gradients**（**DDPG**）的方法。

在本章中将会讨论以下内容：

- 实现 Deep Q 学习算法、DQN 和 Double-DQN 智能体；
- 实现 Dueling DQN 智能体；
- 实现 Dueling Double DQN 算法和 DDDQN 智能体；
- 实现深度递归 Q 学习算法和 DRQN 智能体；
- 实现异步优势行动者-评论家算法和 A3C 智能体；
- 实现近端策略优化算法和 PPO 智能体；
- 实现深度确定性策略梯度算法和 DDPG 智能体。

3.1 技术要求

本书的代码已经在 Ubuntu 18.04 和 Ubuntu 20.04 上进行了广泛的测试，而且可以在安装了 Python 3.6+ 的 Ubuntu 后续版本中正常工作。在安装 Python 3.6 的情况下，搭配每项内容开始时列出的必要 Python 工具包，本书的代码也同样可以在 Windows 和 macOS X 上运行。建议读者创建和使用一个命名为 tf2rl-cookbook 的 Python 虚拟环境来安装工具包以及运行本书的代码。推荐读者安装 Miniconda 或 Anaconda 来管理 Python 虚拟环境。

3.2 实现 Deep Q 学习算法、DQN 和 Double-DQN 智能体

DQN 智能体采用深度神经网络来学习 Q 值函数。DQN 是一种针对离散动作空间环境和问题的强有力的算法，并当在 Atari 游戏中取得了成功时，DQN 成为了深度强化学习

历史上的一个重要的里程碑。

Double-DQN 智能体使用了两种相同的深度神经网络，它们的更新方式不同，因此也具有不同的权重。第二个神经网络是之前某个时间（通常从上一个回合开始）的主神经网络的副本。

通过本节，可以使用 TensorFlow 2.x 从头开始实现一个完整的 DQN 和 Double-DQN 智能体，该智能体能够在任何离散动作空间的强化学习环境中进行训练。

3.2.1 前期准备

为了完成本节内容，需要激活命名为 tf2rl-cookbook 的 Python/Conda 虚拟环境并在命令行运行 pip install -r requirements.txt。如果运行下面的导入语句时没有出现问题，就可以准备开始了：

```
import argparse
from datetime import datetime
import os
import random
from collections import deque

import gym
import numpy as np
import tensorflow as tf
from tensorflow.keras.layers import Dense, Input
```

3.2.2 实现步骤

DQN 智能体包含以下部分，即**回放缓冲区**、DQN 类、Agent 类和 train() 函数。使用 TensorFlow 2.x 执行以下步骤从头开始实现上述每个部分，从而构建完整的 DQN 智能体。

（1）创建一个参数解析器处理脚本的配置输入：

```
parser = argparse.ArgumentParser(prog="TFRL-Cookbook-Ch3-DQN")
parser.add_argument("--env , default="CartPole-v0")
parser.add_argument("--lr", type=float, default=0.005)
parser.add_argument("--batch_size", type=int, default=256)
parser.add_argument("--gamma", type=float, default=0.95)
parser.add_argument("--eps", type=float, default=1.0)
parser.add_argument("--eps_decay", type=float, default=0.995)
parser.add_argument("--eps_min", type=float, default=0.01)
parser.add_argument("--logdir", default="logs")
args = parser.parse_args()
```

（2）创建一个 Tensorboard 日志，记录智能体在训练时的有用统计信息：

```
logdir = os.path.join(
  args.logdir, parser.prog, args.env,
  datetime.now().strftime("%Y%m%d-%H%M%S")
)
print(f"Saving training logs to:{logdir}")
writer = tf.summary.create_file_writer(logdir)
```

（3）实现一个 ReplayBuffer 类：

```
class ReplayBuffer:
  def __init__(self, capacity=10000):
    self.buffer = deque(maxlen=capacity)

  def store(self, state, action, reward, next_state,
  done):
    self.buffer.append([state, action, reward,
    next_state, done])

  def sample(self):
    sample = random.sample(self.buffer,
    args.batch_size)
    states, actions, rewards, next_states, done = \
    map(np.asarray, zip(*sample))
    states = np.array(states).reshape(
    args.batch_size, -1)
    next_states = np.array(next_states).\
    reshape(args.batch_size, -1)
    return states, actions, rewards, next_states,
    done

  def size(self):
    return len(self.buffer)
```

（4）使用 TensorFlow 2.x 定义深度神经网络的 DQN 类：

```
class DQN:
  def __init__(self, state_dim, aciton_dim):
    self.state_dim = state_dim
    self.action_dim = aciton_dim
    self.epsilon = args.eps

    self.model = self.nn_model()
```

```
    def nn_model(self):
      model = tf.keras.Sequential(
        [
          Input((self.state_dim,)),
          Dense(32, activation="relu"),
          Dense(16, activation="relu"),
          Dense(self.action_dim),
        ]
      )
      model.compile(loss="mse",
              optimizer=Adam(args.lr))
      return model
```

（5）为了从 DQN 中获得预测和动作，实现 predict() 函数和 get_ action() 函数：

```
def predict(self, state):
  return self.model.predict(state)

def get_action(self, state):
  state = np.reshape(state, [1, self.state_dim])
  self.epsilon *= args.eps_decay
  self.epsilon = max(self.epsilon, args.eps_min)
  q_value = self.predict(state)[0]
  if np.random.random() < self.epsilon:
    return random.randint(0, self.action_dim - 1)
  return np.argmax(q_value)
def train(self, states, targets):
  self.model.fit(states, targets, epochs=1)
```

（6）当其他部分实现后，就开始实现 Agent 类：

```
class Agent:
  def __init__(self, env):
    self.env = env
    self.state_dim = \
    self.env.observation_space.shape[0]
    self.action_dim = self.env.action_space.n

    self.model = DQN(self.state_dim, self.action_dim)
    self.target_model = DQN(self.state_dim,
            self.action_dim)
    self.update_target()

    self.buffer = ReplayBuffer()
```

```
def update_target(self):
  weights = self.model.model.get_weights()
  self.target_model.model.set_weights(weights)
```

（7）Deep Q-学习算法的关键是 Q 学习的更新和经验回放（experience replay）：

```
def replay_experience(self):
  for _ in range(10):
    states, actions, rewards, next_states, done=\
      self.buffer.sample()
    targets = self.target_model.predict(states)
    next_q_values = self.target_model.\
            predict(next_states).max(axis=1)
    targets[range(args.batch_size), actions] = (
      rewards + (1 - done) * next_q_values * \
      args.gamma
    )
    self.model.train(states, targets)
```

（8）这是一个关键步骤，即实现 train() 函数训练智能体：

```
def train(self, max_episodes=1000):
  with writer.as_default(): # Tensorboard logging
    for ep in range(max_episodes):
      done, episode_reward = False, 0
      observation = self.env.reset()
      while not done:
        action = \
          self.model.get_action(observation)
        next_observation, reward, done, _ = \
          self.env.step(action)
        self.buffer.store(
          observation, action, reward * \
          0.01, next_observation, done
        )
        episode_reward += reward
        observation = next_observation
      if self.buffer.size() >= args.batch_size:
        self.replay_experience()
      self.update_target()
      print(f"Episode#{ep} Reward:{
                  episode_reward}")
      tf.summary.scalar("episode_reward",
```

```
                episode_reward, step=ep)
        writer.flush()
```

（9）创建主函数并开始训练智能体：

```
if __name__ == "__main__":
    env = gym.make("CartPole-v0")
    agent = Agent(env)
    agent.train(max_episodes=20000)
```

（10）可以执行以下命令在默认环境（CartPole-v0）中训练 DQN 智能体：

```
python ch3-deep-rl-agents/1_dqn.py
```

（11）也可以使用以下命令行参数在任何 OpenAI Gym 兼容的离散动作空间的环境中训练 DQN 智能体：

```
python ch3-deep-rl-agents/1_dqn.py -env "MountainCar-v0"
```

（12）实现 Double DQN 智能体，修改 replay_ experience() 函数以使用 Double Q 学习的更新步骤，如下所示：

```
    def replay_experience(self):
        for _ in range(10):
            states, actions, rewards, next_states, done=\
                self.buffer.sample()
            targets = self.target_model.predict(states)
            next_q_values = \
                self.target_model.predict(next_states)[
                range(args.batch_size),
                np.argmax(self.model.predict(
                            next_states), axis=1),
            ]
            targets[range(args.batch_size), actions] = (
                rewards + (1 - done) * next_q_values * \
                    args.gamma
            )
            self.model.train(states, targets)
```

（13）训练 Double DQN 智能体，可以保存并运行使用了更新后的 replay_experience() 函数的脚本，也可以使用本书提供的源码脚本：

```
python ch3-deep-rl-agents/1_double_dqn.py
```

3.2.3 工作原理

根据下式对 DQN 中的权重进行更新：

$$\Delta w = \alpha[\underbrace{R + r\max_a \hat{Q}(s', a; w)}_{s' \text{ 的最大 } Q \text{ 值}} - \underbrace{\hat{Q}(s, a; w)}_{\text{预测 } Q \text{ 值}}]\underbrace{\nabla w \hat{Q}(s, a; w)}_{Q \text{ 值的梯度}}$$

其中，Δw 是 DQN 的参数（权重）的变化量，s 是当前状态，a 是当前动作，s' 是下一状态，w 表示 DQN 的权重，γ 是折扣因子，α 是学习率。$\hat{Q}(s, a; w)$ 表示权重为 w 的 DQN 网络预测的给定状态 (s) 和动作 (a) 的 Q 值。

为了理解 DQN 智能体和 Double-DQN 智能体之间的区别，比较第（8）步（DQN）和第（12）步（Double DQN）中的 replay_ experience() 方法，可以发现关键的不同在于计算 next_ q_ values。DQN 智能体使用了所预测 Q 值的最大值（可能会高估），而 Double DQN 智能体使用两个不同的神经网络预测的 Q 值，以避免出现 DQN 智能体高估 Q 值的问题。

3.3 实现 Dueling DQN 智能体

Dueling DQN 智能体通过修改后的网络结构显式估计两个量：

（1）状态值 $V(s)$；

（2）优势值 $A(s, a)$。

状态值估计状态 s 的价值，而优势值表示在状态 s 中采取动作 a 的优势。这种将两个量进行显式和单独估计的关键思想使 Dueling DQN 的性能优于 DQN。本节将引导读者使用 TensorFlow 2.x 从头开始实现一个 Dueling DQN 智能体。

3.3.1 前期准备

为了完成本节内容，需要激活命名为 tf2rl-cookbook 的 Python/Conda 虚拟环境并在命令行运行 pip install -r requirements.txt。如果运行下面的导入语句时没有出现问题，就可以准备开始了：

```
import argparse
import os
import random
from collections import deque
from datetime import datetime

import gym
import numpy as np
import tensorflow as tf
from tensorflow.keras.layers import Add, Dense, Input
```

```
from tensorflow.keras.optimizers import Adam
```

3.3.2 实现步骤

Dueling DQN 智能体包含以下内容，即**回放缓冲区**、DuelingDQN() 类、Agent() 类和 train() 函数。使用 TensorFlow 2.x 执行以下步骤从头开始实现上述每个部分，从而构建完整的 Dueling DQN 智能体。

（1）创建一个参数解析器处理对脚本的命令行配置输入：

```
parser = argparse.ArgumentParser(prog="TFRL-Cookbook-Ch3-DuelingDQN")
parser.add_argument("--env", default="CartPole-v0")
parser.add_argument("--lr", type=float, default=0.005)
parser.add_argument("--batch_size", type=int, default=64)
parser.add_argument("--gamma", type=float, default=0.95)
parser.add_argument("--eps", type=float, default=1.0)
parser.add_argument("--eps_decay", type=float, default=0.995)
parser.add_argument("--eps_min", type=float, default=0.01)
parser.add_argument("--logdir", default="logs")

args = parser.parse_args()
```

（2）创建一个 Tensorboard 日志，记录智能体在训练时的有用统计信息：

```
logdir = os.path.join(
  args.logdir, parser.prog, args.env,
  datetime.now().strftime("%Y%m%d-%H%M%S")
)
print(f"Saving training logs to:{logdir}")
writer = tf.summary.create_file_writer(logdir)
```

（3）实现一个 ReplayBuffer 类：

```
class ReplayBuffer:
  def __init__(self, capacity=10000):
    self.buffer = deque(maxlen=capacity)

  def store(self, state, action, reward, next_state,
  done):
    self.buffer.append([state, action, reward,
              next_state, done])

  def sample(self):
    sample = random.sample(self.buffer,
                args.batch_size)
```

```
        states, actions, rewards, next_states, done = \
                map(np.asarray, zip(*sample))
        states = np.array(states).reshape(
                    args.batch_size, -1)
        next_states = np.array(next_states).reshape(
                    args.batch_size, -1)
        return states, actions, rewards, next_states,
        done
    def size(self):
        return len(self.buffer)
```

（4）使用 TensorFlow 2.x 定义深度神经网络的 DuelingDQN 类：

```
class DuelingDQN:
  def __init__(self, state_dim, aciton_dim):
    self.state_dim = state_dim
    self.action_dim = aciton_dim
    self.epsilon = args.eps

    self.model = self.nn_model()

  def nn_model(self):
    backbone = tf.keras.Sequential(
      [
        Input((self.state_dim,)),
        Dense(32, activation="relu"),
        Dense(16, activation="relu"),
      ]
    )
    state_input = Input((self.state_dim,))
    backbone_1 = Dense(32, activation="relu")\
          (state_input)
    backbone_2 = Dense(16, activation="relu")\
          (backbone_1)
    value_output = Dense(1)(backbone_2)
    advantage_output = Dense(self.action_dim)\
            (backbone_2)
    output = Add()([value_output, advantage_output])
    model = tf.keras.Model(state_input, output)
    model.compile(loss="mse",
          optimizer=Adam(args.lr))
    return model
```

（5）为了从 Dueling DQN 中获得预测和动作，实现 predict() 函数和 get_action() 函数以及 train() 函数：

```
def predict(self, state):
  return self.model.predict(state)

def get_action(self, state):
  state = np.reshape(state, [1, self.state_dim])
  self.epsilon *= args.eps_decay
  self.epsilon = max(self.epsilon, args.eps_min)
  q_value = self.predict(state)[0]
  if np.random.random() < self.epsilon:
    return random.randint(0, self.action_dim - 1)
  return np.argmax(q_value)

def train(self, states, targets):
  self.model.fit(states, targets, epochs=1)
```

（6）实现 Agent 类：

```
class Agent:
  def __init__(self, env):
    self.env = env
    self.state_dim = \
      self.env.observation_space.shape[0]
    self.action_dim = self.env.action_space.n

    self.model = DuelingDQN(self.state_dim,
                self.action_dim)
    self.target_model = DuelingDQN(self.state_dim,
                    self.action_dim)
    self.update_target()

    self.buffer = ReplayBuffer()

  def update_target(self):
    weights = self.model.model.get_weights()
    self.target_model.model.set_weights(weights)
```

（7）Dueling Deep Q 学习算法的关键是 Q 学习的更新和经验回放：

```
def replay_experience(self):
  for _ in range(10):
    states, actions, rewards, next_states, done=\
```

```
      self.buffer.sample()
    targets = self.target_model.predict(states)
    next_q_values = self.target_model.\
          predict(next_states).max(axis=1)
    targets[range(args.batch_size), actions] = (
      rewards + (1 - done) * next_q_values * \
      args.gamma
    )
    self.model.train(states, targets)
```

（8）实现 train() 函数训练智能体：

```
def train(self, max_episodes=1000):
  with writer.as_default():
    for ep in range(max_episodes):
      done, episode_reward = False, 0
      state = self.env.reset()
      while not done:
        action = self.model.get_action(state)
        next_state, reward, done, _ = \
                self.env.step(action)
        self.buffer.put(state, action, \
                reward * 0.01, \
                next_state, done)
        episode_reward += reward
        state = next_state

      if self.buffer.size() >= args.batch_size:
        self.replay_experience()
      self.update_target()
      print(f"Episode#{ep} \
          Reward:{episode_reward}")
      tf.summary.scalar("episode_reward",\
              episode_reward, step=ep)
```

（9）创建主函数并训练智能体：

```
if __name__ == "__main__":
  env = gym.make("CartPole-v0")
  agent = Agent(env)
  agent.train(max_episodes=20000)
```

（10）可以执行以下命令在默认环境（CartPole-v0）中训练 Dueling DQN 智能体：

```
python ch3-deep-rl-agents/2_dueling_dqn.py
```

（11）也可以使用以下命令行参数在任何 OpenAI Gym 兼容的离散动作空间环境中训练 DQN 智能体：

```
python ch3-deep-rl-agents/2_dueling_dqn.py –env "MountainCar-v0"
```

3.3.3 工作原理

Dueling-DQN 智能体和 DQN 智能体的区别在于神经网络的结构。图 3.1 总结了这些区别。

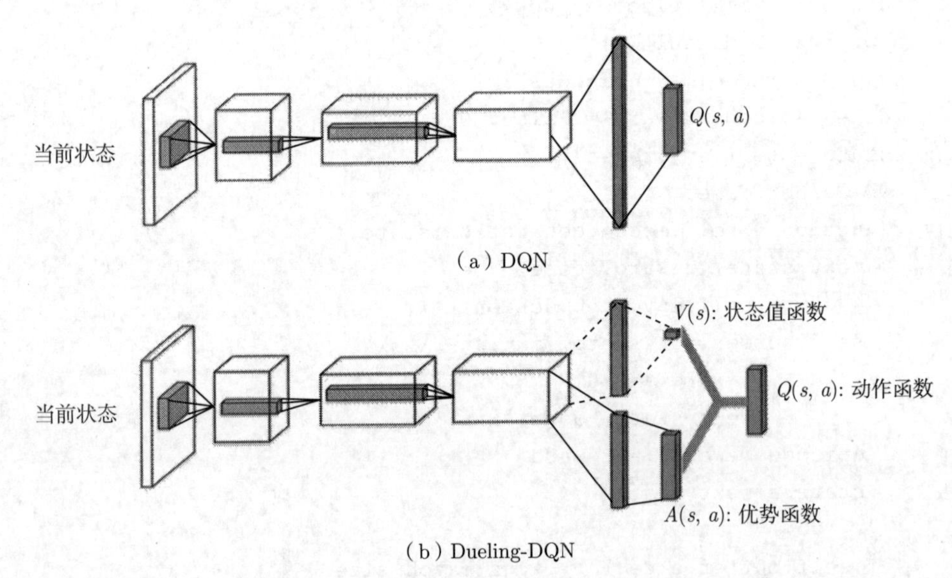

（a）DQN

（b）Dueling-DQN

图 3.1 DQN 和 Dueling-DQN 的对比

图 3.1（a）中所示的 DQN 具有线性体系结构，并预测单个数量 $Q(s,a)$，而 Dueling-DQN 在最后一层具有分叉结构，可以预测多个量。

3.4 实现 Dueling Double DQN 算法和 DDDQN 智能体

DDDQN 结合了 Double Q 学习和 Dueling 结构的优点。Double Q 学习可以通过纠正高估动作值来改进 DQN。Dueling 结构使用修改后的神经网络结构分别学习状态值函数（V）和优势函数（A）。这样一种明确的分离使算法可以学习得更快，特别是当有很多动作可供选择以及这些动作彼此非常相似时。与 DQN 智能体不同，Dueling 结构使智能体即使在某个状态中仅执行过一个动作时也可以学习，因为它可以更新和估计状态值函数，而 DQN 智能体无法从尚未采取的动作中学习。在本书的最后，读者将实现一个完整的 DDDQN 智能体。

3.4.1　前期准备

为了完成本节内容，需要激活命名为 tf2rl-cookbook 的 Python/Conda 虚拟环境并在命令行运行 pip install -r requirements.txt。如果运行下面的导入语句时没有出现问题，就可以准备开始了：

```
import argparse
from datetime import datetime
import os
import random
from collections import deque

import gym
import numpy as np
import tensorflow as tf
from tensorflow.keras.layers import Add, Dense, Input
from tensorflow.keras.optimizers import Adam
```

3.4.2　实现步骤

DDDQN 智能体结合了 DQN、Double DQN 和 Dueling DQN 三者的思想。使用 TensorFlow 2.x 执行以下步骤从头开始实现上述每个部分，从而构建完整的 Dueling Double DQN 智能体。

（1）创建一个参数解析器处理对脚本的命令行配置输入：

```
parser = argparse.ArgumentParser(prog="TFRL-Cookbook-Ch3-DuelingDoubleDQN"
    )
parser.add_argument("--env", default="CartPole-v0")
parser.add_argument("--lr", type=float, default=0.005)
parser.add_argument("--batch_size", type=int, default=256)
parser.add_argument("--gamma", type=float, default=0.95)
parser.add_argument("--eps", type=float, default=1.0)
parser.add_argument("--eps_decay", type=float, default=0.995)
parser.add_argument("--eps_min", type=float, default=0.01)
parser.add_argument("--logdir", default="logs")

args = parser.parse_args()
```

（2）创建 Tensorboard 日志，记录智能体在训练时的有用统计信息：

```
logdir = os.path.join(
  args.logdir, parser.prog, args.env, \
  datetime.now().strftime("%Y%m%d-%H%M%S")
)
```

```
print(f"Saving training logs to:{logdir}")
writer = tf.summary.create_file_writer(logdir)
```

（3）实现一个 ReplayBuffer 类：

```
class ReplayBuffer:
  def __init__(self, capacity=10000):
    self.buffer = deque(maxlen=capacity)

  def store(self, state, action, reward, next_state, done):
    self.buffer.append([state, action, reward, \
    next_state, done])

  def sample(self):
    sample = random.sample(self.buffer, \
              args.batch_size)
    states, actions, rewards, next_states, done = \
            map(np.asarray, zip(*sample))
    states = np.array(states).reshape(
                  args.batch_size, -1)
    next_states = np.array(next_states).\
              reshape(args.batch_size, -1)
    return states, actions, rewards, next_states, \
    done

  def size(self):
    return len(self.buffer)
```

（4）实现 Dueling DQN 类，该类根据 Dueling 结构定义神经网络，在以后的步骤中向其中添加 Double DQN 的更新：

```
class DuelingDQN:
  def __init__(self, state_dim, aciton_dim):
    self.state_dim = state_dim
    self.action_dim = aciton_dim
    self.epsilon = args.eps

    self.model = self.nn_model()

  def nn_model(self):
    state_input = Input((self.state_dim,))
    fc1 = Dense(32, activation="relu")(state_input)
    fc2 = Dense(16, activation="relu")(fc1)
    value_output = Dense(1)(fc2)
```

```
    advantage_output = Dense(self.action_dim)(fc2)
    output = Add()([value_output, advantage_output])
    model = tf.keras.Model(state_input, output)
    model.compile(loss="mse", \
          optimizer=Adam(args.lr))
    return model
```

（5）为了从 Dueling DQN 中获得预测和动作，实现 predict() 函数和 get_action() 函数：

```
  def predict(self, state):
    return self.model.predict(state)

  def get_action(self, state):
    state = np.reshape(state, [1, self.state_dim])
    self.epsilon *= args.eps_decay
    self.epsilon = max(self.epsilon, args.eps_min)
    q_value = self.predict(state)[0]
    if np.random.random() < self.epsilon:
      return random.randint(0, self.action_dim - 1)
    return np.argmax(q_value)
  def train(self, states, targets):
    self.model.fit(states, targets, epochs=1)
`~\\`
```

（6）实现 Agent 类：

```
class Agent:
  def __init__(self, env):
    self.env = env
    self.state_dim = \
      self.env.observation_space.shape[0]
    self.action_dim = self.env.action_space.n

    self.model = DuelingDQN(self.state_dim,
            self.action_dim)
    self.target_model = DuelingDQN(self.state_dim,
              self.action_dim)
    self.update_target()

    self.buffer = ReplayBuffer()

  def update_target(self):
    weights = self.model.model.get_weights()
```

```
        self.target_model.model.set_weights(weights)
```

（7）Dueling Double Deep Q 学习算法最主要的部分是 Q 学习的更新和经验回放：

```
def replay_experience(self):
    for _ in range(10):
        states, actions, rewards, next_states, done=\
                  self.buffer.sample()
        targets = self.target_model.predict(states)
        next_q_values = \
          self.target_model.predict(next_states)[
          range(args.batch_size),
          np.argmax(self.model.predict(
                    next_states), axis=1),
        ]
        targets[range(args.batch_size), actions] = (
          rewards + (1 - done) * next_q_values * \
          args.gamma
        )
        self.model.train(states, targets)
```

（8）实现 train() 函数训练智能体：

```
def train(self, max_episodes=1000):
    with writer.as_default():
        for ep in range(max_episodes):
            done, episode_reward = False, 0
            observation = self.env.reset()
            while not done:
                action = \
                  self.model.get_action(observation)
                next_observation, reward, done, _ = \
                  self.env.step(action)
                self.buffer.store(
                  observation, action, reward * \
                    0.01, next_observation, done
                )
                episode_reward += reward
                observation = next_observation

            if self.buffer.size() >= args.batch_size:
                self.replay_experience()
            self.update_target()
            print(f"Episode#{ep} \
```

```
            Reward:{episode_reward}")
        tf.summary.scalar("episode_reward",
                          episode_reward,
                          step=ep)
```

（9）创建主函数并训练智能体：

```
if __name__ == "__main__":
  env = gym.make("CartPole-v0")
  agent = Agent(env)
  agent.train(max_episodes=20000)
```

（10）可以执行以下命令在默认环境（CartPole-v0）中训练 DQN 智能体：

```
python ch3-deep-rl-agents/3_dueling_double_dqn.py
```

（11）也可以使用以下命令行参数在任何 OpenAI Gym 兼容的离散动作空间环境中训练 Dueling Double DQN 智能体：

```
python ch3-deep-rl-agents/3_dueling_double_dqn.py  -env "MountainCar-v0"
```

3.4.3 工作原理

Dueling Double DQN 结构将 Double DQN 和 Dueling 结构的优势结合在一起。

3.5 实现深度递归 Q 学习算法和 DRQN 智能体

DRQN 使用递归神经网络学习 Q 值函数。DRQN 更适合在具有部分可观测性的环境中进行强化学习。DRQN 中的循环网络层允许智能体通过整合来自观测的时间序列的信息来学习。例如，DRQN 智能体可以推断环境中移动对象的速度，而无须对其输入进行任何更改（例如，不需要帧堆叠）。通过本节，可以实现一个完整的 DRQN 智能体，该智能体随时可以在选择的强化学习环境中进行训练。

3.5.1 前期准备

为了完成本节内容，需要激活命名为 tf2rl-cookbook 的 Python/Conda 虚拟环境并在命令行运行 pip install -r requirements.txt。如果运行下面的导入语句时没有出现问题，就可以准备开始了：

```
import tensorflow as tf
from datetime import datetime
import os
from tensorflow.keras.layers import Input, Dense, LSTM
from tensorflow.keras.optimizers import Adam
```

```
import gym
import argparse
import numpy as np
from collections import deque
import random
```

3.5.2 实现步骤

使用 TensorFlow 2.x 执行以下步骤从头开始实现上述每个部分，从而构建完整的 DRQN 智能体。

（1）创建一个参数解析器处理脚本的命令行配置输入：

```
parser = argparse.ArgumentParser(prog="TFRL-Cookbook-Ch3-DRQN")
parser.add_argument("--env", default="CartPole-v0")
parser.add_argument("--lr", type=float, default=0.005)
parser.add_argument("--batch_size", type=int, default=64)
parser.add_argument("--time_steps", type=int, default=4)
parser.add_argument("--gamma", type=float, default=0.95)
parser.add_argument("--eps", type=float, default=1.0)
parser.add_argument("--eps_decay", type=float, default=0.995)
parser.add_argument("--eps_min", type=float, default=0.01)
parser.add_argument("--logdir", default="logs")
args = parser.parse_args()
```

（2）创建 TensorBoard 日志，记录智能体在训练时的有用统计信息：

```
logdir = os.path.join(
  args.logdir, parser.prog, args.env, \
  datetime.now().strftime("%Y%m%d-%H%M%S")
)
print(f"Saving training logs to:{logdir}")
writer = tf.summary.create_file_writer(logdir)
```

（3）实现 ReplayBuffer 类：

```
class ReplayBuffer:
  def __init__(self, capacity=10000):
    self.buffer = deque(maxlen=capacity)

  def store(self, state, action, reward, next_state,\
  done):
    self.buffer.append([state, action, reward, \
              next_state, done])
```

```
def sample(self):
  sample = random.sample(self.buffer,
           args.batch_size)
  states, actions, rewards, next_states, done = \
    map(np.asarray, zip(*sample))
  states = np.array(states).reshape(
              args.batch_size, -1)
  next_states = np.array(next_states).reshape(
              args.batch_size, -1)
  return states, actions, rewards, next_states, \
  done

def size(self):
  return len(self.buffer)
```

（4）使用 TensorFlow 2.x 定义深度神经网络的 DRQN 类：

```
class DRQN:
  def __init__(self, state_dim, action_dim):
    self.state_dim = state_dim
    self.action_dim = action_dim
    self.epsilon = args.eps

    self.opt = Adam(args.lr)
    self.compute_loss = \
      tf.keras.losses.MeanSquaredError()
    self.model = self.nn_model()

  def nn_model(self):
    return tf.keras.Sequential(
      [
        Input((args.time_steps, self.state_dim)),
        LSTM(32, activation="tanh"),
        Dense(16, activation="relu"),
        Dense(self.action_dim),
      ]
    )
```

（5）为了从 DRQN 获得预测和动作，实现 predict() 函数和 get_action() 函数：

```
def predict(self, state):
  return self.model.predict(state)


def get_action(self, state):
```

```
    state = np.reshape(state, [1, args.time_steps,
                   self.state_dim])
    self.epsilon *= args.eps_decay
    self.epsilon = max(self.epsilon, args.eps_min)
    q_value = self.predict(state)[0]
    if np.random.random() < self.epsilon:
      return random.randint(0, self.action_dim - 1)
    return np.argmax(q_value)

  def train(self, states, targets):
    targets = tf.stop_gradient(targets)
    with tf.GradientTape() as tape:
      logits = self.model(states, training=True)
      assert targets.shape == logits.shape
      loss = self.compute_loss(targets, logits)
    grads = tape.gradient(loss,
              self.model.trainable_variables)
    self.opt.apply_gradients(zip(grads,
             self.model.trainable_variables))
```

（6）实现 Agent 类：

```
class Agent:
  def __init__(self, env):
    self.env = env
    self.state_dim = \
      self.env.observation_space.shape[0]
    self.action_dim = self.env.action_space.n

    self.states = np.zeros([args.time_steps,
              self.state_dim])

    self.model = DRQN(self.state_dim,
          self.action_dim)
    self.target_model = DRQN(self.state_dim,
              self.action_dim)
    self.update_target()

    self.buffer = ReplayBuffer()

  def update_target(self):
    weights = self.model.model.get_weights()
    self.target_model.model.set_weights(weights)
```

（7）除了在步骤（6）实现的 DRQN 类的 train() 函数外，深度递归 Q 学习算法的关键在于 Q 学习的更新和经验回放：

```
def replay_experience(self):
  for _ in range(10):
  states, actions, rewards, next_states, done=\
    self.buffer.sample()
  targets = self.target_model.predict(states)
  next_q_values = self.target_model.\
       predict(next_states).max(axis=1)
  targets[range(args.batch_size), actions] = (
    rewards + (1 - done) * next_q_values * \
    args.gamma
  )
  self.model.train(states, targets)
```

（8）由于 DRQN 智能体使用了循环状态，下面实现 update_states() 函数更新智能体的循环状态：

```
def update_states(self, next_state):
  self.states = np.roll(self.states, -1, axis=0)
  self.states[-1] = next_state
```

（9）实现 train() 函数训练智能体：

```
def train(self, max_episodes=1000):
  with writer.as_default():
    for ep in range(max_episodes):
      done, episode_reward = False, 0
      self.states = np.zeros([args.time_steps,
              self.state_dim])
      self.update_states(self.env.reset())
      while not done:
        action = self.model.get_action(
               self.states)
        next_state, reward, done, _ = \
             self.env.step(action)
        prev_states = self.states
        self.update_states(next_state)
        self.buffer.store(
          prev_states, action, reward * \
          0.01, self.states, done
        )
        episode_reward += reward
```

```
        if self.buffer.size() >= args.batch_size:
          self.replay_experience()
        self.update_target()
        print(f"Episode#{ep} \
            Reward:{episode_reward}")
        tf.summary.scalar("episode_reward", episode_reward, step=ep)
```

（10）为智能体创建主训练循环：

```
if __name__ == "__main__":
  env = gym.make("Pong-v0")
  agent = Agent(env)
  agent.train(max_episodes=20000)
```

（11）要在默认环境（CartPole-v0）中训练 DRQN 智能体，执行以下命令：

```
python ch3-deep-rl-agents/4_drqn.py
```

（12）还可以使用以下命令行参数在任何 OpenAI Gym 兼容的离散动作空间环境中训练 DRQN 智能体：

```
python ch3-deep-rl-agents/4_drqn.py –env "MountainCar-v0"
```

3.5.3 工作原理

DRQN 智能体使用 LSTM 层，该层为智能体增加了递归学习功能。在第（5）步中，将 LSTM 层添加到智能体的网络中，DRQN 的其他步骤与 DQN 智能体的类似。

3.6 实现异步优势行动者-评论家算法和 A3C 智能体

A3C 算法建立在行动者-评论家算法的基础上，通过使用神经网络来近似行动者（和评论家）。行动者（actor）使用深度神经网络学习策略函数，而评论家（critic）估计价值函数。该算法的异步性质允许智能体从状态空间的不同部分学习，从而允许并行学习并加快收敛。与 DQN 智能体使用经验回放内存不同，A3C 智能体使用多个工作器（worker）来收集更多的样本进行学习。通过本节，可以获得一个完整的脚本用于训练 A3C 智能体，以适应选择的任何连续动作值环境。

3.6.1 前期准备

为了完成本节内容，需要激活命名为 tf2rl-cookbook 的 Python/Conda 虚拟环境并在命令行运行 pip install -r requirements.txt。如果运行下面的导入语句时没有出现问题，就可以准备开始了：

```
import argparse
import os
from datetime import datetime
from multiprocessing import cpu_count
from threading import Thread

import gym
import numpy as np
import tensorflow as tf
from tensorflow.keras.layers import Input, Dense, Lambda
```

3.6.2 实现步骤

利用 Python 的多处理和多线程能力实现**异步优势行动者-评论家（A3C）**算法。以下步骤使用 TensorFlow 2.x 从头开始实现一个完整的 A3C 智能体。

（1）创建一个参数解析器处理对脚本的命令行配置输入：

```
parser = argparse.ArgumentParser(prog="TFRL-Cookbook-Ch3-A3C")
parser.add_argument("--env", default="MountainCarContinuous-v0")
parser.add_argument("--actor-lr", type=float, default=0.001)
parser.add_argument("--critic-lr", type=float, default=0.002)
parser.add_argument("--update-interval", type=int, default=5)
parser.add_argument("--gamma", type=float, default=0.99)
parser.add_argument("--logdir", default="logs")

args = parser.parse_args()
```

（2）创建 Tensorboard 日志，记录智能体在训练时的有用统计信息：

```
logdir = os.path.join(
  args.logdir, parser.prog, args.env, \
     datetime.now().strftime("%Y%m%d-%H%M%S")
  )
print(f"Saving training logs to:{logdir}")
writer = tf.summary.create_file_writer(logdir)
```

（3）为了统计全局回合数，定义一个全局变量：

```
GLOBAL_EPISODE_NUM = 0
```

（4）实现 Actor 类，包含一个基于神经网络的策略，用于在环境中执行动作：

```
class Actor:
  def __init__(self, state_dim, action_dim,
```

```
    action_bound, std_bound):
        self.state_dim = state_dim
        self.action_dim = action_dim
        self.action_bound = action_bound
        self.std_bound = std_bound
        self.model = self.nn_model()
        self.opt = tf.keras.optimizers.Adam(
                        args.actor_lr)
        self.entropy_beta = 0.01

    def nn_model(self):
        state_input = Input((self.state_dim,))
        dense_1 = Dense(32, activation="relu")\
                (state_input)
        dense_2 = Dense(32, activation="relu")(dense_1)
        out_mu = Dense(self.action_dim, \
                activation="tanh")(dense_2)
        mu_output = Lambda(lambda x: x * \
                  self.action_bound)(out_mu)
        std_output = Dense(self.action_dim,
                activation="softplus")(dense_2)
        return tf.keras.models.Model(state_input,
                    [mu_output, std_output])
```

（5）为了根据给定状态获得一个动作，定义 get_action() 函数：

```
def get_action(self, state):
    state = np.reshape(state, [1, self.state_dim])
    mu, std = self.model.predict(state)
    mu, std = mu[0], std[0]
    return np.random.normal(mu, std,
              size=self.action_dim)
```

（6）为了计算损失，需要计算策略（概率）密度函数的对数，所以定义 log_pdf() 函数：

```
def log_pdf(self, mu, std, action):
    std = tf.clip_by_value(std, self.std_bound[0],
              self.std_bound[1])
    var = std ** 2
    log_policy_pdf = -0.5 * (action - mu) ** 2 / var\
             - 0.5 * tf.math.log(
      var * 2 * np.pi
    )
     return tf.reduce_sum(log_policy_pdf, 1,
```

```
            keepdims=True)
```

（7）使用 log_pdf() 函数计算动作损失函数：

```
def compute_loss(self, mu, std, actions, advantages):
  log_policy_pdf = self.log_pdf(mu, std, actions)
  loss_policy = log_policy_pdf * advantages
  return tf.reduce_sum(-loss_policy)
```

（8）实现 Actor 类最后一步，定义 train() 函数：

```
def train(self, states, actions, advantages):
  with tf.GradientTape() as tape:
    mu, std = self.model(states, training=True)
    loss = self.compute_loss(mu, std, actions,
             advantages)
  grads = tape.gradient(loss,
         self.model.trainable_variables)
  self.opt.apply_gradients(zip(grads,
         self.model.trainable_variables))
  return loss
```

（9）定义了 Actor 类之后，继续定义 Critic 类：

```
class Critic:
  def __init__(self, state_dim):
    self.state_dim = state_dim
    self.model = self.nn_model()
    self.opt = tf.keras.optimizers.Adam\
          (args.critic_lr)

  def nn_model(self):
    return tf.keras.Sequential(
      [
        Input((self.state_dim,)),
        Dense(32, activation="relu"),
        Dense(32, activation="relu"),
        Dense(16, activation="relu"),
        Dense(1, activation="linear"),
      ]
    )
```

（10）定义 train() 函数和 compute_loss() 函数训练评论家：

```
def compute_loss(self, v_pred, td_targets):
```

```
    mse = tf.keras.losses.MeanSquaredError()
    return mse(td_targets, v_pred)

  def train(self, states, td_targets):
    with tf.GradientTape() as tape:
      v_pred = self.model(states, training=True)
      assert v_pred.shape == td_targets.shape
      loss = self.compute_loss(v_pred, \
              tf.stop_gradient(td_targets))
    grads = tape.gradient(loss, \
            self.model.trainable_variables)
    self.opt.apply_gradients(zip(grads,
            self.model.trainable_variables))
    return loss
```

（11）基于 Python 的 Thread 接口实现 A3CWorker() 类：

```
class A3CWorker(Thread):
  def __init__(self, env, global_actor, global_critic,
  max_episodes):
    Thread.__init__(self)
    self.env = env
    self.state_dim = \
      self.env.observation_space.shape[0]
    self.action_dim = self.env.action_space.shape[0]
    self.action_bound = self.env.action_space.high[0]
    self.std_bound = [1e-2, 1.0]
    self.max_episodes = max_episodes
    self.global_actor = global_actor
    self.global_critic = global_critic
    self.actor = Actor(
      self.state_dim, self.action_dim,
      self.action_bound, self.std_bound
    )
    self.critic = Critic(self.state_dim)
    self.actor.model.set_weights(
      self.global_actor.model.get_weights())
    self.critic.model.set_weights(
      self.global_critic.model.get_weights())
```

（12）使用 n 步时序差分学习的更新。因此，定义一个计算 n 步 TD 目标的函数：

```
  def n_step_td_target(self, rewards, next_v_value,
  done):
```

```
  td_targets = np.zeros_like(rewards)
  cumulative = 0
  if not done:
    cumulative = next_v_value
  for k in reversed(range(0, len(rewards))):
    cumulative = args.gamma * cumulative + \
           rewards[k]
    td_targets[k] = cumulative
  return td_targets
```

（13）使用以下方法计算优势值：

```
def advantage(self, td_targets, baselines):
  return td_targets - baselines
```

（14）将 train() 函数的实现分为以下两个步骤。首先，实现外部循环：

```
def train(self):
  global GLOBAL_EPISODE_NUM
  while self.max_episodes >= GLOBAL_EPISODE_NUM:
    state_batch = []
    action_batch = []
    reward_batch = []
    episode_reward, done = 0, False

    state = self.env.reset()

    while not done:
      # self.env.render()
      action = self.actor.get_action(state)
      action = np.clip(action,
               -self.action_bound,
               self.action_bound)
      next_state, reward, done, _ = \
        self.env.step(action)

      state = np.reshape(state, [1,
                  self.state_dim])
      action = np.reshape(action, [1, 1])
      next_state = np.reshape(next_state,
                 [1, self.state_dim])
      reward = np.reshape(reward, [1, 1])
      state_batch.append(state)
      action_batch.append(action)
```

```
    reward_batch.append(reward)
```

（15）完成 train() 函数的实现：

```
    if len(state_batch) >= args.update_\
    interval or done:
      states = np.array([state.squeeze() \
             for state in state_batch])
      actions = np.array([action.squeeze()\
           for action in action_batch])
      rewards = np.array([reward.squeeze()\
           for reward in reward_batch])
      next_v_value = self.critic.model.\
                  predict(next_state)
      td_targets = self.n_step_td_target(
        (rewards + 8) / 8, next_v_value,
         done
      )
      advantages = td_targets - \
        self.critic.model.predict(states)

      actor_loss = self.global_actor.train(
          states, actions, advantages)
      critic_loss = self.global_critic.\
          train(states, td_targets)

      self.actor.model.set_weights(self.\
        global_actor.model.get_weights())
      self.critic.model.set_weights(
        self.global_critic.model.\
        get_weights()
      )

      state_batch = []
      action_batch = []
      reward_batch = []

    episode_reward += reward[0][0]
    state = next_state[0]

  print(f"Episode#{GLOBAL_EPISODE_NUM}\
     Reward:{episode_reward}")
  tf.summary.scalar("episode_reward",
```

```
            episode_reward,
            step=GLOBAL_EPISODE_NUM)
    GLOBAL_EPISODE_NUM += 1
```

（16）A3CWorker 线程的运行方法如下：

```
def run(self):
  self.train()
```

（17）实现 Agent 类：

```
class Agent:
  def __init__(self, env_name,
        num_workers=cpu_count()):
    env = gym.make(env_name)
    self.env_name = env_name
    self.state_dim = env.observation_space.shape[0]
    self.action_dim = env.action_space.shape[0]
    self.action_bound = env.action_space.high[0]
    self.std_bound = [1e-2, 1.0]

    self.global_actor = Actor(
      self.state_dim, self.action_dim,
      self.action_bound, self.std_bound
    )
    self.global_critic = Critic(self.state_dim)
    self.num_workers = num_workers
```

（18）A3C 智能体使用多个并行工作器。为了更新每个工作器以更新 A3C 智能体，需要执行以下代码：

```
def train(self, max_episodes=20000):
  workers = []

  for i in range(self.num_workers):
    env = gym.make(self.env_name)
    workers.append(
      A3CWorker(env, self.global_actor,
          self.global_critic, max_episodes)
    )

  for worker in workers:
    worker.start()

  for worker in workers:
```

```
    worker.join()
```

（19）完成 A3C 智能体后，定义主函数：

```
if __name__ == "__main__":
  env_name = "MountainCarContinuous-v0"
  agent = Agent(env_name, args.num_workers)
  agent.train(max_episodes=20000)
```

3.6.3 工作原理

简单来说，A3C 算法的核心步骤可以归纳为每次迭代中的以下步骤，如图 3.2 所示。

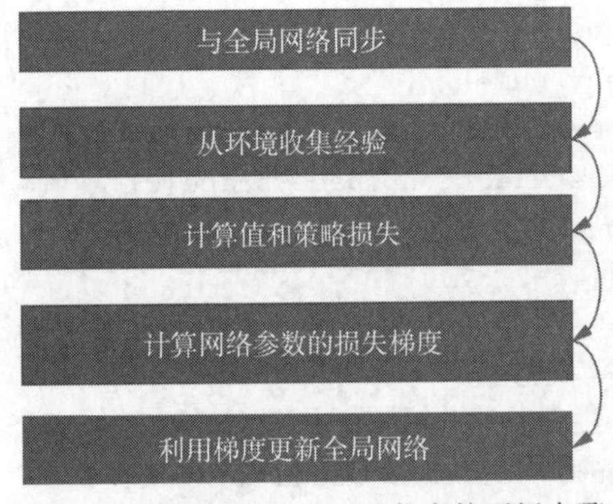

图 3.2 A3C 智能体学习迭代中的更新步骤

这些步骤从上到下重复进行，直到收敛为止。

3.7 实现近端策略优化算法和 PPO 智能体

近端策略优化（Proximal Policy Optimization，PPO）算法是建立在**置信域策略优化（Trust Region Policy Optimization，TRPO）**的基础上，以将新策略约束在旧策略的置信域内。PPO 简化了这一核心思想的实现，它使用了一个裁剪过的代替目标函数，不仅更容易实现，还非常强大和高效。它是最广泛使用的强化学习算法之一，尤其适用于连续控制问题。通过本节，可以建立一个 PPO 智能体，在选择的强化学习环境中进行训练。

3.7.1 前期准备

为了完成本节内容，需要激活命名为 tf2rl-cookbook 的 Python/Conda 虚拟环境并在命令行运行 pip install -r requirements.txt。如果运行下面的导入语句时没有出现问题，就可以准备开始了：

```
import argparse
import os
```

```
from datetime import datetime

import gym
import numpy as np
import tensorflow as tf
from tensorflow.keras.layers import Dense, Input, Lambda
```

3.7.2 实现步骤

（1）创建一个参数解析器处理对脚本的命令行配置输入：

```
parser = argparse.ArgumentParser(prog="TFRL-Cookbook-Ch3-PPO")
parser.add_argument("--env", default="Pendulum-v0")
parser.add_argument("--update-freq", type=int, default=5)
parser.add_argument("--epochs", type=int, default=3)
parser.add_argument("--actor-lr", type=float, default=0.0005)
parser.add_argument("--critic-lr", type=float, default=0.001)
parser.add_argument("--clip-ratio", type=float, default=0.1)
parser.add_argument("--gae-lambda", type=float, default=0.95)
parser.add_argument("--gamma", type=float, default=0.99)
parser.add_argument("--logdir", default="logs")

args = parser.parse_args()
```

（2）创建一个 TensorBoard 日志，记录智能体在训练时的有用统计信息：

```
logdir = os.path.join(
  args.logdir, parser.prog, args.env,
  datetime.now().strftime("%Y%m%d-%H%M%S")
)
print(f"Saving training logs to:{logdir}")
writer = tf.summary.create_file_writer(logdir)
```

（3）实现 Actor 类，它包含一个基于神经网络的策略来执行动作：

```
class Actor:
  def __init__(self, state_dim, action_dim,
  action_bound, std_bound):
    self.state_dim = state_dim
    self.action_dim = action_dim
    self.action_bound = action_bound
    self.std_bound = std_bound
    self.model = self.nn_model()
    self.opt = \
```

```
        tf.keras.optimizers.Adam(args.actor_lr)

    def nn_model(self):
        state_input = Input((self.state_dim,))
        dense_1 = Dense(32, activation="relu")\
                (state_input)
        dense_2 = Dense(32, activation="relu")\
                (dense_1)
        out_mu = Dense(self.action_dim,
                activation="tanh")(dense_2)
        mu_output = Lambda(lambda x: x * \
                  self.action_bound)(out_mu)
        std_output = Dense(self.action_dim,
                  activation="softplus")(dense_2)
        return tf.keras.models.Model(state_input,
                    [mu_output, std_output])
```

（4）为了根据给定状态获得一个动作，定义 get_action() 函数：

```
    def get_action(self, state):
        state = np.reshape(state, [1, self.state_dim])
        mu, std = self.model.predict(state)
        action = np.random.normal(mu[0], std[0],
                      size=self.action_dim)
        action = np.clip(action, -self.action_bound,
                  self.action_bound)
        log_policy = self.log_pdf(mu, std, action)

        return log_policy, action
```

（5）为了计算损失函数，需要计算策略（概率）密度函数的对数，所以定义 log_pdf() 函数：

```
    def log_pdf(self, mu, std, action):
        std = tf.clip_by_value(std, self.std_bound[0],
                    self.std_bound[1])
        var = std ** 2
        log_policy_pdf = -0.5 * (action - mu) ** 2 / var\
                  - 0.5 * tf.math.log(
            var * 2 * np.pi
        )
        return tf.reduce_sum(log_policy_pdf, 1,
                   keepdims=True)
```

（6）使用 log_pdf() 函数计算动作损失函数：

```
def compute_loss(self, log_old_policy,
        log_new_policy, actions, gaes):
  ratio = tf.exp(log_new_policy - \
          tf.stop_gradient(log_old_policy))
  gaes = tf.stop_gradient(gaes)
  clipped_ratio = tf.clip_by_value(
    ratio, 1.0 - args.clip_ratio, 1.0 + \
    args.clip_ratio
  )
  surrogate = -tf.minimum(ratio * gaes, \
             clipped_ratio * gaes)
  return tf.reduce_mean(surrogate)
```

（7）作为 Actor 类实现的最后一步，定义 train() 函数：

```
def train(self, log_old_policy, states, actions,
gaes):
  with tf.GradientTape() as tape:
    mu, std = self.model(states, training=True)
    log_new_policy = self.log_pdf(mu, std,
                  actions)
    loss = self.compute_loss(log_old_policy,
           log_new_policy, actions, gaes)
  grads = tape.gradient(loss,
           self.model.trainable_variables)
  self.opt.apply_gradients(zip(grads,
          self.model.trainable_variables))
  return loss
```

（8）定义了 Actor 类之后，继续定义 Critic 类：

```
class Critic:
  def __init__(self, state_dim):
    self.state_dim = state_dim
    self.model = self.nn_model()
    self.opt = tf.keras.optimizers.Adam(
              args.critic_lr)

  def nn_model(self):
    return tf.keras.Sequential(
      [
        Input((self.state_dim,)),
        Dense(32, activation="relu"),
```

```
            Dense(32, activation="relu"),
            Dense(16, activation="relu"),
            Dense(1, activation="linear"),
        ]
    )
```

（9）定义 train() 函数和 compute_loss() 函数训练评论家：

```
    def compute_loss(self, v_pred, td_targets):
        mse = tf.keras.losses.MeanSquaredError()
        return mse(td_targets, v_pred)

    def train(self, states, td_targets):
        with tf.GradientTape() as tape:
            v_pred = self.model(states, training=True)
            assert v_pred.shape == td_targets.shape
            loss = self.compute_loss(v_pred,
                        tf.stop_gradient(td_targets))
        grads = tape.gradient(loss,
                    self.model.trainable_variables)
        self.opt.apply_gradients(zip(grads,
                    self.model.trainable_variables))
        return loss
```

（10）实现 PPO 智能体：

```
class Agent:
    def __init__(self, env):
        self.env = env
        self.state_dim = \
            self.env.observation_space.shape[0]
        self.action_dim = self.env.action_space.shape[0]
        self.action_bound = self.env.action_space.high[0]
        self.std_bound = [1e-2, 1.0]

        self.actor_opt = \
            tf.keras.optimizers.Adam(args.actor_lr)
        self.critic_opt = \
            tf.keras.optimizers.Adam(args.critic_lr)
        self.actor = Actor(
            self.state_dim, self.action_dim,
            self.action_bound, self.std_bound
        )
        self.critic = Critic(self.state_dim)
```

（11）使用**广义优势估计（Generalized Advantage Estimates，GAE）**，实现计算GAE目标值的gae_target()函数：

```
def gae_target(self, rewards, v_values, next_v_value,
done):
  n_step_targets = np.zeros_like(rewards)
  gae = np.zeros_like(rewards)
  gae_cumulative = 0
  forward_val = 0

  if not done:
    forward_val = next_v_value

  for k in reversed(range(0, len(rewards))):
    delta = rewards[k] + args.gamma * \
        forward_val - v_values[k]
    gae_cumulative = args.gamma * \
      args.gae_lambda * gae_cumulative + delta
    gae[k] = gae_cumulative
    forward_val = v_values[k]
    n_step_targets[k] = gae[k] + v_values[k]
  return gae, n_step_targ
```

（12）分步骤实现train()函数。首先实现外部循环：

```
def train(self, max_episodes=1000):
  with writer.as_default():
    for ep in range(max_episodes):
      state_batch = []
      action_batch = []
      reward_batch = []
      old_policy_batch = []

      episode_reward, done = 0, False

      state = self.env.reset()
```

（13）开始内循环（每个回合）的实现，并在接下来的几个步骤中完成它：

```
      while not done:
        # self.env.render()
        log_old_policy, action = \
          self.actor.get_action(state)
```

```
        next_state, reward, done, _ = \
                self.env.step(action)

        state = np.reshape(state, [1,
                self.state_dim])
        action = np.reshape(action, [1, 1])
        next_state = np.reshape(next_state,
                [1, self.state_dim])
        reward = np.reshape(reward, [1, 1])
        log_old_policy = \
          np.reshape(log_old_policy, [1, 1])

        state_batch.append(state)
        action_batch.append(action)
        reward_batch.append((reward + 8) / 8)
        old_policy_batch.append(log_old_policy)
```

（14）使用 PPO 算法做出的预测值为策略更新过程做准备：

```
if len(state_batch) >= args.update_freq or done:
          states = np.array([state.\
                 squeeze() for state \
                 in state_batch])
          actions = np.array(
            [action.squeeze() for action\
             in action_batch]
          )
          rewards = np.array(
            [reward.squeeze() for reward\
             in reward_batch]
          )
          old_policies = np.array(
            [old_pi.squeeze() for old_pi\
             in old_policy_batch]
          )

          v_values = self.critic.model.\
               predict(states)
          next_v_value =self.critic.model.\
                 predict(next_state)

          gaes, td_targets = \
             self.gae_target(
```

```
        rewards, v_values, \
        next_v_value, done
    )
```

（15）实现 PPO 算法的策略更新步骤。当有足够多批次的以样本经验形式存在的智能体轨迹信息时，就可以在内循环中实现策略更新：

```
    actor_losses, critic_losses=[],[]
    for epoch in range(args.epochs):
      actor_loss =self.actor.train(
        old_policies, states,\
        actions, gaes
      )
      actor_losses.append(
               actor_loss)
      critic_loss = self.critic.\
        train(states, td_targets)
      critic_losses.append(
               critic_loss)
    # Plot mean actor & critic losses
    # on every update
    tf.summary.scalar("actor_loss",
      np.mean(actor_losses), step=ep)
    tf.summary.scalar(
      "critic_loss",
       np.mean(critic_losses),
       step=ep
    )
```

（16）作为 train() 函数的最后一步，重置中间变量，并打印智能体获得的简要的回合奖励：

```
          state_batch = []
          action_batch = []
          reward_batch = []
          old_policy_batch = []
        episode_reward += reward[0][0]
        state = next_state[0]
      print(f"Episode#{ep} \
          Reward:{episode_reward}")
      tf.summary.scalar("episode_reward", \
                 episode_reward, \
```

```
                    step=ep)
```

（17）完成了 PPO 智能体的实现后，定义主函数：

```
if __name__ == "__main__":
  env_name = "Pendulum-v0"
  env = gym.make(env_name)
  agent = Agent(env)
  agent.train(max_episodes=20000)
```

3.7.3 工作原理

PPO 算法利用裁剪形成代替损失函数,并在每次策略更新时使用多次**随机梯度下降/上升（Stochastic Gradient Decent/Ascent，SGD/SGA）**进行优化。PPO 引入的裁剪减少了策略的变化，从而提高了策略在学习过程中的稳定性。

PPO 智能体使用最新策略参数的行动者从环境中收集样本。在第（15）步定义的循环中，从经验中采样一个小批量经验，并使用被裁减的代替目标函数训练网络 n 步（通过 –epoch 参数传递给脚本）。然后使用新的经验样本重复该过程。

3.8 实现深度确定性策略梯度算法和 DDPG 智能体

确定性策略梯度（Deterministic Policy Gradient，DPG）是一种使用两个神经网络的行动者-评论家（Actor-Critic）强化学习算法，其中一个网络估计动作值函数，另一个网络估计最优目标策略。**深度确定性策略梯度（Deep Deterministic Policy Gradient，DDPG）**智能体建立在 DPG 的思想之上，由于使用了确定性动作策略，因此比普通的行动者-评论家智能体更高效。通过本节，可以建立一个强大的智能体，它可以在各种强化学习环境中有效地进行训练。

3.8.1 前期准备

为了完成本节内容，需要激活命名为 tf2rl-cookbook 的 Python/Conda 虚拟环境并在命令行运行 pip install -r requirements.txt。如果运行下面的导入语句时没有出现问题，就可以准备开始了：

```
import argparse
import os
import random
from collections import deque
from datetime import datetime

import gym
import numpy as np
```

```
import tensorflow as tf
from tensorflow.keras.layers import Dense, Input, Lambda,
concatenate
```

3.8.2 实现步骤

（1）创建一个参数解析器处理脚本的命令行配置输入：

```
parser = argparse.ArgumentParser(prog="TFRL-Cookbook-Ch3-DDPG")
parser.add_argument("--env", default="Pendulum-v0")
parser.add_argument("--actor_lr", type=float, default=0.0005)
parser.add_argument("--critic_lr", type=float, default=0.001)
parser.add_argument("--batch_size", type=int, default=64)
parser.add_argument("--tau", type=float, default=0.05)
parser.add_argument("--gamma", type=float, default=0.99)
parser.add_argument("--train_start", type=int, default=2000)
parser.add_argument("--logdir", default="logs")

args = parser.parse_args()
```

（2）创建一个 TensorBoard 日志，记录智能体在训练时的有用统计信息：

```
logdir = os.path.join(
  args.logdir, parser.prog, args.env, \
  datetime.now().strftime("%Y%m%d-%H%M%S")
)
print(f"Saving training logs to:{logdir}")
writer = tf.summary.create_file_writer(logdir)
```

（3）实现经验回放存储器：

```
class ReplayBuffer:
  def __init__(self, capacity=10000):
    self.buffer = deque(maxlen=capacity)

  def store(self, state, action, reward, next_state,
      done):
    self.buffer.append([state, action, reward,
          next_state, done])

  def sample(self):
    sample = random.sample(self.buffer,
              args.batch_size)
    states, actions, rewards, next_states, done = \
```

```
              map(np.asarray, zip(*sample))
    states = np.array(states).reshape(
              args.batch_size, -1)
    next_states = np.array(next_states).\
              reshape(args.batch_size, -1)
    return states, actions, rewards, next_states, \
    done

  def size(self):
    return len(self.buffer)
```

（4）实现 Actor 类，其中包含一个基于神经网络的策略来执行动作：

```
class Actor:
  def __init__(self, state_dim, action_dim,
  action_bound):
    self.state_dim = state_dim
    self.action_dim = action_dim
    self.action_bound = action_bound
    self.model = self.nn_model()
    self.opt = tf.keras.optimizers.Adam(args.actor_lr)

  def nn_model(self):
    return tf.keras.Sequential(
      [
        Input((self.state_dim,)),
        Dense(32, activation="relu"),
        Dense(32, activation="relu"),
        Dense(self.action_dim,
            activation="tanh"),
        Lambda(lambda x: x * self.action_bound),
      ]
    )
```

（5）为了根据给定状态获得一个动作，定义 get_action() 函数：

```
  def get_action(self, state):
    state = np.reshape(state, [1, self.state_dim])
    return self.model.predict(state)[0]
```

（6）实现预测函数 predict() 返回由行动者网络做出的预测：

```
  def predict(self, state):
    return self.model.predict(state)
`~\\`
```

（7）作为 Actor 类实现的最后一步，定义 train() 函数：

```
def train(self, states, q_grads):
  with tf.GradientTape() as tape:
    grads = tape.gradient(
      self.model(states),
      self.model.trainable_variables, -q_grads
    )
  self.opt.apply_gradients(zip(grads,
            self.model.trainable_variables))
```

（8）定义了 Actor 类之后，可以继续定义 Critic 类：

```
class Critic:
  def __init__(self, state_dim, action_dim):
    self.state_dim = state_dim
    self.action_dim = action_dim
    self.model = self.nn_model()
    self.opt = \
      tf.keras.optimizers.Adam(args.critic_lr)

  def nn_model(self):
    state_input = Input((self.state_dim,))
    s1 = Dense(64, activation="relu")(state_input)
    s2 = Dense(32, activation="relu")(s1)
    action_input = Input((self.action_dim,))
    a1 = Dense(32, activation="relu")(action_input)
    c1 = concatenate([s2, a1], axis=-1)
    c2 = Dense(16, activation="relu")(c1)
    output = Dense(1, activation="linear")(c2)
    return tf.keras.Model([state_input,
             action_input], output)
```

（9）计算 Q 函数的梯度：

```
def q_gradients(self, states, actions):
  actions = tf.convert_to_tensor(actions)
  with tf.GradientTape() as tape:
    tape.watch(actions)
    q_values = self.model([states, actions])
    q_values = tf.squeeze(q_values)
  return tape.gradient(q_values, actions)
```

（10）定义 predict() 函数，返回评价家网络的预测：

```
  def predict(self, inputs):
    return self.model.predict(inputs)
```

（11）定义 train() 函数和 compute_loss() 函数训练评论家网络：

```
  def train(self, states, actions, td_targets):
    with tf.GradientTape() as tape:
      v_pred = self.model([states, actions],
            training=True)
      assert v_pred.shape == td_targets.shape
      loss = self.compute_loss(v_pred,
            tf.stop_gradient(td_targets))
    grads = tape.gradient(loss,
            self.model.trainable_variables)
    self.opt.apply_gradients(zip(grads,
            self.model.trainable_variables))
    return loss
```

（12）实现 DDPG 的 Agent 类：

```
class Agent:
  def __init__(self, env):
    self.env = env
    self.state_dim = \
      self.env.observation_space.shape[0]
    self.action_dim = self.env.action_space.shape[0]
    self.action_bound = self.env.action_space.high[0]

    self.buffer = ReplayBuffer()

    self.actor = Actor(self.state_dim, \
            self.action_dim,
            self.action_bound)
    self.critic = Critic(self.state_dim,
            self.action_dim)

    self.target_actor = Actor(self.state_dim,
            self.action_dim,
            self.action_bound)
    self.target_critic = Critic(self.state_dim,
            self.action_dim)

    actor_weights = self.actor.model.get_weights()
```

```
    critic_weights = self.critic.model.get_weights()
    self.target_actor.model.set_weights(
                actor_weights)
    self.target_critic.model.set_weights(
                critic_weights)
```

（13）实现 update_target() 函数，用各自的目标网络更新行动者网络和评价家网络的权重：

```
def update_target(self):
    actor_weights = self.actor.model.get_weights()
    t_actor_weights = \
        self.target_actor.model.get_weights()
    critic_weights = self.critic.model.get_weights()
    t_critic_weights = \
        self.target_critic.model.get_weights()

    for i in range(len(actor_weights)):
        t_actor_weights[i] = (
            args.tau * actor_weights[i] + \
            (1 - args.tau) * t_actor_weights[i]
        )

    for i in range(len(critic_weights)):
        t_critic_weights[i] = (
            args.tau * critic_weights[i] + \
            (1 - args.tau) * t_critic_weights[i]
        )

    self.target_actor.model.set_weights(
                t_actor_weights)
    self.target_critic.model.set_weights(
                t_critic_weights)
```

（14）实现一个辅助方法 get_td_target() 函数计算 TD 目标：

```
def get_td_target(self, rewards, q_values, dones):
    targets = np.asarray(q_values)
    for i in range(q_values.shape[0]):
        if dones[i]:
            targets[i] = rewards[i]
        else:
            targets[i] = args.gamma * q_values[i]
    return targets
```

（15）确定性策略梯度算法的目的是给由确定性策略采样得到的动作添加噪声。使用 **Ornstein-Uhlenback**（**OU**）过程产生噪声：

```
def add_ou_noise(self, x, rho=0.15, mu=0, dt=1e-1,
 sigma=0.2, dim=1):
  return (
    x + rho * (mu - x) * dt + sigma * \
    np.sqrt(dt) * np.random.normal(size=dim)
  )
```

（16）使用经验回放更新行动者网络和评价家网络：

```
def replay_experience(self):
  for _ in range(10):
    states, actions, rewards, next_states, \
      dones = self.buffer.sample()
    target_q_values = self.target_critic.predict(
      [next_states, self.target_actor.\
       predict(next_states)]
    )
    td_targets = self.get_td_target(rewards,
                target_q_values, dones)

    self.critic.train(states, actions,
              td_targets)

    s_actions = self.actor.predict(states)
    s_grads = self.critic.q_gradients(states,
                   s_actions)
    grads = np.array(s_grads).reshape((-1,
                self.action_dim))
    self.actor.train(states, grads)
    self.update_target()
```

（17）所有部分都实现后，可以把它们放在 train() 函数中：

```
def train(self, max_episodes=1000):
  with writer.as_default():
    for ep in range(max_episodes):
      episode_reward, done = 0, False
      state = self.env.reset()
      bg_noise = np.zeros(self.action_dim)
      while not done:
        # self.env.render()
```

```
        action = self.actor.get_action(state)
        noise = self.add_ou_noise(bg_noise, \
                 dim=self.action_dim)
        action = np.clip(
          action + noise, -self.action_\
            bound, self.action_bound
        )
        next_state, reward, done, _ = \
                 self.env.step(action)
        self.buffer.store(state, action, \
          (reward + 8) / 8, next_state, done)
        bg_noise = noise
        episode_reward += reward
        state = next_state
      if (
        self.buffer.size() >= args.batch_size
        and self.buffer.size() >= \
          args.train_start
      ):
        self.replay_experience()
      print(f"Episode#{ep} \
          Reward:{episode_reward}")
      tf.summary.scalar("episode_reward",
            episode_reward, step=ep)
```

（18）DDPG 智能体已完成，定义主函数开始训练：

```
if __name__ == "__main__":
  env_name = "Pendulum-v0"
  env = gym.make(env_name)
  agent = Agent(env)
  agent.train(max_episodes=20000)
```

3.8.3 工作原理

DDPG 智能体估计两个量——Q 值函数和最优策略。DDPG 结合了 DQN 和 DPG 的思想。DDPG 在引入 DQN 思想的基础上，使用了策略梯度更新规则，这从步骤（14）中定义的更新规则可以看出。

第 4 章 现实世界中的强化学习——构建加密货币交易智能体

深度强化学习智能体在解决现实世界中具有挑战性问题时具有很大的优势和潜力，并且存在很多机会。然而，由于在现实世界中部署强化学习智能体存在许多挑战，所以在游戏领域之外，在现实世界中只有少数几个使用深度强化学习智能体获得成功的案例。本章包含的内容将帮助读者成功开发解决有趣且有价值的现实世界问题的强化学习智能体：**加密货币交易**。本章中的内容包含有关如何为具有离散和连续动作空间的加密货币交易实现与 OpenAI Gym 兼容的自定义学习环境。此外，本章还介绍如何构建和训练用于交易加密货币的强化学习智能体，并提供相应的交易学习环境。

具体而言，本章将包含以下内容：

- 使用真实市场数据搭建一个比特币交易强化学习平台；
- 使用价格图表搭建一个以太坊交易强化学习平台；
- 为强化学习智能体搭建一个高级的加密货币交易平台；
- 使用强化学习训练一个加密货币交易智能体。

4.1 技术要求

本书的代码已经在 Ubuntu 18.04 和 Ubuntu 20.04 上进行了广泛的测试，而且可以在安装了 Python 3.6+ 的 Ubuntu 后续版本中正常工作。在安装 Python 3.6 的情况下，搭配每项内容开始时列出的必要 Python 工具包，本书的代码也同样可以在 Windows 和 macOS X 上运行。建议读者创建和使用一个命名为 tf2rl-cookbook 的 Python 虚拟环境来安装工具包以及运行本书的代码。推荐读者安装 Miniconda 或 Anaconda 来管理 Python 虚拟环境。

4.2 使用真实市场数据搭建一个比特币交易强化学习平台

本部分提供为智能体搭建加密货币交易强化学习的环境。该环境根据来自 Gemini 加密货币交易所的真实数据模拟比特币交易。在此环境中，智能体根据交易账户中的初始现金余额，可以进行买入/卖出/持有交易，并根据其所产生的利润/损失获得奖励。

4.2.1 前期准备

为成功运行代码，请确保已经更新到最新版本。需要激活命名为 tf2rl-cookbook 的 Python/Conda 虚拟环境。确保更新的环境与书中代码库中最新的 Conda 环境规范文件（tfrl-cookbook.yml）相匹配。如果以下 import 语句运行没有问题，就可以准备开始了：

```
import os
import random
from typing import Dict

import gym
import numpy as np
import pandas as pd
from gym import spaces
```

4.2.2 实现步骤

按照以下步骤学习如何实现 CryptoTradingEnv。

（1）导入必要的 Python 模块。

（2）使用 trading_utils.py 中实现的 TradeVisualizer 类：

```
from trading_utils import TradeVisualizer
```

（3）为了方便配置加密货币交易环境，设置一个环境配置字典。注意，加密货币交易环境已经过配置，可以根据来自 Gemini 加密货币交易所的真实数据交易比特币：

```
env_config = {
    "exchange": "Gemini",  # Cryptocurrency exchange
    # (Gemini, coinbase, kraken, etc.)
    "ticker": "BTCUSD",  # CryptoFiat
    "frequency": "daily",  # daily/hourly/minutes
    "opening_account_balance": 100000,
    # Number of steps (days) of data provided to the
    # agent in one observation.
    "observation_horizon_sequence_length": 30,
    "order_size": 1,  # Number of coins to buy per
    # buy/sell order
}
```

（4）定义 CryptoTradingEnv() 类：

```
class CryptoTradingEnv(gym.Env):
    def __init__(self, env_config: Dict = env_config):
```

```
        super(CryptoTradingEnv, self).__init__()
        self.ticker = env_config.get("ticker", "BTCUSD")
        data_dir = os.path.join(os.path.dirname(os.path.\
                        realpath(__file__)), "data")
        self.exchange = env_config["exchange"]
        freq = env_config["frequency"]
        if freq == "daily":
            self.freq_suffix = "d"
        elif freq == "hourly":
            self.freq_suffix = "1hr"
        elif freq == "minutes":
            self.freq_suffix = "1min"
```

（5）使用文件对象作为加密货币交易所数据源。在将数据加载/流式传输到内存之前，必须确保数据源存在：

```
    self.ticker_file_stream = os.path.join(
        f"{data_dir}",
        f"{'_'.join([self.exchange, self.ticker,
                    self.freq_suffix])}.csv",
    )
    assert os.path.isfile(
        self.ticker_file_stream
    ), f"Cryptocurrency data file stream not found \
        at: data/{self.ticker_file_stream}.csv"
    # Cryptocurrency exchange data stream. An offline
    # file stream is used. Alternatively, a web
    # API can be used to pull live data.
    self.ohlcv_df = pd.read_csv(self.ticker_file_\
        stream, skiprows=1).sort_values(by="Date"
    )
```

（6）使用env_config配置智能体账户中的开户余额。根据配置的值初始化开户余额：

```
self.opening_account_balance = env_config["opening_account_balance"]
```

（7）使用 OpenAI Gym 库提供的标准空间类型定义这个加密货币交易环境的动作和观测空间：

```
    # Action: 0-> Hold; 1-> Buy; 2 ->Sell;
    self.action_space = spaces.Discrete(3)

    self.observation_features = [
        "Open",
```

```
        "High",
        "Low",
        "Close",
        "Volume BTC",
        "Volume USD",
    ]
    self.horizon = env_config.get(
                "observation_horizon_sequence_length")
    self.observation_space = spaces.Box(
        low=0,
        high=1,
        shape=(len(self.observation_features),
                    self.horizon + 1),
        dtype=np.float,
    )
```

（8）定义智能体进行交易时将执行的交易订单大小：

```
    self.order_size = env_config.get("order_size")
```

（9）至此，已完成环境的初始化。现在，继续定义 step() 函数。为了便于理解，使用了两个辅助成员函数 self.execute_trade_action() 和 self.get_observation()，来简化 step() 函数的实现。一旦实现基本强化学习 Gym 环境方法（step、reset 和 render），就可以定义这两个辅助成员方法。step() 函数的实现具体如下：

```
  def step(self, action):
        # Execute one step within the trading environment
        self.execute_trade_action(action)

        self.current_step += 1

        reward = self.account_value - \
                self.opening_account_balance
                # Profit (loss)
        done = self.account_value <= 0 or \
               self.current_step >= len(
            self.ohlcv_df.loc[:, "Open"].values
        )

        obs = self.get_observation()

        return obs, reward, done, {}
```

（10）定义 reset() 函数，它将在每个回合开始时执行：

```
    def reset(self):
        # Reset the state of the environment to an
        # initial state
        self.cash_balance = self.opening_account_balance
        self.account_value = self.opening_account_balance
        self.num_coins_held = 0
        self.cost_basis = 0
        self.current_step = 0
        self.trades = []
        if self.viz is None:
            self.viz = TradeVisualizer(
                self.ticker,
                self.ticker_file_stream,
                "TFRL-Cookbook Ch4-CryptoTradingEnv",
                skiprows=1,  # Skip the first line with
                # the data download source URL
            )
        return self.get_observation()
```

（11）定义 render() 函数，该函数提供加密货币交易环境的视图，以便了解发生了什么。在此，使用 trading_utils.py 文件中的 Tradevisualizer 类。Tradevisualizer 还通过执行环境中的操作，对智能体执行的买入和卖出交易进行可视化。为了方便参考，图 4.1 提供了 render() 函数输出的示例屏幕截图。

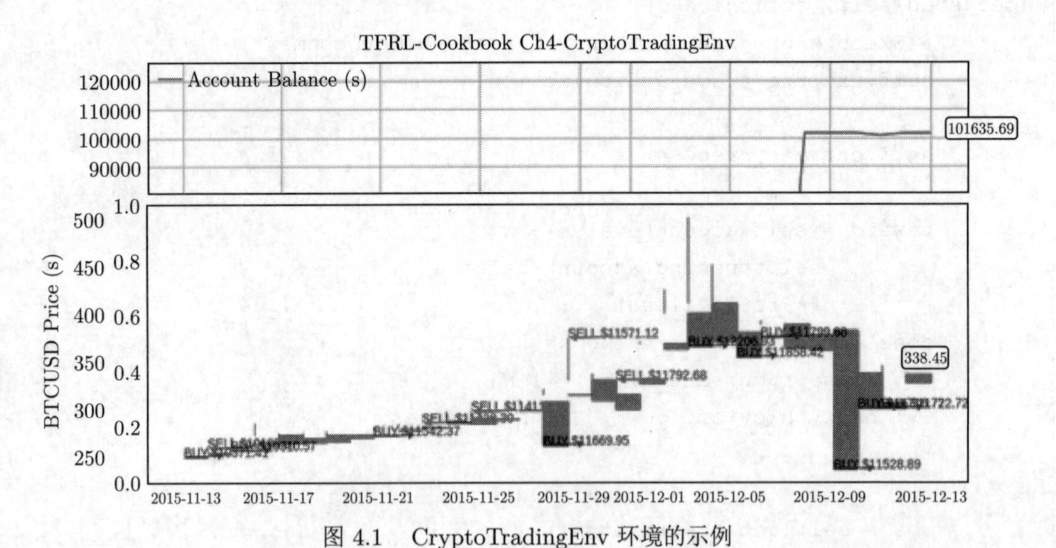

图 4.1　CryptoTradingEnv 环境的示例

render() 函数的实现具体如下：

```
    def render(self, **kwargs):
```

```
    # Render the environment to the screen

    if self.current_step > self.horizon:
        self.viz.render(
            self.current_step,
            self.account_value,
            self.trades,
            window_size=self.horizon,
        )
```

（12）实现一个 close() 函数，在训练完成后可以关闭所有可视化窗口：

```
def close(self):
    if self.viz is not None:
        self.viz.close()
        self.viz = None
```

（13）实现第（9）步的 step() 函数中使用的 execute_trade_action() 函数。可以分为三步实现，分别对应三种订单类型：持有、买入和卖出。首先是最简单的持有订单类型：

```
def execute_trade_action(self, action):
    if action == 0: # Hold position
        return
```

（14）实现一个中间步骤，然后才能继续实现买入与卖出订单的执行内容。首先必须确定订单类型（买入与卖出），然后确定当前模拟时间的比特币价格：

```
    order_type = "buy" if action == 1 else "sell"

    # Stochastically determine the current price
    # based on Market Open & Close
    current_price = random.uniform(
        self.ohlcv_df.loc[self.current_step, "Open"],
        self.ohlcv_df.loc[self.current_step,
                          "Close"],
    )
```

（15）准备实现买入交易订单的内容，如下所示：

```
    if order_type == "buy":
        allowable_coins = \
            int(self.cash_balance / current_price)
        if allowable_coins < self.order_size:
            # Not enough cash to execute a buy order
            return
```

```
    # Simulate a BUY order and execute it at
    # current_price
    num_coins_bought = self.order_size
    current_cost = self.cost_basis * \
                   self.num_coins_held
    additional_cost = num_coins_bought * \
                      current_price

    self.cash_balance -= additional_cost
    self.cost_basis = (current_cost + \
        additional_cost) / (
        self.num_coins_held + num_coins_bought
    )
    self.num_coins_held += num_coins_bought
```

（16）使用最新的买入交易更新 trades 列表：

```
self.trades.append(
    {
        "type": "buy",
        "step": self.current_step,
        "shares": num_coins_bought,
        "proceeds": additional_cost,
    }
)
```

（17）实现卖出交易订单的内容：

```
elif order_type == "sell":
    # Simulate a SELL order and execute it at
    # current_price
    if self.num_coins_held < self.order_size:
        # Not enough coins to execute a sell
        # order
        return
    num_coins_sold = self.order_size
    self.cash_balance += num_coins_sold * \
                         current_price
    self.num_coins_held -= num_coins_sold
    sale_proceeds = num_coins_sold * \
                    current_price

    self.trades.append(
```

```
        {
            "type": "sell",
            "step": self.current_step,
            "shares": num_coins_sold,
            "proceeds": sale_proceeds,
        }
    )
```

（18）为了完成交易执行函数，需要添加几行代码，这些代码将在交易订单执行后更新账户值：

```
    if self.num_coins_held == 0:
        self.cost_basis = 0
    # Update account value
    self.account_value = self.cash_balance + \
                         self.num_coins_held * \
                         current_price
```

（19）至此，已经完成了由 Gemini 加密货币交易所的真实 BTCUSD 数据支持的比特币交易强化学习环境。现在，可以只需 6 行代码就轻松地创建环境并运行示例：

```
if __name__ == "__main__":
    env = CryptoTradingEnv()
    obs = env.reset()
    for _ in range(600):
        action = env.action_space.sample()
        next_obs, reward, done, _ = env.step(action)
        env.render()
```

执行代码后可以看到在 CryptoTradingEnv 环境中运行的示例随机智能体。env.render() 函数将生成类似于图 4.2 的效果，显示了智能体的当前账户余额和正在执行的买入/卖出交易。

4.2.3 工作原理

本节实现了 CryptoTradingEnv() 函数，它提供了形状为（6，时长 + 1）的表格型观测，其中时长可以通过 env_config 字典配置。时长参数指定了智能体在进行交易之前，在每一步可以观测的加密货币市场数据的时间窗口范围（例如，3 天）。一旦智能体采取了 0（保持）、1（买入）或 2（卖出）中的一个离散动作，相应的交易就将以加密货币（比特币）的当前交易价格执行，并且交易账户余额相应地进行更新。智能体还将根据从回合开始时通过交易所产生的利润（或损失）获得奖励。

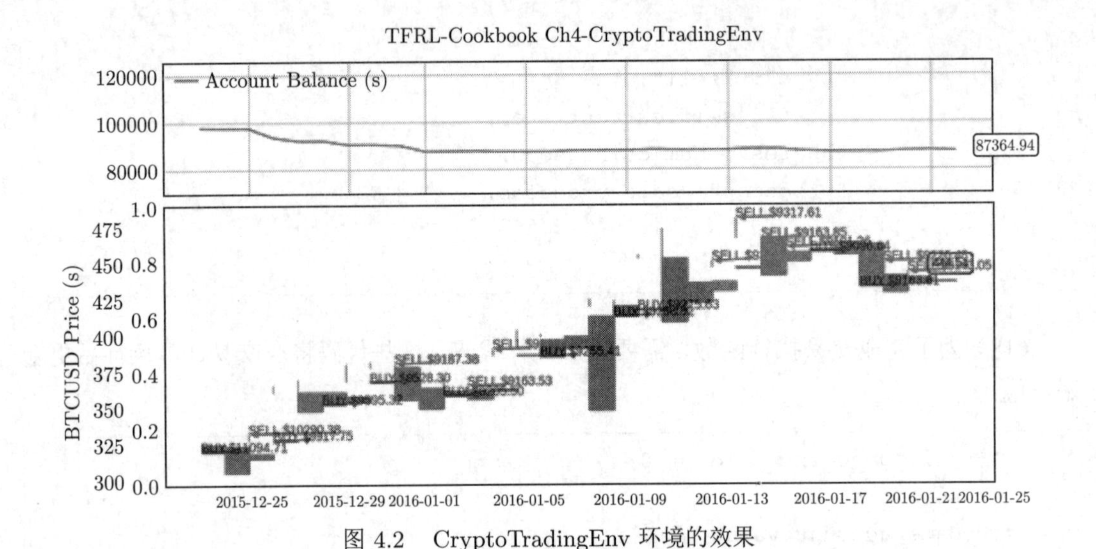

图 4.2 CryptoTradingEnv 环境的效果

4.3 使用价格图表搭建一个以太坊交易强化学习平台

本节将为具有可视化观测的强化学习智能体实现一个以太坊加密货币交易环境。智能体在指定时间段内观测包含开盘价、最高价、最低价、收盘价和成交量信息的价格图表，并以此采取行动（持有、买入或卖出）。智能体的目标是最大化其奖励，即在账户中部署智能体进行交易以期获得最大的利润。

4.3.1 前期准备

为成功运行代码，请确保已经更新到最新版本。首先激活命名为 tf2rl-cookbook 的 Python/Conda 虚拟环境。确保更新的环境与书中代码库中最新的 Conda 环境规范文件（tfrl-cookbook.yml）相匹配。如果以下 import 语句运行没有问题，就可以准备开始了：

```
import os
import random
from typing import Dict

import cv2
import gym
import numpy as np
import pandas as pd
from gym import spaces
from trading_utils import TradeVisualizer
```

4.3.2 实现步骤

按照 OpenAI Gym 框架实现学习环境的接口，在此过程中添加一些逻辑来模拟加密货币交易的执行并适当地奖励智能体。

（1）使用字典配置环境：

```
env_config = {
    "exchange": "Gemini", # Cryptocurrency exchange
    # (Gemini, coinbase, kraken, etc.)
    "ticker": "ETHUSD", # CryptoFiat
    "frequency": "daily", # daily/hourly/minutes
    "opening_account_balance": 100000,
    # Number of steps (days) of data provided to the
    # agent in one observation
    "observation_horizon_sequence_length": 30,
    "order_size": 1, # Number of coins to buy per
    # buy/sell order
}
```

（2）定义 CryptoTradingVisualEnv() 类并从 env_config 中加载设置：

```
class CryptoTradingVisualEnv(gym.Env):
    def __init__(self, env_config: Dict = env_config):
        """Cryptocurrency trading environment for RL
        agents
        The observations are cryptocurrency price info
        (OHLCV) over a horizon as specified in
        env_config. Action space is discrete to perform
        buy/sell/hold trades.
        Args:
            ticker(str, optional): Ticker symbol for the\
            crypto-fiat currency pair.
            Defaults to "ETHUSD".
            env_config (Dict): Env configuration values
        """
        super(CryptoTradingVisualEnv, self).__init__()
        self.ticker = env_config.get("ticker", "ETHUSD")
        data_dir = os.path.join(os.path.dirname(os.path.\
                         realpath(__file__)), "data")
        self.exchange = env_config["exchange"]
        freq = env_config["frequency"]
```

（3）基于市场数据反馈的频率配置，从输入流中加载加密货币交易所数据：

```
if freq == "daily":
        self.freq_suffix = "d"
    elif freq == "hourly":
        self.freq_suffix = "1hr"
    elif freq == "minutes":
        self.freq_suffix = "1min"

    self.ticker_file_stream = os.path.join(
        f"{data_dir}",
        f"{'_'.join([self.exchange, self.ticker, \
                     self.freq_suffix])}.csv",
    )
    assert os.path.isfile(
        self.ticker_file_stream
    ), f"Cryptocurrency exchange data file stream \
    not found at: data/{self.ticker_file_stream}.csv"
    # Cryptocurrency exchange data stream. An offline
    # file stream is used. Alternatively, a web
    # API can be used to pull live data.
    self.ohlcv_df = pd.read_csv(self.ticker_file_\
        stream, skiprows=1).sort_values(
        by="Date"
    )
```

（4）初始化其他环境类变量并定义状态和动作空间：

```
self.opening_account_balance = \
    env_config["opening_account_balance"]
# Action: 0-> Hold; 1-> Buy; 2 ->Sell;
self.action_space = spaces.Discrete(3)

self.observation_features = [
    "Open",
    "High",
    "Low",
    "Close",
    "Volume ETH",
    "Volume USD",
]
self.obs_width, self.obs_height = 128, 128
self.horizon = env_config.get("
    observation_horizon_sequence_length")
```

```
    self.observation_space = spaces.Box(
        low=0, high=255, shape=(128, 128, 3),
        dtype=np.uint8,
    )
    self.order_size = env_config.get("order_size")
    self.viz = None  # Visualizer
```

（5）定义 reset() 函数重新初始化环境类变量：

```
def reset(self):
    # Reset the state of the environment to an
    # initial state
    self.cash_balance = self.opening_account_balance
    self.account_value = self.opening_account_balance
    self.num_coins_held = 0
    self.cost_basis = 0
    self.current_step = 0
    self.trades = []
    if self.viz is None:
        self.viz = TradeVisualizer(
            self.ticker,
            self.ticker_file_stream,
            "TFRL-Cookbook\
                Ch4-CryptoTradingVisualEnv",
            skiprows=1,
        )

    return self.get_observation()
```

（6）此环境的关键特征在于智能体观测的是价格图表的图像，类似于在人类交易员的计算机屏幕上看到的图像。该图包含红色和绿色条柱和 K 线图。为了返回图表屏幕的图像，需要定义 get_observation() 函数：

```
def get_observation(self):
    """Return a view of the Ticker price chart as
        image observation

    Returns:
        img_observation(np.ndarray): Image of ticker
        candle stick plot with volume bars as
        observation
    """
    img_observation = \
        self.viz.render_image_observation(
```

```
        self.current_step, self.horizon
    )
    img_observation = cv2.resize(
        img_observation, dsize=(128, 128),
        interpolation=cv2.INTER_CUBIC
    )

    return img_observation
```

（7）实现交易环境的交易执行逻辑。以太坊加密货币的当前价格（以美元为单位）必须从市场数据流（在本例中为文件）中提取：

```
def execute_trade_action(self, action):
    if action == 0: # Hold position
        return
    order_type = "buy" if action == 1 else "sell"

    # Stochastically determine the current price
    # based on Market Open & Close
    current_price = random.uniform(
        self.ohlcv_df.loc[self.current_step, "Open"],
        self.ohlcv_df.loc[self.current_step,
                          "Close"],
    )
```

（8）如果智能体决定执行买入订单，必须计算智能体在单一步骤中可以购买的以太坊代币/货币数量，并在模拟交易所执行“买入”订单：

```
    # Buy Order
    allowable_coins = \
        int(self.cash_balance / current_price)
    if allowable_coins < self.order_size:
        # Not enough cash to execute a buy order
        return
    # Simulate a BUY order and execute it at
    # current_price
    num_coins_bought = self.order_size
    current_cost = self.cost_basis * \
                   self.num_coins_held
    additional_cost = num_coins_bought * \
                      current_price

    self.cash_balance -= additional_cost
    self.cost_basis = \
```

```
        (current_cost + additional_cost) / (
        self.num_coins_held + num_coins_bought
    )
    self.num_coins_held += num_coins_bought

    self.trades.append(
        {
            "type": "buy",
            "step": self.current_step,
            "shares": num_coins_bought,
            "proceeds": additional_cost,
        }
    )
```

（9）如果智能体决定卖出，则以下内容将执行卖出订单：

```
    # Simulate a SELL order and execute it at
    # current_price
    if self.num_coins_held < self.order_size:
        # Not enough coins to execute a sell
        # order
        return
    num_coins_sold = self.order_size
    self.cash_balance += num_coins_sold * \
                         current_price
    self.num_coins_held -= num_coins_sold
    sale_proceeds = num_coins_sold * \
                    current_price

    self.trades.append(
        {
            "type": "sell",
            "step": self.current_step,
            "shares": num_coins_sold,
            "proceeds": sale_proceeds,
        }
    )
```

（10）更新账户余额以反映买入/卖出交易的效果：

```
if self.num_coins_held == 0:
    self.cost_basis = 0
# Update account value
self.account_value = self.cash_balance + \
```

```
                        self.num_coins_held * \
                        current_price
```

（11）准备实现 step() 函数：

```
def step(self, action):
    # Execute one step within the trading environment
    self.execute_trade_action(action)

    self.current_step += 1

    reward = self.account_value - \
        self.opening_account_balance # Profit (loss)
    done = self.account_value <= 0 or \
            self.current_step >= len(
        self.ohlcv_df.loc[:, "Open"].values
    )

    obs = self.get_observation()

    return obs, reward, done, {}
```

（12）实现 render() 函数，将当前状态作为图像呈现到屏幕上。这有助于了解智能体在学习交易时环境中发生的情况：

```
def render(self, **kwargs):
    # Render the environment to the screen

    if self.current_step > self.horizon:
        self.viz.render(
            self.current_step,
            self.account_value,
            self.trades,
            window_size=self.horizon,
        )
```

（13）使用一个随机智能体快速检验环境：

```
if __name__ == "__main__":
    env = CryptoTradingVisualEnv()
    obs = env.reset()
    for _ in range(600):
        action = env.action_space.sample()
        next_obs, reward, done, _ = env.step(action)
        env.render()
```

执行代码后，可以看到在 CryptoTradinVisualEnv 中进行交易的示例随机智能体，其中智能体接收类似于图 4.3所示的视觉/图像观测。

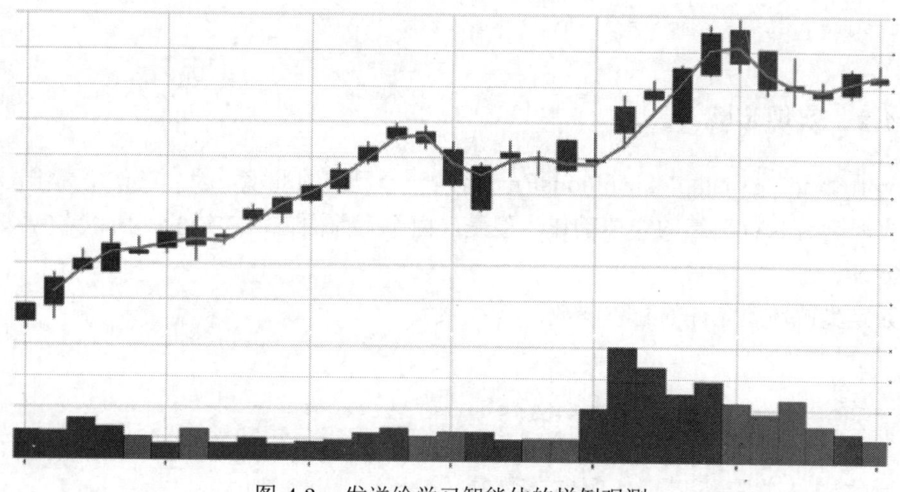

图 4.3　发送给学习智能体的样例观测

4.3.3　工作原理

本节实现了一个可视化的以太坊加密货币交易环境，该环境提供图像作为智能体的输入。图像包含图表信息，例如开盘价、最高价、最低价、收盘价和成交量数据。该图表看起来像人类交易员的屏幕，并向智能体传达当前的市场信号。

4.4　为强化学习智能体搭建一个高级的加密货币交易平台

如果允许智能体决定它要买入或卖出多少加密货币/代币，而不是只允许智能体采取离散动作，如买入/卖出/持有预设数量的比特币或以太坊代币，那应该如何实现呢？这正是本节以 CryptoTradingVisualContinuousEnv 强化学习环境的形式创建的内容。

4.4.1　前期准备

为成功运行代码，请确保已经更新到最新版本。需要激活命名为 tf2rl-cookbook 的 Python/Conda 虚拟环境。确保更新的环境与书中代码库中最新的 Conda 环境规范文件（tfrl-cookbook.yml）相匹配。如果以下 import 语句运行没有问题，就可以准备开始了：

```
import os
import random
from typing import Dict


import cv2
import gym
import numpy as np
```

```
import pandas as pd
from gym import spaces

from trading_utils import TradeVisualizer
```

4.4.2 实现步骤

CryptoTradingVisualContinuousEnv 将是一个复杂的环境，因为它使用高维图像作为观测，并且允许执行连续的实值动作。但是，由于有前面方法的经验，所以本方法的实现也比较容易。

（1）定义此环境允许的配置参数：

```
env_config = {
    "exchange": "Gemini", # Cryptocurrency exchange
    # (Gemini, coinbase, kraken, etc.)
    "ticker": "BTCUSD", # CryptoFiat
    "frequency": "daily", # daily/hourly/minutes
    "opening_account_balance": 100000,
    # Number of steps (days) of data provided to the
    # agent in one observation
    "observation_horizon_sequence_length": 30,
}
```

（2）定义学习环境类：

```
class CryptoTradingVisualContinuousEnv(gym.Env):
    def __init__(self, env_config: Dict = env_config):
        """Cryptocurrency trading environment for RL
        agents with continuous action space

        Args:
            ticker (str, optional): Ticker symbol for the
            crypto-fiat currency pair.
            Defaults to "BTCUSD".
            env_config (Dict): Env configuration values
        """
        super(CryptoTradingVisualContinuousEnv,
                self).__init__()
        self.ticker = env_config.get("ticker", "BTCUSD")
        data_dir = os.path.join(os.path.dirname(os.path.\
                                realpath(__file__)), "data")
        self.exchange = env_config["exchange"]
        freq = env_config["frequency"]
```

```
    if freq == "daily":
        self.freq_suffix = "d"
    elif freq == "hourly":
        self.freq_suffix = "1hr"
    elif freq == "minutes":
        self.freq_suffix = "1min"
```

（3）将市场数据从输入源加载到内存中：

```
self.ticker_file_stream = os.path.join(
    f"{data_dir}",
    f"{'_'.join([self.exchange, self.ticker, \
              self.freq_suffix])}.csv",
)
assert os.path.isfile(
    self.ticker_file_stream
), f"Cryptocurrency exchange data file stream \
not found at: data/{self.ticker_file_stream}.csv"
# Cryptocurrency exchange data stream. An offline
# file stream is used. Alternatively, a web
# API can be used to pull live data.
self.ohlcv_df = pd.read_csv(
    self.ticker_file_stream,
    skiprows=1).sort_values(by="Date"
)

self.opening_account_balance = \
    env_config["opening_account_balance"]
```

（4）定义环境的连续动作空间和观测空间：

```
self.action_space = spaces.Box(
    low=np.array([-1]), high=np.array([1]), \
              dtype=np.float
)

self.observation_features = [
    "Open",
    "High",
    "Low",
    "Close",
    "Volume BTC",
    "Volume USD",
]
```

```
    self.obs_width, self.obs_height = 128, 128
    self.horizon = env_config.get(
            "observation_horizon_sequence_length")
    self.observation_space = spaces.Box(
        low=0, high=255, shape=(128, 128, 3),
        dtype=np.uint8,
    )
```

（5）为环境定义 step() 函数的概要，将在后面的步骤中完成辅助函数的实现：

```
def step(self, action):
    # Execute one step within the environment
    self.execute_trade_action(action)

    self.current_step += 1

    reward = self.account_value - \
        self.opening_account_balance # Profit (loss)
    done = self.account_value <= 0 or \
            self.current_step >= len(
      self.ohlcv_df.loc[:, "Open"].values
    )

    obs = self.get_observation()

    return obs, reward, done, {}
```

（6）第一个辅助函数是 execute_trade_action() 函数。由于前面的内容也实现了以汇率买入和卖出加密货币的逻辑，下面几个步骤的实现应该很简单：

```
def execute_trade_action(self, action):

    if action == 0: # Indicates "HODL" action
        # HODL position; No trade to be executed
        return
    order_type = "buy" if action > 0 else "sell"

    order_fraction_of_allowable_coins = abs(action)
    # Stochastically determine the current price
    # based on Market Open & Close
    current_price = random.uniform(
        self.ohlcv_df.loc[self.current_step, "Open"],
        self.ohlcv_df.loc[self.current_step,
```

```
                    "Close"],
)
```

（7）模拟交易所的买入订单如下：

```
if order_type == "buy":
    allowable_coins = \
        int(self.cash_balance / current_price)
    # Simulate a BUY order and execute it at
    # current_price
    num_coins_bought = int(allowable_coins * \
    order_fraction_of_allowable_coins)
    current_cost = self.cost_basis * \
                   self.num_coins_held
    additional_cost = num_coins_bought * \
                      current_price

    self.cash_balance -= additional_cost
    self.cost_basis = (current_cost + \
                       additional_cost) / (
        self.num_coins_held + num_coins_bought
    )
    self.num_coins_held += num_coins_bought

    if num_coins_bought > 0:
        self.trades.append(
            {
                "type": "buy",
                "step": self.current_step,
                "shares": num_coins_bought,
                "proceeds": additional_cost,
            }
        )
```

（8）同样，可以通过以下方式模拟卖出订单：

```
elif order_type == "sell":
    # Simulate a SELL order and execute it at
    # current_price
    num_coins_sold = int(
        self.num_coins_held * \
        order_fraction_of_allowable_coins
    )
    self.cash_balance += num_coins_sold * \
```

```
                    current_price
    self.num_coins_held -= num_coins_sold
    sale_proceeds = num_coins_sold * \
                   current_price

    if num_coins_sold > 0:
      self.trades.append(
            {
                "type": "sell",
                "step": self.current_step,
                "shares": num_coins_sold,
                "proceeds": sale_proceeds,
            }
        )
```

（9）执行买入/卖出订单后，需要更新账户余额：

```
  if self.num_coins_held == 0:
      self.cost_basis = 0
  # Update account value
  self.account_value = self.cash_balance + \
                      self.num_coins_held * \
                      current_price
```

（10）为测试 CryptoTradingVisualcontinuousEnv，可使用以下代码作为 ___main___ 函数：

```
if __name__ == "__main__":
    env = CryptoTradingVisualContinuousEnv()
    obs = env.reset()
    for _ in range(600):
        action = env.action_space.sample()
        next_obs, reward, done, _ = env.step(action)
        env.render()
```

4.4.3 工作原理

CryptoTradingVisualcontinuousEnv 提供了一个强化学习环境，该环境以类似交易员屏幕的图像作为观测，为智能体提供了一个连续的实值动作空间。这个环境中的动作是一维的、连续的和实值的，其大小表示加密货币/代币的分数金额。如果动作符号为正（0~1），则将其解释为买入订单；而如果动作符号为负（$-1\sim0$），则将其解释为卖出订单。分数金额将根据交易账户中的余额转换为可买卖的货币数量。

4.5 使用强化学习训练一个加密货币交易智能体

软的行动者-评论家（Soft Actor-Critic，SAC）智能体是可用的最流行和最先进的强化学习智能体之一，它基于最大熵的、离轨策略的深度强化学习算法。本节提供了使用 TensorFlow 2.x 从头开始构建 SAC 智能体并使用来自 Gemini 加密货币交易所的真实数据对其进行加密货币（比特币、以太坊等）交易训练所需的所有内容。

4.5.1 前期准备

为成功运行代码，请确保已经更新到最新版本。需要激活命名为 tf2rl-cookbook 的 Python/Conda 虚拟环境。确保更新的环境与书中代码库中最新的 Conda 环境规范文件（tfrl-cookbook.yml）相匹配。如果以下 import 语句运行没有问题，就可以准备开始了：

```
mport functools
import os
import random
from collections import deque
from functools import reduce

import imageio
import numpy as np
import tensorflow as tf
import tensorflow_probability as tfp
from tensorflow.keras.layers import Concatenate, Dense, Input
from tensorflow.keras.models import Model
from tensorflow.keras.optimizers import Adam

from crypto_trading_continuous_env import CryptoTradingContinuousEnv
```

4.5.2 实现步骤

本节将指导读者一步一步完成实现 SAC 智能体的过程，并且还将帮助读者在加密货币交易环境中训练智能体，以便读者可以自动化盈利机器。

（1）SAC 是一个行动者-评论家智能体，因此，它同时具有行动者和评论家两个网络。可以使用 TensorFlow 2.x 定义行动者网络：

```
def actor(state_shape, action_shape, units=(512, 256, 64)):
    state_shape_flattened = \
        functools.reduce(lambda x, y: x * y, state_shape)
    state = Input(shape=state_shape_flattened)
    x = Dense(units[0], name="L0", activation="relu")\
            (state)
```

```
    for index in range(1, len(units)):
        x = Dense(units[index],name="L{}".format(index),\
                  activation="relu")(x)

    actions_mean = Dense(action_shape[0], \
                   name="Out_mean")(x)
    actions_std = Dense(action_shape[0], \
                  name="Out_std")(x)

    model = Model(inputs=state,
                  outputs=[actions_mean, actions_std])

    return model
```

（2）定义评论家网络：

```
def critic(state_shape, action_shape, units=(512, 256, 64)):
    state_shape_flattened = \
        functools.reduce(lambda x, y: x * y, state_shape)
    inputs = [Input(shape=state_shape_flattened),
              Input(shape=action_shape)]
    concat = Concatenate(axis=-1)(inputs)
    x = Dense(units[0], name="Hidden0",
              activation="relu")(concat)
    for index in range(1, len(units)):
        x = Dense(units[index],
                  name="Hidden{}".format(index),
                  activation="relu")(x)

    output = Dense(1, name="Out_QVal")(x)
    model = Model(inputs=inputs, outputs=output)

    return model
```

（3）给定当前模型权重和目标模型权重，实现一个快速函数，该函数将使用 tau 作为平均因子缓慢更新目标权重：

```
def update_target_weights(model, target_model, tau=0.005):
    weights = model.get_weights()
    target_weights = target_model.get_weights()
    for i in range(len(target_weights)): # set tau% of
    # target model to be new weights
        target_weights[i] = weights[i] * tau + \
```

```
                        target_weights[i] * (1 - tau)
    target_model.set_weights(target_weights)
```

（4）初始化 SAC 智能体类：

```
class SAC(object):
    def __init__(
        self,
        env,
        lr_actor=3e-5,
        lr_critic=3e-4,
        actor_units=(64, 64),
        critic_units=(64, 64),
        auto_alpha=True,
        alpha=0.2,
        tau=0.005,
        gamma=0.99,
        batch_size=128,
        memory_cap=100000,
    ):
        self.env = env
        self.state_shape = env.observation_space.shape
        # shape of observations
        self.action_shape = env.action_space.shape
        # number of actions
        self.action_bound = (env.action_space.high - \
                             env.action_space.low) / 2
        self.action_shift = (env.action_space.high + \
                             env.action_space.low) / 2
        self.memory = deque(maxlen=int(memory_cap))
```

（5）初始化行动者网络并打印行动者网络的概要：

```
        # Define and initialize actor network
        self.actor = actor(self.state_shape,
                           self.action_shape, actor_units)
        self.actor_optimizer = \
            Adam(learning_rate=lr_actor)
        self.log_std_min = -20
        self.log_std_max = 2
        print(self.actor.summary())
```

（6）定义两个评论家网络并打印评论家网络的概要：

```
        self.critic_1 = critic(self.state_shape,
```

```
                self.action_shape, critic_units)
self.critic_target_1 = critic(self.state_shape,
                self.action_shape, critic_units)
self.critic_optimizer_1 = \
    Adam(learning_rate=lr_critic)
update_target_weights(self.critic_1, \
                self.critic_target_1, tau=1.0)

self.critic_2 = critic(self.state_shape, \
                self.action_shape, critic_units)
self.critic_target_2 = critic(self.state_shape,\
                self.action_shape, critic_units)
self.critic_optimizer_2 = \
    Adam(learning_rate=lr_critic)
update_target_weights(self.critic_2, \
  self.critic_target_2, tau=1.0)

print(self.critic_1.summary())
```

（7）初始化 alpha 温度参数和目标熵：

```
self.auto_alpha = auto_alpha
if auto_alpha:
    self.target_entropy = \
        -np.prod(self.action_shape)
    self.log_alpha = \
        tf.Variable(0.0, dtype=tf.float64)
    self.alpha = \
        tf.Variable(0.0, dtype=tf.float64)
    self.alpha.assign(tf.exp(self.log_alpha))
    self.alpha_optimizer = \
        Adam(learning_rate=lr_actor)
else:
    self.alpha = tf.Variable(alpha,
                        dtype=tf.float64)
```

（8）初始化 SAC 的其他超参数：

```
self.gamma = gamma  # discount factor
self.tau = tau  # target model update
self.batch_size = batch_size
```

（9）完成了 SAC 智能体的 __init__() 函数后，实现 process__actions() 函数（预）处理所采取的动作：

```
def process_actions(self, mean, log_std, test=False,
eps=1e-6):
    std = tf.math.exp(log_std)
    raw_actions = mean

    if not test:
        raw_actions += tf.random.normal(shape=mean.\
                        shape, dtype=tf.float64) * std

    log_prob_u = tfp.distributions.Normal(loc=mean,
                        scale=std).log_prob(raw_actions)
    actions = tf.math.tanh(raw_actions)

    log_prob = tf.reduce_sum(log_prob_u - \
                tf.math.log(1 - actions ** 2 + eps))

    actions = actions * self.action_bound + \
                self.action_shift

    return actions, log_prob
```

（10）实现 act() 函数，以在给定的状态下生成 SAC 智能体的动作：

```
def act(self, state, test=False, use_random=False):
    state = state.reshape(-1)  # Flatten state
    state = \
     np.expand_dims(state, axis=0).astype(np.float64)

    if use_random:
        a = tf.random.uniform(
            shape=(1, self.action_shape[0]), \
            minval=-1, maxval=1, dtype=tf.float64
        )
    else:
        means, log_stds = self.actor.predict(state)
        log_stds = tf.clip_by_value(log_stds,
                                    self.log_std_min,
                                    self.log_std_max)

        a, log_prob = self.process_actions(means,
                                            log_stds,
                                            test=test)
```

```
    q1 = self.critic_1.predict([state, a])[0][0]
    q2 = self.critic_2.predict([state, a])[0][0]
    self.summaries["q_min"] = tf.math.minimum(q1, q2)
    self.summaries["q_mean"] = np.mean([q1, q2])

    return a
```

（11）为了将经验保存到回放内存中，实现 remember() 函数：

```
def remember(self, state, action, reward, next_state,
done):
    state = state.reshape(-1)  # Flatten state
    state = np.expand_dims(state, axis=0)
    next_state = next_state.reshape(-1)
    # Flatten next-state
    next_state = np.expand_dims(next_state, axis=0)
    self.memory.append([state, action, reward,
                        next_state, done])
```

（12）实现经验回放过程。从初始化 replay() 函数开始并完成 replay() 函数的实现：

```
def replay(self):
    if len(self.memory) < self.batch_size:
        return

    samples = random.sample(self.memory, self.batch_size)
    s = np.array(samples).T
    states, actions, rewards, next_states, dones = [
        np.vstack(s[i, :]).astype(np.float) for i in\
        range(5)
    ]
```

（13）启动一个持续的 GradientTape() 函数并开始累积梯度。通过处理动作并获取下一组动作和对数概率来做到这一点：

```
with tf.GradientTape(persistent=True) as tape:
    # next state action log probs
    means, log_stds = self.actor(next_states)
    log_stds = tf.clip_by_value(log_stds,
                                self.log_std_min,
                                self.log_std_max)
    next_actions, log_probs = \
        self.process_actions(means, log_stds)
```

（14）计算两个评论家网络的损失：

```
current_q_1 = self.critic_1([states, actions])
current_q_2 = self.critic_2([states, actions])
next_q_1 = self.critic_target_1([next_states, next_actions])
next_q_2 = self.critic_target_2([next_states, next_actions])
next_q_min = tf.math.minimum(next_q_1, next_q_2)
state_values = next_q_min - self.alpha * \
                            log_probs
target_qs = tf.stop_gradient(
    rewards + state_values * self.gamma * \
    (1.0 - dones)
)
critic_loss_1 = tf.reduce_mean(
    0.5 * tf.math.square(current_q_1 - \
                         target_qs)
)
critic_loss_2 = tf.reduce_mean(
    0.5 * tf.math.square(current_q_2 - \
                         target_qs)
)
```

（15）行动者网络指定的当前状态-动作以及对数概率可以计算如下：

```
means, log_stds = self.actor(states)
log_stds = tf.clip_by_value(log_stds,
                        self.log_std_min,
                        self.log_std_max)
actions, log_probs = \
    self.process_actions(means, log_stds)
```

（16）计算行动者损失并将梯度应用于评论家网络：

```
  current_q_1 = self.critic_1([states, actions])
  current_q_2 = self.critic_2([states, actions])
  current_q_min = tf.math.minimum(current_q_1, current_q_2)
  actor_loss = tf.reduce_mean(self.alpha * \
                     log_probs - current_q_min)
  if self.auto_alpha:
      alpha_loss = -tf.reduce_mean(
          (self.log_alpha * \
          tf.stop_gradient(log_probs + \
                      self.target_entropy))
      )
critic_grad = tape.gradient(
```

```
    critic_loss_1,
    self.critic_1.trainable_variables
)
self.critic_optimizer_1.apply_gradients(
    zip(critic_grad,
    self.critic_1.trainable_variables)
)
```

（17）类似地，可以计算和应用行动者网络的梯度：

```
critic_grad = tape.gradient(
    critic_loss_2,
self.critic_2.trainable_variables
)  # compute actor gradient
self.critic_optimizer_2.apply_gradients(
    zip(critic_grad,
    self.critic_2.trainable_variables)
)

actor_grad = tape.gradient(
    actor_loss, self.actor.trainable_variables
)  # compute actor gradient
self.actor_optimizer.apply_gradients(
    zip(actor_grad,
        self.actor.trainable_variables)
)
```

（18）将概要记录到 TensorBoard：

```
# tensorboard info
self.summaries["q1_loss"] = critic_loss_1
self.summaries["q2_loss"] = critic_loss_2
self.summaries["actor_loss"] = actor_loss

if self.auto_alpha:
    # optimize temperature
    alpha_grad = tape.gradient(alpha_loss,
                               [self.log_alpha])
    self.alpha_optimizer.apply_gradients(
            zip(alpha_grad, [self.log_alpha]))
    self.alpha.assign(tf.exp(self.log_alpha))
    # tensorboard info
    self.summaries["alpha_loss"] = alpha_loss
```

（19）完成经验回放方法后，可以继续实现 train() 函数：

```
def train(self, max_epochs=8000, random_epochs=1000,
max_steps=1000, save_freq=50):
    current_time = datetime.datetime.now().\
                    strftime("%Y%m%d-%H%M%S")
    train_log_dir = os.path.join("logs",
            "TFRL-Cookbook-Ch4-SAC", current_time)
    summary_writer = \
        tf.summary.create_file_writer(train_log_dir)

    done, use_random, episode, steps, epoch, \
    episode_reward = (
        False,
        True,
        0,
        0,
        0,
        0,
    )
    cur_state = self.env.reset()
```

（20）开始主训练循环。首先，处理回合结束的情况：

```
while epoch < max_epochs:
    if steps > max_steps:
        done = True

    if done:
        episode += 1
        print(
            "episode {}: {} total reward,
             {} alpha, {} steps,
             {} epochs".format(
                episode, episode_reward,
                self.alpha.numpy(), steps, epoch
            )
        )

        with summary_writer.as_default():
            tf.summary.scalar(
                "Main/episode_reward", \
                episode_reward, step=episode
            )
```

```
            tf.summary.scalar(
                "Main/episode_steps",
                 steps, step=episode)
        summary_writer.flush()

        done, cur_state, steps, episode_reward =\
             False, self.env.reset(), 0, 0
        if episode % save_freq == 0:
            self.save_model(
                "sac_actor_episode{}.h5".\
                     format(episode),
                "sac_critic_episode{}.h5".\
                     format(episode),
            )
```

（21）对于进入环境的每一步，都需要执行以下步骤以使 SAC 智能体学习：

```
if epoch > random_epochs and \
    len(self.memory) > self.batch_size:
    use_random = False

action = self.act(cur_state, \
    use_random=use_random)  # determine action
next_state, reward, done, _ = \
    self.env.step(action[0])  # act on env
# self.env.render(mode='rgb_array')

self.remember(cur_state, action, reward,
          next_state, done) #add to memory
self.replay()  # train models through memory
# replay

update_target_weights(
    self.critic_1, self.critic_target_1,
    tau=self.tau
)  # iterates target model
update_target_weights(self.critic_2,
self.critic_target_2,
tau=self.tau)

cur_state = next_state
episode_reward += reward
```

```
steps += 1
epoch += 1
```

（22）处理好智能体更新后，现在可以将一些更有用的信息记录到 TensorBoard：

```
# Tensorboard update
with summary_writer.as_default():
    if len(self.memory) > self.batch_size:
        tf.summary.scalar(
            "Loss/actor_loss",
             self.summaries["actor_loss"],
             step=epoch
        )
        tf.summary.scalar(
            "Loss/q1_loss",
             self.summaries["q1_loss"],
             step=epoch
        )
        tf.summary.scalar(
            "Loss/q2_loss",
             self.summaries["q2_loss"],
             step=epoch
        )
        if self.auto_alpha:
          tf.summary.scalar(
                "Loss/alpha_loss",
                self.summaries["alpha_loss"],
                step=epoch
            )

    tf.summary.scalar("Stats/alpha",
                      self.alpha, step=epoch)
    if self.auto_alpha:
        tf.summary.scalar("Stats/log_alpha",
                  self.log_alpha, step=epoch)
    tf.summary.scalar("Stats/q_min",
        self.summaries["q_min"], step=epoch)
    tf.summary.scalar("Stats/q_mean",
        self.summaries["q_mean"], step=epoch)
    tf.summary.scalar("Main/step_reward",
                       reward, step=epoch)
summary_writer.flush()
```

（23）作为实现 train() 函数的最后一步，可以保存行动者网络和评论家网络，以便从检查点恢复训练或重新加载：

```
    self.save_model(
        "sac_actor_final_episode{}.h5".format(episode),
        "sac_critic_final_episode{}.h5".format(episode),
    )
```

（24）实现先前引用的 save_model() 函数：

```
def save_model(self, a_fn, c_fn):
    self.actor.save(a_fn)
    self.critic_1.save(c_fn)
```

（25）实现一个函数，该函数将从保存的模型中加载行动者网络和评论家网络，以便在需要时从先前保存的检查点恢复：

```
def load_actor(self, a_fn):
    self.actor.load_weights(a_fn)
    print(self.actor.summary())

def load_critic(self, c_fn):
    self.critic_1.load_weights(c_fn)
    self.critic_target_1.load_weights(c_fn)
    self.critic_2.load_weights(c_fn)
    self.critic_target_2.load_weights(c_fn)
    print(self.critic_1.summary())
```

（26）为了在“测试”模式下运行 SAC 智能体，实现一个辅助函数：

```
def test(self, render=True, fps=30,
filename="test_render.mp4"):
    cur_state, done, rewards = self.env.reset(), \
                                False, 0
    video = imageio.get_writer(filename, fps=fps)
    while not done:
        action = self.act(cur_state, test=True)
        next_state, reward, done, _ = \
                              self.env.step(action[0])

        cur_state = next_state
        rewards += reward
        if render:
            video.append_data(
                self.env.render(mode="rgb_array"))
    video.close()
```

```
    return rewards
```

（27）完成了 SAC 智能体实现后，现在准备在 CryptoTradingContinuousEnv 中训练 SAC 智能体：

```
if __name__ == "__main__":
    gym_env = CryptoTradingContinuousEnv()
    sac = SAC(gym_env)
    # Load Actor and Critic from previously saved
    # checkpoints
    # sac.load_actor("sac_actor_episodexyz.h5")
    # sac.load_critic("sac_critic_episodexyz.h5")
    sac.train(max_epochs=100000, random_epochs=10000, save_freq=50)
    reward = sac.test()
    print(reward)
```

4.5.3 工作原理

SAC 是一种强大的强化学习算法，已被证明在各种强化学习仿真环境中都有效。除了优化以获得最大回合奖励之外，SAC 还最大化智能体策略的熵。因为本节内容还包含用于记录智能体训练进度的代码，所以读者可以在智能体学习交易时，使用 TensorBoard 观察其训练进度。读者可以使用以下命令启动 TensorBoard：

```
tensorboard --logdir=logs
```

上述命令将启动 TensorBoard。可以使用浏览器在默认地址 http://localhost:6006 访问。此处提供了一个 TensorBoard 屏幕截图的示例以供参考，如图 4.4 所示。

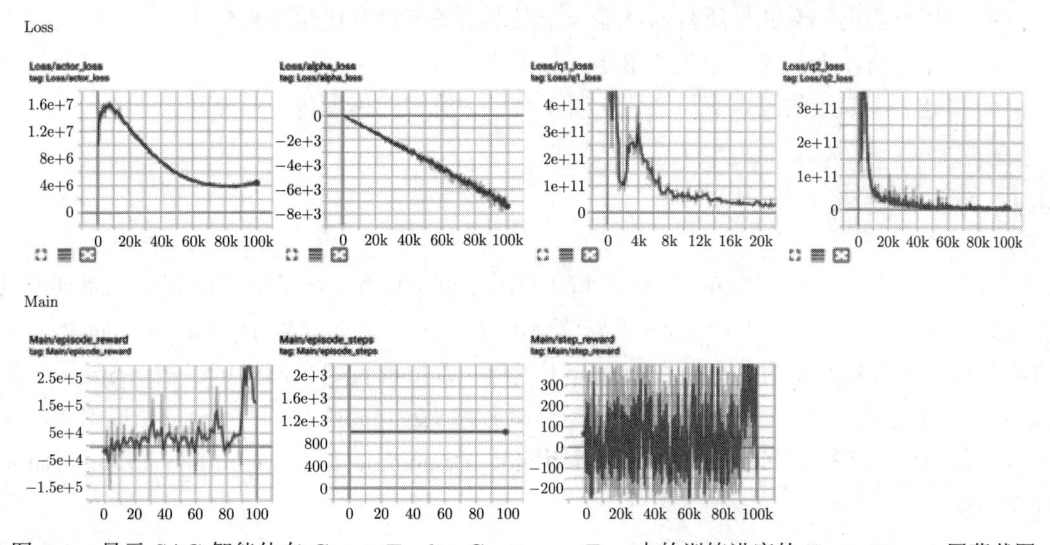

图 4.4　显示 SAC 智能体在 CryptoTradingContinuousEnv 中的训练进度的 TensorBoard 屏幕截图

第 5 章 现实世界中的强化学习——建立股票/股份交易智能体

基于软件的**深度强化学习**智能体具有巨大的潜力，体现在智能体可以不知疲倦且完美无缺地执行交易策略，而不像人类交易员一样容易受到记忆容量、速度、效率和情感干扰等因素的限制。在股票市场中进行获利的交易需要使用股票代码谨慎地执行买入/卖出交易，在此过程中，要考虑多种市场因素（如交易条件、宏观和微观市场条件等），还要考虑社会、政治和公司的具体变化。在解决现实世界中具有挑战性的问题时，深度强化学习智能体具有很大的潜力，并且存在很多机遇。

然而，由于在现实世界中部署强化学习智能体面临各种挑战，因此，在游戏场景外的现实世界中只有少数几个在游戏之外使用深度强化学习智能体的成功案例。本章的内容主要目的是开发强化学习智能体，用于解决一个有趣且有益的现实问题：股票市场交易。本章提供的内容包含如何实现与 OpenAI Gym 兼容的，具有离散和连续动作空间的自定义股票市场仿真环境。此外，还介绍了如何在股票交易学习环境中构建和训练强化学习智能体。

具体来说，本章将涵盖以下内容：

- 使用真实的证券交易所数据搭建一个股票市场交易强化学习平台；
- 使用价格图表搭建一个股票市场交易强化学习平台；
- 搭建一个高级的股票交易强化学习平台以训练智能体模仿专业交易员。

5.1 技术要求

本书的代码已经在 Ubuntu 18.04 和 Ubuntu 20.04 上进行了广泛的测试，而且可以在安装了 Python 3.6+ 的 Ubuntu 后续版本中正常工作。在安装 Python 3.6 的情况下，搭配每项内容开始时列出的必要 Python 工具包，本书的代码也同样可以在 Windows 和 macOS X 上运行。建议读者创建和使用一个命名为 tf2rl-cookbook 的 Python 虚拟环境来安装工具包以及运行本书的代码。推荐读者安装 Miniconda 或 Anaconda 来管理 Python 虚拟环境。

5.2 使用真实的证券交易所数据搭建一个股票市场交易强化学习平台

股票市场为任何人提供了一个可参与并极具利润潜力的机会。虽然股票市场准入标准低，但并非所有人都能做出持续稳定盈利的交易。主要原因是市场的动态特性以及可能影响人们行为的情感因素，强化学习智能体将情感排除在外，并且可以通过训练来实现持续盈利。本节将实现一个股票市场交易环境，该环境将引导强化学习智能体如何使用真实的股票市场数据进行股票交易。在对它们进行了足够的训练后，就可以部署它们，让它们自动进行交易（和盈利）。

5.2.1 前期准备

为成功运行代码，请确保已经更新到最新版本。需要激活命名为 tf2rl-cookbook 的 Python/Conda 虚拟环境。确保更新的环境与书中代码库中最新的 Conda 环境规范文件（tfrl-cookbook.yml）相匹配。如果以下 import 语句运行没有问题，就可以准备开始了：

```
import os
import random
from typing import Dict

import gym
import numpy as np
import pandas as pd
from gym import spaces

from trading_utils import TradeVisualizer
```

5.2.2 实现步骤

请按照以下步骤实现股票市场交易环境。

（1）初始化环境的可配置参数：

```
env_config = {
  "ticker": "TSLA",
  "opening_account_balance": 1000,
  # Number of steps (days) of data provided to the
  # agent in one observation
  "observation_horizon_sequence_length": 30,
  "order_size": 1,  # Number of shares to buy per
  # buy/sell order
}
```

（2）初始化 StockTradingEnv() 类，并为配置的股票代码加载股票市场数据：

```
class StockTradingEnv(gym.Env):
  def __init__(self, env_config: Dict = env_config):
    """Stock trading environment for RL agents
    Args:
      ticker (str, optional): Ticker symbol for the
      stock. Defaults to "MSFT".
      env_config (Dict): Env configuration values
    """
    super(StockTradingEnv, self).__init__()
    self.ticker = env_config.get("ticker", "MSFT")
    data_dir = os.path.join(os.path.dirname(os.path.\
              realpath(__file__)), "data")
    self.ticker_file_stream = os.path.join(f"{
            data_dir}", f"{self.ticker}.csv")
```

（3）确保股市数据源存在，然后加载数据流：

```
    assert os.path.isfile(
      self.ticker_file_stream
    ), f"Historical stock data file stream not found
     at: data/{self.ticker}.csv"
    # Stock market data stream. An offline file
    # stream is used. Alternatively, a web
    # API can be used to pull live data.
    # Data-Frame: Date Open High Low Close Adj-Close
    # Volume
    self.ohlcv_df = \
      pd.read_csv(self.ticker_file_stream)
```

（4）定义观测和动作空间/环境，以完成初始化函数的定义：

```
    self.opening_account_balance = \
      env_config["opening_account_balance"]
    # Action: 0-> Hold; 1-> Buy; 2 ->Sell;
    self.action_space = spaces.Discrete(3)

    self.observation_features = [
      "Open",
      "High",
      "Low",
      "Close",
      "Adj Close",
      "Volume",
```

```
    ]
    self.horizon = env_config.get(
        "observation_horizon_sequence_length")
    self.observation_space = spaces.Box(
      low=0,
      high=1,
      shape=(len(self.observation_features),
          self.horizon + 1),
      dtype=np.float,
    )
    self.order_size = env_config.get("order_size")
```

（5）实现 get_observation() 函数，以便收集观测：

```
def get_observation(self):
  # Get stock price info data table from input
  # (file/live) stream
  observation = (
    self.ohlcv_df.loc[
      self.current_step : self.current_step + \
        self.horizon,
      self.observation_features,
    ]
    .to_numpy()
    .T
  )
  return observation
```

（6）为了执行交易订单，需要准备好所需的交易内容，所以接下来添加相应的逻辑：

```
def execute_trade_action(self, action):
  if action == 0:  # Hold position
    return
  order_type = "buy" if action == 1 else "sell"

  # Stochastically determine the current stock
  # price based on Market Open & Close
  current_price = random.uniform(
    self.ohlcv_df.loc[self.current_step, "Open"],
    self.ohlcv_df.loc[self.current_step,
          "Close"],
  )
```

（7）初始化完成后，添加买入股票的内容：

```
if order_type == "buy":
  allowable_shares = \
    int(self.cash_balance / current_price)
  if allowable_shares < self.order_size:
    # Not enough cash to execute a buy order
    # return
  # Simulate a BUY order and execute it at
  # current_price
  num_shares_bought = self.order_size
  current_cost = self.cost_basis * \
           self.num_shares_held
  additional_cost = num_shares_bought * \
            current_price

  self.cash_balance -= additional_cost
  self.cost_basis = (current_cost + \
             additional_cost) / (
    self.num_shares_held + num_shares_bought
  )
  self.num_shares_held += num_shares_bought

  self.trades.append(
    {
      "type": "buy",
      "step": self.current_step,
      "shares": num_shares_bought,
      "proceeds": additional_cost,
    }
  )
```

（8）同样，添加卖出股票的内容：

```
elif order_type == "sell":
  # Simulate a SELL order and execute it at
  # current_price
  if self.num_shares_held < self.order_size:
    # Not enough shares to execute a sell
    # order
    return
  num_shares_sold = self.order_size
  self.cash_balance += num_shares_sold * \
            current_price
```

```
        self.num_shares_held -= num_shares_sold
        sale_proceeds = num_shares_sold * current_price

        self.trades.append(
            {
                "type": "sell",
                "step": self.current_step,
                "shares": num_shares_sold,
                "proceeds": sale_proceeds,
            }
        )
```

（9）更新账户余额：

```
    # Update account value
    self.account_value = self.cash_balance + \
                self.num_shares_held * \
                current_price
```

（10）启动并检查新环境：

```
if __name__ == "__main__":
    env = StockTradingEnv()
    obs = env.reset()
    for _ in range(600):
        action = env.action_space.sample()
        next_obs, reward, done, _ = env.step(action)
        env.render()
```

5.2.3　工作原理

观测值是在 env_config 中指定的某个时间范围内的股票价格信息，包括开盘价、最高价、最低价、收盘价和成交量（OHLCV）。动作空间是离散的，允许执行买入/卖出/持有的交易操作。这是强化学习智能体学习股票市场交易的入门环境。

5.3　使用价格图表搭建一个股票市场交易强化学习平台

人类交易员会查看其价格显视器上的几个指标，以审查和识别潜在的交易。是否可以让智能体也直观地查看价格 K 线图来进行股票交易，而不仅仅是提供表格/CSV 表示？答案是肯定的，本节就介绍如何为强化学习智能体搭建一个具有丰富视觉信息的交易环境。

5.3.1 前期准备

为成功运行代码，请确保已经更新到最新版本。需要激活命名为 tf2rl-cookbook 的 Python/Conda 虚拟环境。确保更新的环境与书中代码库中最新的 Conda 环境规范文件（tfrl-cookbook.yml）相匹配。如果以下 import 语句运行没有问题，就可以准备开始了：

```
import os
import random
from typing import Dict

import cv2
import gym
import numpy as np
import pandas as pd
from gym import spaces

from trading_utils import TradeVisualizer
```

5.3.2 实现步骤

跟随本节内容，即可搭建出一个完整的股票交易强化学习环境，该环境允许智能体处理可视的股票图表并做出交易决策。

（1）配置学习环境如下：

```
env_config = {
  "ticker": "TSLA",
  "opening_account_balance": 100000,
  # Number of steps (days) of data provided to the
  # agent in one observation
  "observation_horizon_sequence_length": 30,
  "order_size": 1,  # Number of shares to buy per
  # buy/sell order
}
```

（2）实现 StockTradingVisualEnv() 类的初始化步骤：

```
class StockTradingVisualEnv(gym.Env):
  def __init__(self, env_config: Dict = env_config):
    """Stock trading environment for RL agents

    Args:
      ticker (str, optional): Ticker symbol for the
      stock. Defaults to "MSFT".
```

```
    env_config (Dict): Env configuration values
  """
  super(StockTradingVisualEnv, self).__init__()
  self.ticker = env_config.get("ticker", "MSFT")
  data_dir = os.path.join(os.path.dirname(os.path.\
            realpath(__file__)), "data")
  self.ticker_file_stream = os.path.join(
        f"{data_dir}", f"{self.ticker}.csv")
  assert os.path.isfile(
    self.ticker_file_stream
  ), f"Historical stock data file stream not found\
    at: data/{self.ticker}.csv"
  # Stock market data stream. An offline file
  # stream is used. Alternatively, a web
  # API can be used to pull live data.
  # Data-Frame: Date Open High Low Close Adj-Close
  # Volume
  self.ohlcv_df = \
    pd.read_csv(self.ticker_file_stream)
```

（3）实现 __init__() 函数：

```
self.opening_account_balance = \
  env_config["opening_account_balance"]

self.action_space = spaces.Discrete(3)

self.observation_features = [
  "Open",
  "High",
  "Low",
  "Close",
  "Adj Close",
  "Volume",
]
self.obs_width, self.obs_height = 128, 128
self.horizon = env_config.get(
  "observation_horizon_sequence_length")
self.observation_space = spaces.Box(
  low=0, high=255, shape=(128, 128, 3),
  dtype=np.uint8,
)
self.order_size = env_config.get("order_size")
```

```
    self.viz = None # Visualizer
```

（4）定义环境的 step() 函数：

```
def step(self, action):
  # Execute one step within the trading environment
  self.execute_trade_action(action)
  self.current_step += 1
  reward = self.account_value - \
    self.opening_account_balance  # Profit (loss)
  done = self.account_value <= 0 or \
        self.current_step >= len(
    self.ohlcv_df.loc[:, "Open"].values
  )
  obs = self.get_observation()
  return obs, reward, done, {}
```

（5）实现第（4）步中使用的两个未定义的函数。要实现 get_observation() 函数，需要初始化 TradeVisualizer() 函数。因此，先实现 reset() 函数：

```
def reset(self):
  # Reset the state of the environment to an
  # initial state
  self.cash_balance = self.opening_account_balance
  self.account_value = self.opening_account_balance
  self.num_shares_held = 0
  self.cost_basis = 0
  self.current_step = 0
  self.trades = []
  if self.viz is None:
    self.viz = TradeVisualizer(
      self.ticker,
      self.ticker_file_stream,
      "TFRL-Cookbook Ch4-StockTradingVisualEnv",
    )

  return self.get_observation()
```

（6）实现 get_observation() 函数：

```
def get_observation(self):
  """Return a view of the Ticker price chart as
    image observation
  Returns:
    img_observation (np.ndarray): Image of ticker
```

```
    candle stick plot with volume bars as
    observation
  """
  img_observation = \
    self.viz.render_image_observation(
      self.current_step, self.horizon
    )
  img_observation = cv2.resize(
    img_observation, dsize=(128, 128),
    interpolation=cv2.INTER_CUBIC
  )
  return img_observation
```

（7）在实现智能体所采取的交易动作的执行内容时，可以把交易执行逻辑的实现拆分为接下来的 3 个步骤：

```
def execute_trade_action(self, action):
  if action == 0:  # Hold position
    return
  order_type = "buy" if action == 1 else "sell"

  # Stochastically determine the current stock
  # price based on Market Open & Close
  current_price = random.uniform(
    self.ohlcv_df.loc[self.current_step, "Open"],
    self.ohlcv_df.loc[self.current_step, \
            "Close"],
  )
```

（8）实现执行“buy”订单的内容：

```
  if order_type == "buy":
    allowable_shares = \
      int(self.cash_balance / current_price)
    if allowable_shares < self.order_size:
      return
    num_shares_bought = self.order_size
    current_cost = self.cost_basis * \
            self.num_shares_held
    additional_cost = num_shares_bought * \
               current_price
    self.cash_balance -= additional_cost
    self.cost_basis = (current_cost + \
               additional_cost)/ \
```

```
            (self.num_shares_held +\
             num_shares_bought)
    self.num_shares_held += num_shares_bought
    self.trades.append(
      {   "type": "buy",
        "step": self.current_step,
        "shares": num_shares_bought,
        "proceeds": additional_cost,
      }
    )
```

（9）实现执行“sell”订单的内容：

```
  elif order_type == "sell":
    # Simulate a SELL order and execute it at
    # current_price
    if self.num_shares_held < self.order_size:
      # Not enough shares to execute a sell
      # order
      return
    num_shares_sold = self.order_size
    self.cash_balance += num_shares_sold * \
              current_price
    self.num_shares_held -= num_shares_sold
    sale_proceeds = num_shares_sold * \
            current_price
    self.trades.append(
      {
        "type": "sell",
        "step": self.current_step,
        "shares": num_shares_sold,
        "proceeds": sale_proceeds,
      }
    )
  if self.num_shares_held == 0:
    self.cost_basis = 0
  # Update account value
  self.account_value = self.cash_balance + \
            self.num_shares_held * \
            current_price
```

（10）使用一个基于随机策略的智能体进行环境测试：

```
if __name__ == "__main__":
```

```
env = StockTradingVisualEnv()
obs = env.reset()
for _ in range(600):
  action = env.action_space.sample()
  next_obs, reward, done, _ = env.step(action)
  env.render()
```

5.3.3 工作原理

StockTradingVisualEnv 中的观测是在 env_config 中指定的某个时间范围内的股票价格信息（OHLCV）。动作空间是离散的，因此可以执行买入/卖出/持有交易。更具体地说，动作的含义如下：0 代表持有；1 代表买入；2 代表卖出。

图 5.1 演示了正在运行的环境。

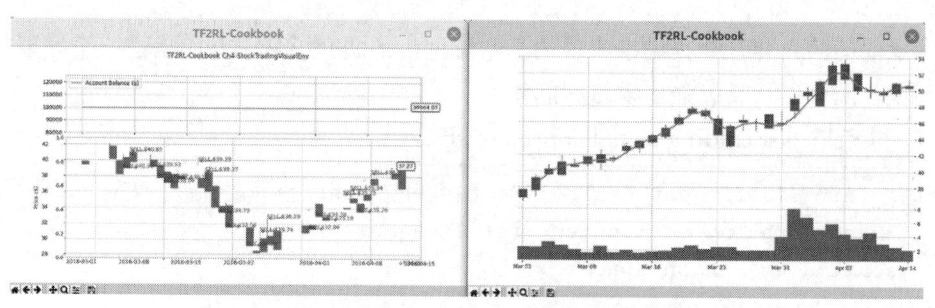

图 5.1　StockTradingVisualEnv 运行中的截图

5.4 搭建一个高级的股票交易强化学习平台以训练智能体模仿专业交易员

本节将实现一个具有高维图像观测空间和连续动作空间的完整的股票交易环境，以训练强化学习和深度强化学习智能体。使用强化学习构建的智能交易机器人可以真实地模仿专业股票交易员的股票交易方式。与专业交易员一样，训练的强化学习智能体将以 K 线图和价格折线图的形式观测股票市场数据，并做出交易决策。然而，与人类专业交易员不同，一个训练好的强化学习智能体可以在不需要休息和佣金的情况下进行数千笔可获利的交易，从而增加利润。

5.4.1 前期准备

为成功运行代码，请确保已经更新到最新版本。需要激活命名为 tf2rl-cookbook 的 Python/Conda 虚拟环境。确保更新的环境与书中代码库中最新的 Conda 环境规范文件（tfrl-cookbook.yml）相匹配。如果以下 import 语句运行没有问题，就可以准备开始了：

```
import os
import random
from typing import Dict

import cv2
import gym
import numpy as np
import pandas as pd
from gym import spaces

from trading_utils import TradeVisualizer
```

5.4.2 实现步骤

本章前面的内容已经介绍了实现的基本流程，下面介绍从头开始搭建一个完整的股票交易环境，用以训练高级强化学习智能体。

（1）实现 StockTradingVisualContinuousEnv：

```
def __init__(self, env_config: Dict = env_config):
    """Stock trading environment for RL agents with
      continuous action space

    Args:
      ticker (str, optional): Ticker symbol for the
      stock. Defaults to "MSFT".
      env_config (Dict): Env configuration values
    """
    super(StockTradingVisualContinuousEnv,
      self).__init__()
    self.ticker = env_config.get("ticker", "MSFT")
    data_dir = os.path.join(os.path.dirname(os.path.\
              realpath(__file__)), "data")
    self.ticker_file_stream = os.path.join(
           f"{data_dir}", f"{self.ticker}.csv")
    assert os.path.isfile(
      self.ticker_file_stream
    ), f"Historical stock data file stream not found
      at: data/{self.ticker}.csv"

    self.ohlcv_df = \
      pd.read_csv(self.ticker_file_stream)
```

（2）定义状态空间、动作空间和其他基本变量，实现 __init__() 函数：

```
self.opening_account_balance = \
  env_config["opening_account_balance"]
# Action: 1-dim value indicating a fraction
# amount of shares to Buy (0 to 1) or
# sell (-1 to 0). The fraction is taken on the
# allowable number of
# shares that can be bought or sold based on the
# account balance (no margin).
self.action_space = spaces.Box(
  low=np.array([-1]), high=np.array([1]),
    dtype=np.float
)

self.observation_features = [
  "Open",
  "High",
  "Low",
  "Close",
  "Adj Close",
  "Volume",
]
self.obs_width, self.obs_height = 128, 128
self.horizon = env_config.get(
  "observation_horizon_sequence_length")
self.observation_space = spaces.Box(
  low=0, high=255, shape=(128, 128, 3),
  dtype=np.uint8,
)
self.viz = None  # Visualizer
```

（3）实现 get_observation() 函数：

```
def get_observation(self):
  """Return a view of the Ticker price chart as
    image observation

  Returns:
    img_observation (np.ndarray): Image of ticker
    candle stick plot with volume bars as
    observation
  """
  img_observation = \
```

```
    self.viz.render_image_observation(
      self.current_step, self.horizon
    )
    img_observation = cv2.resize(
      img_observation, dsize=(128, 128),
      interpolation=cv2.INTER_CUBIC
    )

    return img_observation
```

（4）初始化交易执行逻辑：

```
def execute_trade_action(self, action):

    if action == 0:  # Indicates "Hold" action
      # Hold position; No trade to be executed
      return

    order_type = "buy" if action > 0 else "sell"

    order_fraction_of_allowable_shares = abs(action)
    # Stochastically determine the current stock
    # price based on Market Open & Close
    current_price = random.uniform(
      self.ohlcv_df.loc[self.current_step, "Open"],
      self.ohlcv_df.loc[self.current_step,
            "Close"],
    )
```

（5）定义“buy”动作的内容：

```
    if order_type == "buy":
      allowable_shares = \
        int(self.cash_balance / current_price)
      # Simulate a BUY order and execute it at
      # current_price
      num_shares_bought = int(
        allowable_shares * \
          order_fraction_of_allowable_shares
      )
      current_cost = self.cost_basis * \
             self.num_shares_held
      additional_cost = num_shares_bought * \
              current_price
```

```
    self.cash_balance -= additional_cost
    self.cost_basis = (current_cost + \
               additional_cost) / (
      self.num_shares_held + num_shares_bought
    )
    self.num_shares_held += num_shares_bought
    if num_shares_bought > 0:
      self.trades.append(
        {
          "type": "buy",
          "step": self.current_step,
          "shares": num_shares_bought,
          "proceeds": additional_cost,
        }
      )
```

（6）类似地，定义“sell”动作的内容，并更新账户余额以完成该方法的实现：

```
  elif order_type == "sell":
    # Simulate a SELL order and execute it at
    # current_price
    num_shares_sold = int(
      self.num_shares_held * \
      order_fraction_of_allowable_shares
    )
    self.cash_balance += num_shares_sold * \
               current_price
    self.num_shares_held -= num_shares_sold
    sale_proceeds = num_shares_sold * \
            current_price

    if num_shares_sold > 0:
      self.trades.append(
        {
          "type": "sell",
          "step": self.current_step,
          "shares": num_shares_sold,
          "proceeds": sale_proceeds,
        }
      )
  if self.num_shares_held == 0:
    self.cost_basis = 0
```

```
  # Update account value
  self.account_value = self.cash_balance + \
             self.num_shares_held * \
             current_price
```

（7）实现 step() 函数，它允许智能体在环境中进行单步执行：

```
def step(self, action):
  # Execute one step within the environment
  self.execute_trade_action(action)

  self.current_step += 1

  reward = self.account_value - \
    self.opening_account_balance  # Profit (loss)
  done = self.account_value <= 0 or \
    self.current_step >= len(
    self.ohlcv_df.loc[:, "Open"].values
  )

  obs = self.get_observation()

  return obs, reward, done, {}
```

（8）实现 reset() 函数，该函数将在每个回合开始时执行：

```
def reset(self):
  # Reset the state of the environment to an
  # initial state
  self.cash_balance = self.opening_account_balance
  self.account_value = self.opening_account_balance
  self.num_shares_held = 0
  self.cost_basis = 0
  self.current_step = 0
  self.trades = []
  if self.viz is None:
    self.viz = TradeVisualizer(
      self.ticker,
      self.ticker_file_stream,
      "TFRL-Cookbook \
      Ch4-StockTradingVisualContinuousEnv",
    )
```

```
    return self.get_observation()
```

（9）通过实现 render() 函数和 close() 函数完成环境的实现：

```
def render(self, **kwargs):
    # Render the environment to the screen

    if self.current_step > self.horizon:
        self.viz.render(
            self.current_step,
            self.account_value,
            self.trades,
            window_size=self.horizon,
        )

def close(self):
    if self.viz is not None:
        self.viz.close()
        self.viz = None
```

（10）使用有真实数据支持的股票市场交易环境训练和测试第 4 章构建的智能体。首先用简单的随机策略智能体测试环境：

```
if __name__ == "__main__":
    env = StockTradingVisualContinuousEnv()
    obs = env.reset()
    for _ in range(600):
        action = env.action_space.sample()
        next_obs, reward, done, _ = env.step(action)
        env.render()
```

5.4.3 工作原理

要模拟股票市场，就必须使用真实的股票市场数据流。基于离线的文件流可以作为基于 Web 的 API 的替代方案，后者需要连接互联网并且可能需要用户账户获取市场数据。文件流包含标准格式的市场数据：日期、开盘价、最高价、最低价、收盘价、已调整收盘价和成交量。

智能体以 K 线图的形式观测股市数据，如图 5.2 所示。

智能体的动作和学习进度如图 5.3 所示，该图由 render() 函数生成。

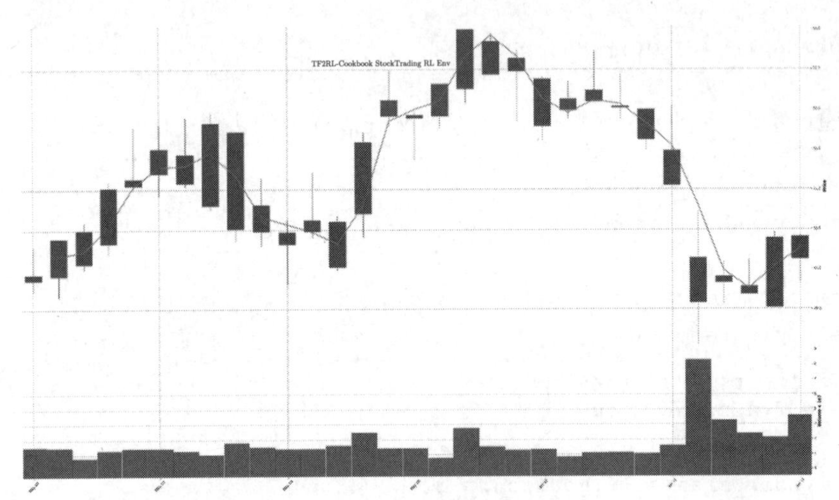

图 5.2　StockTradingVisualContinuousEnvironment 的可视化观测

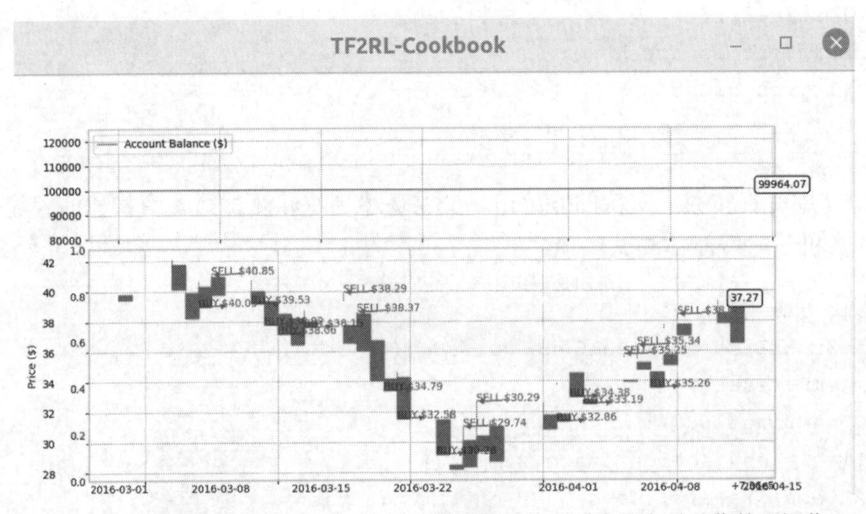

图 5.3　在当前时间窗口内实时账户余额和智能体所采取的交易动作的可视化

第 6 章 现实世界中的强化学习——构建智能体来完成您的待办事项

强化学习智能体需要通过与环境交互来进行学习和训练。训练面向现实世界应用的强化学习智能体通常会遇到物理限制和挑战。这是因为智能体可能会在学习过程中对其正在交互的现实世界系统造成损害。幸运的是，现实世界中有很多任务不一定具有此类挑战，并且这些智能体对于有助于完成现实世界的待办事项。

本章中的内容将帮助读者构建强化学习智能体以完成互联网上的任务，包括响应烦人的弹出窗口、在网络上预订航班、管理电子邮件和社交媒体账户，等等。我们可以在不使用大量随时间变化的 API 或利用在网页更新时停止工作的硬编码脚本的情况下完成所有这些任务。读者将训练智能体通过使用鼠标和键盘来完成此类待办事项，就像人类一样！本章还将帮助读者搭建 **WebGym** API，这是一个与 OpenAI Gym 兼容的通用强化学习环境接口，读者可以使用它将 50 多个网络任务转换为强化学习的训练环境，并训练读者自己的强化学习智能体。

具体来说，本章将包含以下内容：

- 为现实世界的强化学习搭建学习环境；
- 构建一个强化学习智能体来完成网络上的任务——行动号召；
- 构建一个用于可视化页面的自动登录机器人；
- 训练一个强化学习智能体来自动为您的行程预订航班；
- 训练一个强化学习智能体来管理您的电子邮件；
- 训练一个强化学习智能体来自动管理您的社交媒体账户。

6.1 技术要求

本书的代码已经在 Ubuntu 18.04 和 Ubuntu 20.04 上进行了广泛的测试，这意味着如果 Python 3.6+ 可用，则代码也可以在更高版本的 Ubuntu 中运行。在安装 Python 3.6+ 以及列于每节的“前期准备”部分中的必要 Python 包后，代码也可以在 Windows 和 macOS X 上正常运行。建议创建并使用一个名为 tf2rl-cookbook 的 Python 虚拟环境来安装这些包并运行本书中的代码。建议安装 Miniconda 或 Anaconda 来管理 Python 虚拟环境。还需要在系统上安装 Chromium chrome 驱动程序。在 Ubuntu 18.04+ 上，可以使用 sudo apt-get install chromium-chromedriver 命令来安装它。

6.2 为现实世界的强化学习搭建学习环境

本节将设置和构建 WebGym，WebGym 是一个基于**比特世界（World of Bits，WoB）**且与 OpenAI Gym 兼容的学习平台，用于训练强化学习智能体以完成基于万维网的现实世界任务。WoB 是提供给基于网络智能体的一个开放域平台。

WebGym 为智能体提供了学习环境，利用显示屏呈现的像素，并使用键盘和鼠标作为动作与环境进行交互，智能体就可以像人类一样感知万维网，这也就意味着不需要对训练的智能体进行任何额外的修改。因此，通过 WebGym，可以训练能直接处理基于网络页面和应用程序的强化学习智能体，以完成现实世界任务。

图 6.1 展示了**单击操作**环境的一个示例，其中的任务是单击特定链接以转到该过程的下一页或下一步。

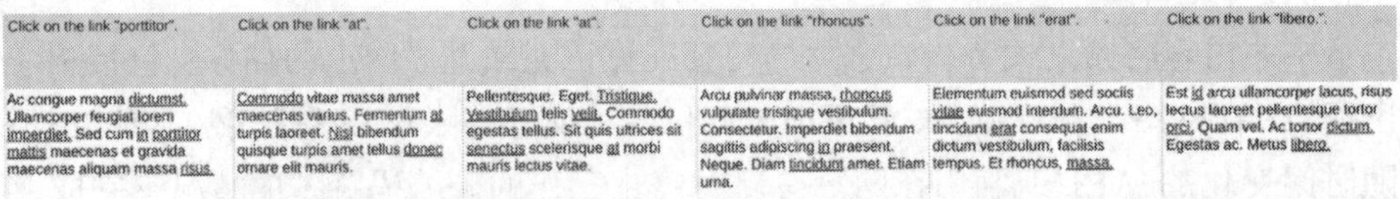

图 6.1 需要单击特定链接的单击操作任务示例

图 6.2 描绘了单击操作任务的另一个示例。

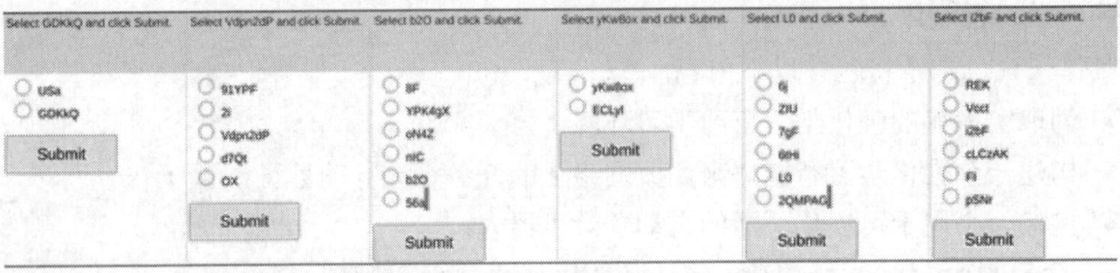

图 6.2 需要选择和提交一个特定选项的单击操作任务示例

6.2.1 前期准备

为成功运行代码，需要激活命名为 tf2rl-cookbook 的 Python/Conda 虚拟环境。请确保更新的环境与书中代码存储库中最新的 Conda 环境规范文件（tfrl-cookbook.yml）相匹配。WebGym 建立在 miniwob-plusplus 基准之上，为了便于使用，这部分已作为本书代码存储库的一部分供读者使用。

6.2.2 实现步骤

首先通过自定义 reset() 函数和 step() 函数构建 WebGym。然后，为训练环境定义状态和动作空间。miniwob_env 模块的实现步骤如下所述。

（1）导入必要的 Python 模块：

```
import os

import gym
from PIL import Image

from miniwob.action import MiniWoBCoordClick
from miniwob.environment import MiniWoBEnvironment
```

（2）指定将导入本地 miniwob 环境的目录：

```
cur_path_dir = \
  os.path.dirname(os.path.realpath(_file_))
miniwob_dir = os.path.join(cur_path_dir, "miniwob",
              "html", "miniwob")
```

（3）从 MiniWoBEnvironment 继承。然后调用父类的初始化函数来初始化环境，并在配置 miniwob 环境之前设置 base_url 的值：

```
class MiniWoBEnv(MiniWoBEnvironment, gym.Env):
  def __init__(
    self,
    env_name: str,
    obs_im_shape,
    num_instances: int = 1,
    miniwob_dir: str = miniwob_dir,
    seeds: list = [1],
  ):
    super().__init__(env_name)
    self.base_url = f"file://{miniwob_dir}"
    self.configure(num_instances=num_instances,
          seeds=seeds, base_url=self.base_url)
    # self.set_record_screenshots(True)
    self.obs_im_shape = obs_im_shape
```

（4）自定义 reset() 函数。为了让环境更具随机性，使用 seeds 参数来获取随机种子，这可用于生成随机的初始状态和任务，使训练的智能体不会过拟合在某个固定/静态的网页：

```
  def reset(self, seeds=[1], mode=None,
  record_screenshots=False):
    """Forces stop and start all instances.

    Args:
```

```
      seeds (list[object]): Random seeds to set for
      each instance;
        If specified, len(seeds) must be equal to
        the number of instances.
        A None entry in the list = do not set a
        new seed.
      mode (str): If specified, set the data mode
        to this value before starting new
        episodes.
      record_screenshots (bool): Whether to record
        screenshots of the states.
    Returns:
      states (list[MiniWoBState])
    """
    miniwob_state = super().reset(seeds, mode,
          record_screenshots=True)
    return [
      state.screenshot.resize(self.obs_im_shape,
                Image.ANTIALIAS)
      for state in miniwob_state
    ]
```

（5）重新定义 step() 函数。首先，使用注释解释函数中的参数意义：

```
def step(self, actions):
  """Applies an action on each instance and returns
  the results.

  Args:
    actions (list[MiniWoBAction or None])
  Returns:
    tuple (states, rewards, dones, info)
      states (list[PIL.Image.Image])
      rewards (list[float])
      dones (list[bool])
      info (dict): additional debug
      information.
        Global debug information is directly
        in the root level
        Local information for instance i is
        in info['n'][i]
  """
```

（6）完成 step() 函数的实现：

```
    states, rewards, dones, info = \
              super().step(actions)
    # Obtain screenshot & Resize image obs to match
    # config
    img_states = [
      state.screenshot.resize(self.obs_im_shape) \
      if not dones[i] else None
      for i, state in enumerate(states)
    ]
    return img_states, rewards, dones, info
```

（7）完成了 MiniWoBEnv() 类实现后，为了测试这个类并了解如何使用该类，需要编写一个快速 __main__ 函数：

```
if __name__ == "__main__":
  env = MiniWoBVisualEnv("click-pie")
  for _ in range(10):
    obs = env.reset()
    done = False
    while not done:
      action = [MiniWoBCoordClick(90, 150)]
      obs, reward, done, info = env.step(action)
      [ob.show() for ob in obs if ob is not None]
  env.close()
```

（8）将前面的脚本另存为 miniwob_env.py 并执行它，查看随机策略智能体作用的示例环境。在接下来的步骤中，将扩展 MiniWoBEnv 并创建与 OpenAI Gym 兼容的学习环境接口。首先创建一个名为 envs.py 的新文件，需要包含以下命令：

```
import gym.spaces
import numpy as np
import string

from miniwob_env import MiniWoBEnv
from miniwob.action import MiniWoBCoordClick, MiniWoBType
```

（9）对于第一个环境，实现 MiniWoBVisualClickEnv() 类：

```
class MiniWoBVisualClickEnv(MiniWoBEnv):
  def __init__(self, name, num_instances=1):
    """RL environment with visual observations and
       touch/mouse-click action space
      Two dimensional, continuous-valued action
```

```
    space allows Agents to specify (x, y)
   coordinates on the visual rendering to click/
   touch to interact with the world-of bits

 Args:
   name (str): Name of the supported \
   MiniWoB-PlusPlus environment
   num_instances (int, optional): Number of \
   parallel env instances. Defaults to 1.
 """
 self.miniwob_env_name = name
 self.task_width = 160
 self.task_height = 210
 self.obs_im_width = 64
 self.obs_im_height = 64
 self.num_channels = 3  # RGB
 self.obs_im_size = (self.obs_im_width, \
           self.obs_im_height)
 super().__init__(self.miniwob_env_name,
          self.obs_im_size,
          num_instances)
```

（10）在 __init__() 函数中定义这个环境的观测和动作空间：

```
 self.observation_space = gym.spaces.Box(
   0,
   255,
   (self.obs_im_width, self.obs_im_height,
    self.num_channels),
   dtype=int,
 )
 self.action_space = gym.spaces.Box(
   low=np.array([0, 0]),
   high=np.array([self.task_width,
          self.task_height]),
   shape=(2,),
   dtype=int,
 )
```

（11）进一步扩展 reset() 函数，提供一个与 OpenAI Gym 兼容的接口函数：

```
def reset(self, seeds=[1]):
  """Forces stop and start all instances.
```

```
    Args:
      seeds (list[object]): Random seeds to set for
      each instance;
        If specified, len(seeds) must be equal to
        the number of instances.
        A None entry in the list = do not set a
        new seed.
    Returns:
      states (list[PIL.Image])
    """
    obs = super().reset(seeds)
    # Click somewhere to Start!
    # miniwob_state, _, _, _ = super().step(
    # self.num_instances * [MiniWoBCoordClick(10,10)]
    # )
    return obs
```

（12）利用两个步骤实现 step() 函数：

```
def step(self, actions):
    """Applies an action on each instance and returns
        the results.

    Args:
      actions (list[(x, y) or None]);
        - x is the number of pixels from the left
          of browser window
        - y is the number of pixels from the top of
            browser window

    Returns:
      tuple (states, rewards, dones, info)
        states (list[PIL.Image.Image])
        rewards (list[float])
        dones (list[bool])
        info (dict): additional debug
        information.
          Global debug information is directly
          in the root level
          Local information for instance i is
          in info['n'][i]
    """
```

（13）为了实现 step() 函数，需要检查动作的维度是否符合预期，然后在必要时约束动作。最后，必须在环境中执行：

```
    assert (
      len(actions) == self.num_instances
    ), f"Expected len(actions)={self.num_instances}.\
       Got {len(actions)}."

    def clamp(action, low=self.action_space.low,\
            high=self.action_space.high):
      low_x, low_y = low
      high_x, high_y = high
      return (
        max(low_x, min(action[0], high_x)),
        max(low_y, min(action[1], high_y)),
      )
    miniwob_actions = \
      [MiniWoBCoordClick(*clamp(action)) if action\
      is not None else None for action in actions]
    return super().step(miniwob_actions)
```

（14）使用类的描述性名称将类注册到 Gym 注册表：

```
class MiniWoBClickButtonVisualEnv(MiniWoBVisualClickEnv):
  def __init__(self, num_instances=1):
    super().__init__("click-button", num_instances)
```

（15）本地通过 OpenAI Gym 的注册表注册环境，必须将环境注册信息添加到 __init__.py 文件中：

```
import sys
import os

from gym.envs.registration import register

sys.path.append(os.path.dirname(os.path.abspath(__file__)))

_AVAILABLE_ENVS = {
  "MiniWoBClickButtonVisualEnv-v0": {
    "entry_point": \
       "webgym.envs:MiniWoBClickButtonVisualEnv",
    "discription": "Click the button on a web page",
  }
}
```

```
for env_id, val in _AVAILABLE_ENVS.items():
  register(id=env_id,
      entry_point=val.get("entry_point"))
```

6.2.3 工作原理

利用在 MiniWoBEnv 中扩展 MiniWoB-plusplus 的实现，可以使用基于文件的网页来表示任务。同时，进一步扩展了 MiniWoBEnv() 类，可以在 MiniWoBVisualClickEnv 中提供与 OpenAI Gym 兼容的接口。

在这个环境中，可以通过图 6.3 清楚地了解强化学习智能体如何学习完成任务。在这里，智能体通过尝试不同的动作理解任务的目标，在此环境中，不同的动作将转化为单击网页的不同区域（在右侧用圆点表示）。最终，强化学习智能体单击了正确的按钮并开始理解任务描述的含义以及按钮的用途，同时它将因单击正确的位置而获得奖励。

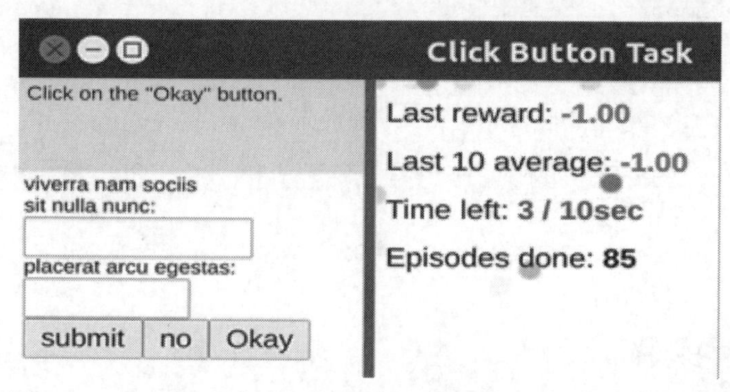

图 6.3　对智能体在学习完成单击操作任务时的动作的可视化呈现

6.3 构建一个强化学习智能体来完成网络上的任务——行动号召

本节将实现一个强化学习训练脚本，可以训练强化学习智能体处理**行动号召**（**Call-To-Action，CTA**）类的任务。CTA 按钮就是在网页上能找到的可操作按钮，一般需要单击这些按钮才能继续下一步。虽然有不少可用的 CTA 按钮示例，但一些常见的示例都包含 OK/Cancel 对话框以及 Click to learn more 按钮，特别地，在 OK/Cancel 对话框中，单击可以确认/关闭弹出通知。在本节中，将实例化一个强化学习训练环境，该环境为包含 CTA 任务的网页提供可视化呈现。接着，将训练一个使用 TensorFlow 2.x 实现的基于**近端策略优化**（**Proximal Policy Optimization，PPO**）的深度强化学习智能体，以学习如何完成手头的任务。

图 6.4 展示了来自随机 CTA 环境（具有不同种子）的一组观测，以便读者了解智能体将要解决的任务。

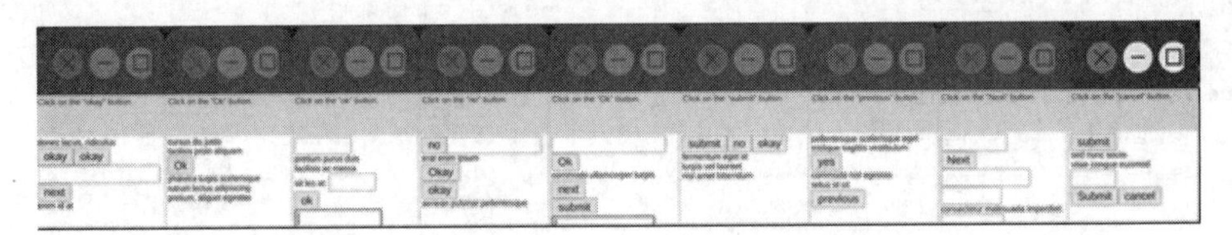

图 6.4　智能体在随机 CTA 环境中的观察的屏幕截图

6.3.1　前期准备

为成功运行代码，需要激活命名为 tf2rl-cookbook 的 Python/Conda 虚拟环境。请确保更新的环境与书中代码存储库中最新的 Conda 环境规范文件（tfrl-cookbook.yml）相匹配。如果以下 import 语句运行没有问题，就可以准备开始了：

```
import argparse
import os
from datetime import datetime
import gym
import numpy as np
import tensorflow as tf
from tensorflow.keras.layers import (Conv2D,Dense,Dropout,Flatten,Input,
    Lambda,MaxPool2D,)
import webgym  # Used to register webgym environments
```

6.3.2　实现步骤

本节将实现一个完整的训练脚本，包括用于训练超参数配置的命令行参数解析。从 import 语句中可以注意到，下面将使用针对 TensorFlow 2.x 的 Keras 函数 API 实现深度神经网络（**Deep Neural Network，DNN**），这些网络将作为智能体算法实现的一部分。

（1）定义 CTA 智能体训练脚本的命令行参数：

```
parser = argparse.ArgumentParser(prog="TFRL-Cookbook-Ch5-Click-To-Action-
    Agent")
parser.add_argument("--env", default="MiniWoBClickButtonVisualEnv-v0")
parser.add_argument("--update-freq", type=int, default=16)
parser.add_argument("--epochs", type=int, default=3)
parser.add_argument("--actor-lr", type=float, default=1e-4)
parser.add_argument("--Critic-lr", type=float, default=1e-4)
parser.add_argument("--clip-ratio", type=float, default=0.1)
parser.add_argument("--gae-lambda", type=float, default=0.95)
parser.add_argument("--gamma", type=float, default=0.99)
parser.add_argument("--logdir", default="logs")
```

（2）创建 TensorBoard 记录器，记录和可视化 CTA 智能体的实时训练进度：

```
args = parser.parse_args()
logdir = os.path.join(
  args.logdir, parser.prog, args.env, \
  datetime.now().strftime("%Y%m%d-%H%M%S")
)
print(f"Saving training logs to:{logdir}")
writer = tf.summary.create_file_writer(logdir)
```

（3）实现 Actor 类。首先从实现 __init__() 函数开始：

```
class Actor:
  def __init__(self, state_dim, action_dim,
  action_bound, std_bound):
    self.state_dim = state_dim
    self.action_dim = action_dim
    self.action_bound = np.array(action_bound)
    self.std_bound = std_bound
    self.weight_initializer = \
      tf.keras.initializers.he_normal()
    self.eps = 1e-5
    self.model = self.nn_model()
    self.model.summary()  # Print a summary of the
    @ Actor model
    self.opt = \
      tf.keras.optimizers.Nadam(args.actor_lr)
```

（4）定义表示行动者网络的 DNN。由于多个神经网络层堆叠在一起使 DNN 的实现过程比较长，因此把 DNN 的实现分为多个步骤。作为第一个也是主要的处理步骤，通过堆叠卷积—池化—卷积—池化层实现一个块：

```
  def nn_model(self):
    obs_input = Input(self.state_dim)
    conv1 = Conv2D(
      filters=64,
      kernel_size=(3, 3),
      strides=(1, 1),
      padding="same",
      input_shape=self.state_dim,
      data_format="channels_last",
      activation="relu",
    )(obs_input)
    pool1 = MaxPool2D(pool_size=(3, 3), strides=1)\
            (conv1)
```

```
conv2 = Conv2D(
  filters=32,
  kernel_size=(3, 3),
  strides=(1, 1),
  padding="valid",
  activation="relu",
)(pool1)
pool2 = MaxPool2D(pool_size=(3, 3), strides=1)\
        (conv2)
```

（5）对池化层的输出进行展平，以便可以使用带有随机失活（dropout）的全连接层或稠密层生成期望从行动者网络中获得的输出：

```
flat = Flatten()(pool2)
dense1 = Dense(
  16, activation="relu", \
    kernel_initializer=self.weight_initializer
)(flat)
dropout1 = Dropout(0.3)(dense1)
dense2 = Dense(
  8, activation="relu", \
    kernel_initializer=self.weight_initializer
)(dropout1)
dropout2 = Dropout(0.3)(dense2)
# action_dim[0] = 2
output_val = Dense(
  self.action_dim[0],
  activation="relu",
  kernel_initializer=self.weight_initializer,
)(dropout2)
```

（6）对预测值进行缩放和裁剪，以使这些值在有效的动作范围内。使用 Lambda 层实现自定义裁剪和缩放：

```
mu_output = Lambda(
  lambda x: tf.clip_by_value(x * \
    self.action_bound, 1e-9, self.action_bound)
)(output_val)
std_output_1 = Dense(
  self.action_dim[0],
  activation="softplus",
  kernel_initializer=self.weight_initializer,
)(dropout2)
std_output = Lambda(
```

```
    lambda x: tf.clip_by_value(
      x * self.action_bound, 1e-9, \
      self.action_bound / 2
    )
  )(std_output_1)
  return tf.keras.models.Model(
    inputs=obs_input, outputs=[mu_output, std_output], name="Actor"
  )
```

（7）定义一个便捷函数 get_action()，以在给定状态下获取一个动作：

```
def get_action(self, state):
  # Convert [Image] to np.array(np.adarray)
  state_np = np.array([np.array(s) for s in state])
  if len(state_np.shape) == 3:
    # Convert (w, h, c) to (1, w, h, c)
    state_np = np.expand_dims(state_np, 0)
  mu, std = self.model.predict(state_np)
  action = np.random.normal(mu, std + self.eps, \
            size=self.action_dim).astype(
    "int"
  )
  # Clip action to be between 0 and max obs screen
  # size
  action = np.clip(action, 0, self.action_bound)
  # 1 Action per instance of env; Env expects:
  # (num_instances, actions)
  action = (action,)
  log_policy = self.log_pdf(mu, std, action)
  return log_policy, action
```

（8）实现 train() 函数，用于更新行动者网络的参数：

```
def train(self, log_old_policy, states, actions,
gaes):
  with tf.GradientTape() as tape:
    mu, std = self.model(states, training=True)
    log_new_policy = self.log_pdf(mu, std,
                actions)
    loss = self.compute_loss(log_old_policy,
            log_new_policy, actions, gaes)
  grads = tape.gradient(loss,
          self.model.trainable_variables)
  self.opt.apply_gradients(zip(grads,
```

```
        self.model.trainable_variables))
return loss
```

（9）在前面的 train() 函数中使用了还未定义的 compute_loss() 函数和 log_pdf() 函数，此步骤实现 compute_loss() 函数：

```
def compute_loss(self, log_old_policy,
log_new_policy, actions, gaes):
  # Avoid INF in exp by setting 80 as the upper
  # bound since,
  # tf.exp(x) for x>88 yeilds NaN (float32)
  ratio = tf.exp(
    tf.minimum(log_new_policy - \
      tf.stop_gradient(log_old_policy), 80)
  )
  gaes = tf.stop_gradient(gaes)
  clipped_ratio = tf.clip_by_value(
    ratio, 1.0 - args.clip_ratio, 1.0 + \
    args.clip_ratio
  )
  surrogate = -tf.minimum(ratio * gaes, \
            clipped_ratio * gaes)
  return tf.reduce_mean(surrogate)
```

（10）实现 log_pdf() 函数：

```
def log_pdf(self, mu, std, action):
  std = tf.clip_by_value(std, self.std_bound[0],
             self.std_bound[1])
  var = std ** 2
  log_policy_pdf = -0.5 * (action - mu) ** 2 / var\
           - 0.5 * tf.math.log(
    var * 2 * np.pi
  )
  return tf.reduce_sum(log_policy_pdf, 1,
            keepdims=True)
```

（11）至此，行动者网络的实现已经完成。下面实现 Critic 类：

```
class Critic:
  def __init__(self, state_dim):
    self.state_dim = state_dim
    self.weight_initializer = \
      tf.keras.initializers.he_normal()
```

```
    self.model = self.nn_model()
    self.model.summary() # Print a summary of the
    # Critic model
    self.opt = \
      tf.keras.optimizers.Nadam(args.Critic_lr)
```

（12）实现评论家网络模型。就像行动者网络模型一样，这也是一个 DNN。同样地，将实现分为几个步骤，首先，实现一个卷积—池化—卷积—池化块：

```
    obs_input = Input(self.state_dim)
    conv1 = Conv2D(
      filters=64,
      kernel_size=(3, 3),
      strides=(1, 1),
      padding="same",
      input_shape=self.state_dim,
      data_format="channels_last",
      activation="relu",
    )(obs_input)
    pool1 = MaxPool2D(pool_size=(3, 3), strides=2)\
                (conv1)
    conv2 = Conv2D(
      filters=32,
      kernel_size=(3, 3),
      strides=(1, 1),
      padding="valid",
      activation="relu",
    )(pool1)
    pool2 = MaxPool2D(pool_size=(3, 3), strides=2)\
              (conv2)
```

（13）对于当前的任务而言，已经在 DNN 中有足够数量的参数学习如何在 CTA 任务中具有出色的表现，添加全连接层，就可以最终生成状态值：

```
    flat = Flatten()(pool2)
    dense1 = Dense(
      16, activation="relu", \
        kernel_initializer=self.weight_initializer
    )(flat)
    dropout1 = Dropout(0.3)(dense1)
    dense2 = Dense(
      8, activation="relu", \
        kernel_initializer=self.weight_initializer
    )(dropout1)
```

```
    dropout2 = Dropout(0.3)(dense2)
    value = Dense(
      1, activation="linear", \
        kernel_initializer=self.weight_initializer
    )(dropout2)
```

（14）实现一个 compute_loss() 函数计算评论家网络的学习损失，其本质上是时间差分学习目标与评论家网络预测值之间的均方误差：

```
  def compute_loss(self, v_pred, td_targets):
    mse = tf.keras.losses.MeanSquaredError()
    return mse(td_targets, v_pred)
```

（15）实现 train() 函数更新评论家网络的参数，从而最终完成 Critic 类：

```
  def train(self, states, td_targets):
    with tf.GradientTape() as tape:
      v_pred = self.model(states, training=True)
      # assert v_pred.shape == td_targets.shape
      loss = self.compute_loss(v_pred, \
              tf.stop_gradient(td_targets))
    grads = tape.gradient(loss, \
              self.model.trainable_variables)
    self.opt.apply_gradients(zip(grads, \
             self.model.trainable_variables))
    return loss
```

（16）利用行动者网络和评论家网络的实现构建 PPO 智能体，以便它可以处理高维（图像）观察。从定义 PPOAgent 类的 __init__() 函数开始：

```
class PPOAgent:
  def __init__(self, env):
    self.env = env
    self.state_dim = self.env.observation_space.shape
    self.action_dim = self.env.action_space.shape
    # Set action_bounds to be within the actual
    # task-window/browser-view of the Agent
    self.action_bound = [self.env.task_width,
             self.env.task_height]
    self.std_bound = [1e-2, 1.0]

    self.actor = Actor(
      self.state_dim, self.action_dim,
```

```
    self.action_bound, self.std_bound
  )
  self.Critic = Critic(self.state_dim)
```

（17）使用**广义优势估计（Generalized Advantage Estimates，GAE）**更新策略，实现一个用于计算 GAE 目标值的 gae_target() 函数：

```
def gae_target(self, rewards, v_values, next_v_value,
done):
  n_step_targets = np.zeros_like(rewards)
  gae = np.zeros_like(rewards)
  gae_cumulative = 0
  forward_val = 0

  if not done:
    forward_val = next_v_value

  for k in reversed(range(0, len(rewards))):
    delta = rewards[k] + args.gamma * \
        forward_val - v_values[k]
    gae_cumulative = args.gamma * \
            args.gae_lambda * \
            gae_cumulative + delta
    gae[k] = gae_cumulative
    forward_val = v_values[k]
    n_step_targets[k] = gae[k] + v_values[k]
  return gae, n_step_targets
```

（18）接下来的步骤是此脚本的核心，即定义深度 PPO 智能体的训练例程。为了便于理解，将实现过程拆分为多个步骤。首先从最外层循环开始，该循环的运行次数由可配置的最大回合数决定：

```
def train(self, max_episodes=1000):
  with writer.as_default():
    for ep in range(max_episodes):
      state_batch = []
      action_batch = []
      reward_batch = []
      old_policy_batch = []

      episode_reward, done = 0, False

      state = self.env.reset()
      prev_state = state
```

```
        step_num = 0
```

（19）通过检查环境中的 done 值实现环境中的单步执行以及处理回合结束的逻辑：

```
        while not done:
          log_old_policy, action = \
            self.actor.get_action(state)
          next_state, reward, dones, _ = \
            self.env.step(action)
          step_num += 1
          print(
            f"ep#:{ep} step#:{step_num} \
            step_rew:{reward} \
            action:{action} dones:{dones}"
          )
          done = np.all(dones)
          if done:
            next_state = prev_state
          else:
            prev_state = next_state
          state = np.array([np.array(s) for s\
                    in state])
          next_state = np.array([np.array(s) \
                for s in next_state])
          reward = np.reshape(reward, [1, 1])
          log_old_policy = np.reshape(
                log_old_policy, [1, 1])
          state_batch.append(state)
          action_batch.append(action)
          reward_batch.append((reward + 8) / 8)
          old_policy_batch.append(
                    log_old_policy)
```

（20）实现一个逻辑检查回合是否结束或是否该进行更新并执行更新步骤：

```
          if len(state_batch) >= \
          args.update_freq or done:
            states = \
              np.array([state.squeeze() \
              for state in state_batch])
            # Convert ([x, y],) to [x, y]
            actions = np.array([action[0] \
              for action in action_batch])
            rewards = np.array(
```

```
            [reward.squeeze() for reward\
             in reward_batch]
        )
        old_policies = np.array(
            [old_pi.squeeze() for old_pi\
             in old_policy_batch]
        )
        v_values = self.Critic.model.\
            predict(states)
        next_v_value = self.Critic.\
            model.predict(next_state)
        gaes, td_targets = \
            self.gae_target(
                rewards, v_values, \
                next_v_value, done
        )
        actor_losses, Critic_losses=[],[]
```

(21) 有了已更新的 GAE 目标后，训练行动者网络和评论家网络并记录损失和其他训练指标，进行跟踪：

```
        for epoch in range(args.epochs):
            actor_loss = \
                self.actor.train(
                    old_policies, states,
                    actions, gaes
                    )
            actor_losses.append(
                actor_loss)
            Critic_loss = \
                self.Critic.train(states,
                        td_targets)
            Critic_losses.append(
                        Critic_loss)
        # Plot mean actor & Critic losses
        # on every update
        tf.summary.scalar("actor_loss",
            np.mean(actor_losses),
            step=ep)
        tf.summary.scalar(
            "Critic_loss",
            np.mean(Critic_losses),
            step=ep
```

```
            )
            state_batch = []
            action_batch = []
            reward_batch = []
            old_policy_batch = []
        episode_reward += reward[0][0]
        state = next_state[0]
```

（22）实现 __main__ 函数训练 CTA 智能体：

```
if __name__ == "__main__":
  env_name = "MiniWoBClickButtonVisualEnv-v0"
  env = gym.make(env_name)
  cta_Agent = PPOAgent(env)
  cta_Agent.train()
```

6.3.3 工作原理

本节实现了一个基于 PPO 的深度强化学习智能体，并提供了开发 CTA 智能体的一种训练机制。为了简单起见，仅使用了一个环境实例，但实际上代码可以扩展到更多的环境实例以加快训练速度的。

为了了解智能体训练的进展情况，请考虑图 6.5 所示的图像序列。在训练的初始阶段，当智能体试图理解任务和任务的目标时，智能体可能只是在执行随机动作（探索），甚至在屏幕外单击：

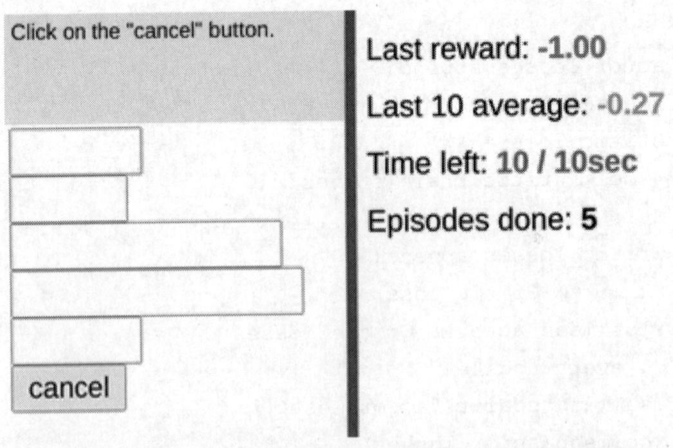

图 6.5　初始探索期间智能体在屏幕外点击（无可见蓝点）

随着智能体通过偶然点击正确按钮来学习，它开始学习并取得进展，如图 6.6 所示。

最后，当回合完成或结束（由于时间限制）时，智能体会收到类似于图 6.7（a）所示的观测，其性能见图 6.7（b）。

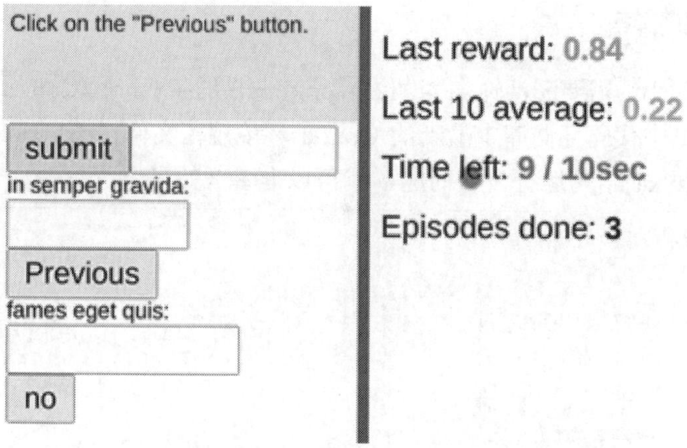

图 6.6　深度 PPO 智能体在 CTA 任务中取得进展

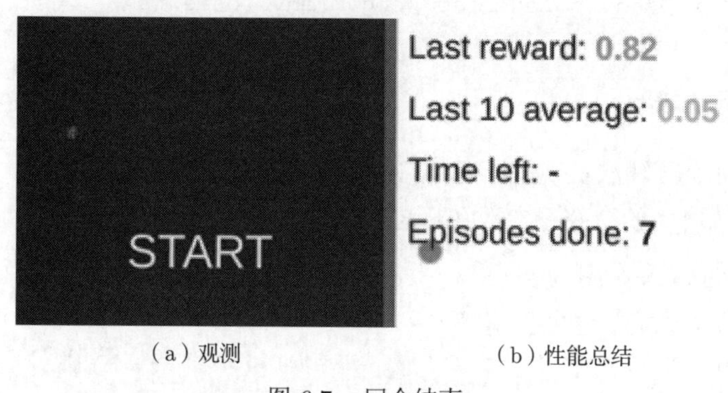

（a）观测　　　　（b）性能总结

图 6.7　回合结束

6.4　构建一个用于可视化页面的自动登录机器人

如果有一个智能体或一个机器人，它可以监视您在做什么，并在您单击登录界面时自动帮您登录到网站。这个智能体不同于使用硬编码脚本实现的可以自动登录的浏览器插件不仅仅针对预设定网站的登录 URL 有用，即使 URL 改变或者在一个之前没有保存过数据的新网站上，它也能正常工作。本节将开发一个脚本来训练智能体，使其可以在网页上登录。并进行随机化、自定义以及增加智能体的通用性，以使其能在任何登录界面上工作。

图 6.8 展示了随机化和定制任务中的用户名和密码的各种示例。

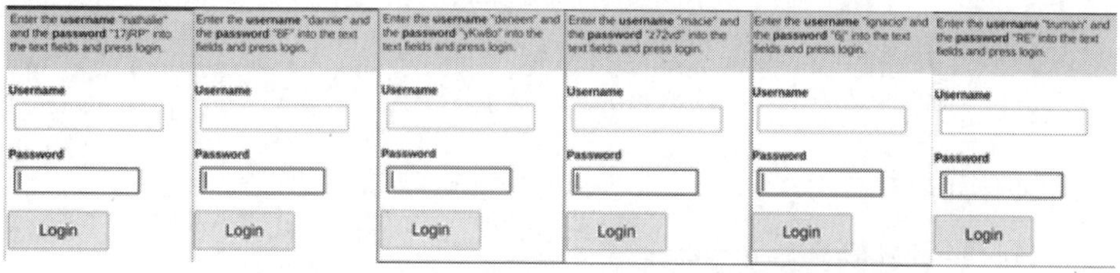

图 6.8　来自随机用户登录任务的观测示例

6.4.1 前期准备

为成功运行代码，需要激活命名为 tf2rl-cookbook 的 Python/Conda 虚拟环境。请确保更新的环境与书中代码存储库中最新的 Conda 环境规范文件（tfrl-cookbook.yml）相匹配。如果以下 import 语句运行没有问题，就可以准备开始了：

```
import argparse
import os
from datetime import datetime
import gym
import numpy as np
import tensorflow as tf
from tensorflow.keras.layers import (Conv2D,Dense,Dropout,Flatten,Input,
    Lambda,MaxPool2D,)
import webgym  # Used to register webgym environments
```

6.4.2 实现步骤

本节将使用 PPO 算法实现基于 deep 强化学习的登录智能体。

（1）设置训练脚本的命令行参数和日志记录：

```
parser = argparse.ArgumentParser(prog="TFRL-Cookbook-Ch5-Login-Agent")
parser.add_argument("--env", default="MiniWoBLoginUserVisualEnv-v0")
parser.add_argument("--update-freq", type=int, default=16)
parser.add_argument("--epochs", type=int, default=3)
parser.add_argument("--actor-lr", type=float, default=1e-4)
parser.add_argument("--Critic-lr", type=float, default=1e-4)
parser.add_argument("--clip-ratio", type=float, default=0.1)
parser.add_argument("--gae-lambda", type=float, default=0.95)
parser.add_argument("--gamma", type=float, default=0.99)
parser.add_argument("--logdir", default="logs")

args = parser.parse_args()
logdir = os.path.join(
  args.logdir, parser.prog, args.env, \
  datetime.now().strftime("%Y%m%d-%H%M%S")
)
print(f"Saving training logs to:{logdir}")
writer = tf.summary.create_file_writer(logdir)
```

（2）定义 Critic 类：

```
class Critic:
  def __init__(self, state_dim):
```

```
    self.state_dim = state_dim
    self.weight_initializer = \
      tf.keras.initializers.he_normal()
    self.model = self.nn_model()
    self.model.summary()  # Print a summary of the
    # Critic model
    self.opt = \
      tf.keras.optimizers.Nadam(args.Critic_lr)
```

（3）为 Critic 模型定义 DNN。首先实现一个由卷积-池化-卷积-池化组成的感知块。在后续的步骤中将通过堆叠另一个感知块增加网络的深度：

```
  def nn_model(self):
    obs_input = Input(self.state_dim)
    conv1 = Conv2D(
      filters=64,
      kernel_size=(3, 3),
      strides=(1, 1),
      padding="same",
      input_shape=self.state_dim,
      data_format="channels_last",
      activation="relu",
    )(obs_input)
    pool1 = MaxPool2D(pool_size=(3, 3), strides=2)\
            (conv1)
    conv2 = Conv2D(
      filters=32,
      kernel_size=(3, 3),
      strides=(1, 1),
      padding="valid",
      activation="relu",
    )(pool1)
    pool2 = MaxPool2D(pool_size=(3, 3), strides=2)
            (conv2)
```

（4）添加另一个感知块，以便提取更多特征：

```
    conv3 = Conv2D(
      filters=16,
      kernel_size=(3, 3),
      strides=(1, 1),
      padding="valid",
      activation="relu",
    )(pool2)
```

```
    pool3 = MaxPool2D(pool_size=(3, 3), strides=1)\
            (conv3)
    conv4 = Conv2D(
      filters=8,
      kernel_size=(3, 3),
      strides=(1, 1),
      padding="valid",
      activation="relu",
    )(pool3)
    pool4 = MaxPool2D(pool_size=(3, 3), strides=1)\
            (conv4)
```

（5）添加一个展平层，然后是全连接层，以将网络输出降维到单个状态值：

```
    flat = Flatten()(pool4)
    dense1 = Dense(
      16, activation="relu",
      kernel_initializer=self.weight_initializer
    )(flat)
    dropout1 = Dropout(0.3)(dense1)
    dense2 = Dense(
      8, activation="relu",
      kernel_initializer=self.weight_initializer
    )(dropout1)
    dropout2 = Dropout(0.3)(dense2)
    value = Dense(
      1, activation="linear",
      kernel_initializer=self.weight_initializer
    )(dropout2)

    return tf.keras.models.Model(inputs=obs_input,
            outputs=value, name="Critic")
```

（6）定义 compute_loss() 函数和 update() 函数训练参数：

```
def compute_loss(self, v_pred, td_targets):
  mse = tf.keras.losses.MeanSquaredError()
  return mse(td_targets, v_pred)

def train(self, states, td_targets):
  with tf.GradientTape() as tape:
    v_pred = self.model(states, training=True)
    # assert v_pred.shape == td_targets.shape
    loss = self.compute_loss(v_pred,
```

```
            tf.stop_gradient(td_targets))
    grads = tape.gradient(loss,
            self.model.trainable_variables)
    self.opt.apply_gradients(zip(grads,
            self.model.trainable_variables))
    return loss
```

（7）开始实现 Actor 类。首先在此步骤中初始化 Actor 类，并在后续步骤中继续实现：

```
class Actor:
  def __init__(self, state_dim, action_dim,
  action_bound, std_bound):
    self.state_dim = state_dim
    self.action_dim = action_dim
    self.action_bound = np.array(action_bound)
    self.std_bound = std_bound
    self.weight_initializer = \
      tf.keras.initializers.he_normal()
    self.eps = 1e-5
    self.model = self.nn_model()
    self.model.summary()  # Print a summary of the
    # Actor model
    self.opt = tf.keras.optimizers.Nadam(
                  args.actor_lr)
```

（8）为行动者网络使用类似评论家网络实现中使用的 DNN 架构。因此，nn_model() 函数的实现将保持不变，除了在最后几层中行动者网络和评论家网络的实现会有所不同。一方面，行动者网络模型产生均值和标准差作为输出，输出的维度取决于动作空间维度。另一方面，评论家网络产生一个状态相关的动作值，但与动作空间维度无关。此处列出了与评论家网络的 DNN 实现具有不同的层：

```
    # action_dim[0] = 2
    output_val = Dense(
      self.action_dim[0],
      activation="relu",
      kernel_initializer=self.weight_initializer,
    )(dropout2)
    # Scale & clip x[i] to be in range [0,
    # action_bound[i]]
    mu_output = Lambda(
      lambda x: tf.clip_by_value(x * \
        self.action_bound, 1e-9, self.action_bound)
    )(output_val)
```

```
    std_output_1 = Dense(
      self.action_dim[0],
      activation="softplus",
      kernel_initializer=self.weight_initializer,
    )(dropout2)
    std_output = Lambda(
      lambda x: tf.clip_by_value(
        x * self.action_bound, 1e-9,
        self.action_bound / 2
      )
    )(std_output_1)
    return tf.keras.models.Model(
      inputs=obs_input, outputs=[mu_output,
        std_output], name="Actor"
    )
```

（9）实现 log_pdf() 函数和用于计算行动损失的 compute_loss() 函数：

```
def log_pdf(self, mu, std, action):
  std = tf.clip_by_value(std, self.std_bound[0],
              self.std_bound[1])
  var = std ** 2
  log_policy_pdf = -0.5 * (action - mu) ** 2 / var\
          - 0.5 * tf.math.log(
    var * 2 * np.pi
  )
  return tf.reduce_sum(log_policy_pdf, 1,
          keepdims=True)

def compute_loss(self, log_old_policy,
        log_new_policy, actions, gaes):
  # Avoid INF in exp by setting 80 as the upper
  # bound since,
  # tf.exp(x) for x>88 yeilds NaN (float32)
  ratio = tf.exp(
    tf.minimum(log_new_policy - \
      tf.stop_gradient(log_old_policy), 80)
  )
  gaes = tf.stop_gradient(gaes)
  clipped_ratio = tf.clip_by_value(
    ratio, 1.0 - args.clip_ratio, 1.0 + \
    args.clip_ratio
  )
```

```
    surrogate = -tf.minimum(ratio * gaes,
                clipped_ratio * gaes)
    return tf.reduce_mean(surrogate)
```

（10）借助第（9）步实现的函数， train() 函数的实现更加简单：

```
def train(self, log_old_policy, states, actions,
gaes):
    with tf.GradientTape() as tape:
        mu, std = self.model(states, training=True)
        log_new_policy = self.log_pdf(mu, std,
                        actions)
        loss = self.compute_loss(log_old_policy,
                    log_new_policy,
                    actions, gaes)
    grads = tape.gradient(loss,
            self.model.trainable_variables)
    self.opt.apply_gradients(zip(grads,
            self.model.trainable_variables))
    return loss
```

（11）定义 get_action() 函数，此函数在给定一个状态作为输入时会从行动者网络中获取一个动作：

```
def get_action(self, state):
    # Convert [Image] to np.array(np.adarray)
    state_np = np.array([np.array(s) for s in state])
    if len(state_np.shape) == 3:
        # Convert (w, h, c) to (1, w, h, c)
        state_np = np.expand_dims(state_np, 0)
    mu, std = self.model.predict(state_np)
    action = np.random.normal(mu, std + self.eps,
            size=self.action_dim).astype(
        "int"
    )
    # Clip action to be between 0 and max obs
    # screen size
    action = np.clip(action, 0, self.action_bound)
    # 1 Action per instance of env; Env expects:
    # (num_instances, actions)
    action = (action,)
    log_policy = self.log_pdf(mu, std, action)
    return log_policy, action
```

（12）完成了行动者网络的实现后，使用 PPOAgent() 类将行动者网络和评论家网络联系在一起。由于 GAE 目标的计算已在 6.3 节的内容讨论过，因此跳过这一点，并将重点放在训练方法的实现上：

```
        while not done:
          # self.env.render()
          log_old_policy, action = \
            self.actor.get_action(state)
          next_state, reward, dones, _ = \
            self.env.step(action)
          step_num += 1
          # Convert action[2] from int idx to
          # char for verbose printing
          action_print = []
          for a in action:  # Map apply
            action_verbose = (a[:2], \
            self.get_typed_char(a[2]))
            action_print.append(
                    action_verbose)
          print(
            f"ep#:{ep} step#:{step_num}
            step_rew:{reward} \
            action:{action_print} \
            dones:{dones}"
          )
          done = np.all(dones)
          if done:
            next_state = prev_state
          else:
            prev_state = next_state
          state = np.array([np.array(s) for \
            s in state])
          next_state = np.array([np.array(s) \
            for s in next_state])
          reward = np.reshape(reward, [1, 1])
          log_old_policy = np.reshape(
                  log_old_policy, [1, 1])
          state_batch.append(state)
          action_batch.append(action)
          reward_batch.append((reward + 8) / 8)
          old_policy_batch.append(\
                      log_old_policy)
```

（13）根据收集的样本数量或在每个回合结束时（不管二者之间哪一个先发生），以预设频率执行智能体的更新：

```
        if len(state_batch) >= \
          args.update_freq or done:
          states = np.array([state.\
                  squeeze() for state\
                  in state_batch])
          actions = np.array([action[0]\
             for action in action_batch])
          rewards = np.array(
            [reward.squeeze() for reward\
             in reward_batch])
          old_policies = np.array(
            [old_pi.squeeze() for old_pi\
             in old_policy_batch])
          v_values = self.Critic.model.\
                  predict(states)
          next_v_value = self.Critic.\
              model.predict(next_state)

          gaes, td_targets = \
                self.gae_target(
            rewards, v_values, \
            next_v_value, done)
          actor_losses, Critic_losses=[],[]
          for epoch in range(args.epochs):
            actor_loss = \
              self.actor.train(
                old_policies, states,
                actions, gaes)
            actor_losses.append(
                      actor_loss)
            Critic_loss = self.Critic.\
              train(states, td_targets)
            Critic_losses.append(
                     Critic_loss)
```

（14）使用以下代码片段运行 MiniWoBLoginUserVisualEnv-v0 并训练智能体：

```
if __name__ == "__main__":
  env_name = "MiniWoBLoginUserVisualEnv-v0"
  env = gym.make(env_name)
```

```
cta_Agent = PPOAgent(env)
cta_Agent.train()
```

6.4.3 工作原理

登录任务包括单击正确的表单字段以及输入正确的用户名和/或密码。要做到这一点，智能体除了要处理可视网页以理解任务和网络登录表单之外，还需要掌握如何使用鼠标和键盘。有了足够的样本，深度强化学习智能体将根据样本学习一个策略来完成这项任务。通过在不同阶段的截图可以查看智能体的学习进度情况。

图 6.9 显示智能体成功输入用户名并正确单击密码字段以输入密码，但还不能完成任务。

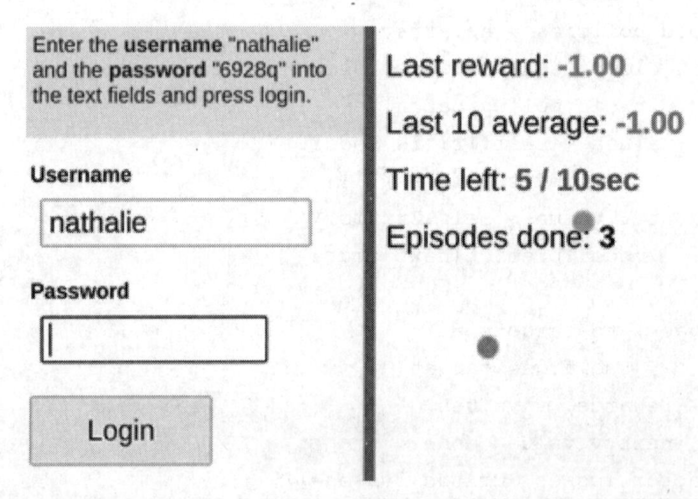

图 6.9　经训练的智能体成功输入用户名但未能输入密码的屏幕截图

在图 6.10 中，可以看到智能体已经学会了输入用户名和密码，但输入内容并不正确，对于完成任务还有一段距离。

Enter the **username** "annis" and the **password** "pC1" into the text fields and press login.

Username

ann

Password

••••

Login

Last reward: -1.00

Last 10 average: -1.00

Time left: 4 / 10sec

Episodes done: 5

图 6.10　智能体输入了用户名和密码但并不正确

经过几千个回合的学习后，同一智能体在不同的检查点已接近完成任务，如图 6.11 所示。

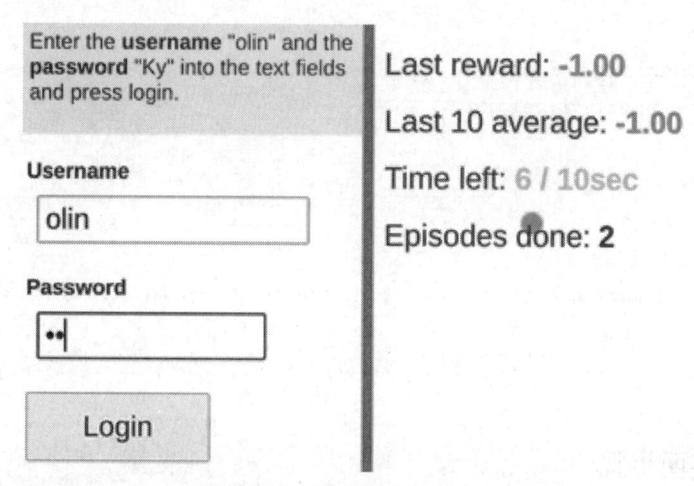

图 6.11 经良好训练的智能体模型即将成功完成登录任务

现在已经了解了智能体的工作方式和行为方式，读者可以根据自己的喜好对其进行自定义，并使用用例训练智能体以自动登录到想要的任何自定义网站。

6.5 训练一个强化学习智能体来自动为您的行程预订航班

本节介绍如何使用 TensorFlow 2.x 实现基于**深度确定性策略梯度（Deep Deterministic Policy Gradient，DDPG）**算法的深度强化学习智能体，并训练该智能体使用键盘和鼠标以可视方式操作航班预订网站来预订航班！这项任务十分有用，但因为需要实现的任务参数非常多（例如出发地、目的地、日期等），所以非常复杂。图 6.12 显示了随机的 MiniWoBBookFlightVisualEnv 航班预订环境的初始状态示例。

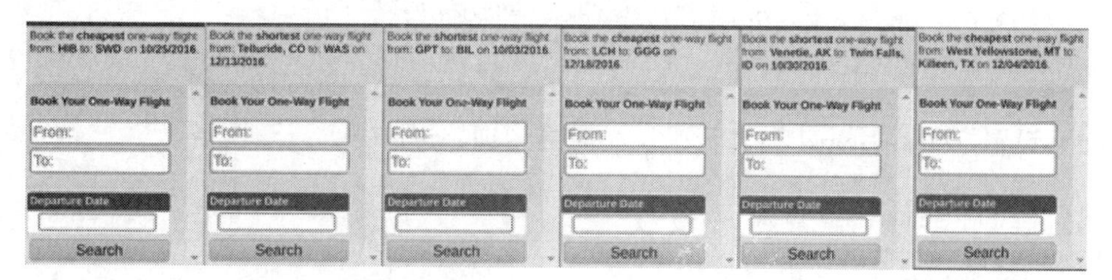

图 6.12 来自随机 MiniWoBBookFlightVisualEnv 环境的初始状态观测示例

6.5.1 前期准备

为成功运行代码，需要激活命名为 tf2rl-cookbook 的 Python/Conda 虚拟环境。请确保更新的环境与书中代码存储库中最新的 Conda 环境规范文件（tfrl-cookbook.yml）相匹配。如果以下 import 语句运行没有问题，就可以准备开始了：

```
import argparse
import os
import random
from collections import deque
from datetime import datetime

import gym
import numpy as np
import tensorflow as tf
from tensorflow.keras.layers import (Conv2D,Dense,Dropout, Flatten, Input,
    Lambda,MaxPool2D)
import webgym  # Used to register webgym environments
```

6.5.2 实现步骤

本节实现一个完整的训练脚本，可以自定义并训练该脚本预订航班。

（1）将超参数作为可配置参数传递给训练脚本：

```
parser = argparse.ArgumentParser(
  prog="TFRL-Cookbook-Ch5-SocialMedia-Mute-User-DDPGAgent"
)
parser.add_argument("--env", default="Pendulum-v0")
parser.add_argument("--actor_lr", type=float, default=0.0005)
parser.add_argument("--Critic_lr", type=float, default=0.001)
parser.add_argument("--batch_size", type=int, default=64)
parser.add_argument("--tau", type=float, default=0.05)
parser.add_argument("--gamma", type=float, default=0.99)
parser.add_argument("--train_start", type=int, default=2000)
parser.add_argument("--logdir", default="logs")
args = parser.parse_args()
```

（2）设置 TensorBoard 日志记录，实时显示训练进度：

```
logdir = os.path.join(
  args.logdir, parser.prog, args.env, \
  datetime.now().strftime("%Y%m%d-%H%M%S")
)
print(f"Saving training logs to:{logdir}")
writer = tf.summary.create_file_writer(logdir)
```

（3）使用回放缓冲区来实现经验回放。实现一个简单的 ReplayBuffer 类：

```
class ReplayBuffer:
```

```
  def __init__(self, capacity=10000):
    self.buffer = deque(maxlen=capacity)

  def store(self, state, action, reward, next_state,
  done):
    self.buffer.append([state, action, reward,
              next_state, done])

  def sample(self):
    sample = random.sample(self.buffer,
                args.batch_size)
    states, actions, rewards, next_states, done = \
              map(np.asarray, zip(*sample))
    states = \
      np.array(states).reshape(args.batch_size, -1)
    next_states = np.array(next_states).\
            reshape(args.batch_size, -1)
    return states, actions, rewards, next_states,\
    done

  def size(self):
    return len(self.buffer)
```

（4）实现 Actor 类：

```
class Actor:
  def __init__(self, state_dim, action_dim,
  action_bound):
    self.state_dim = state_dim
    self.action_dim = action_dim
    self.action_bound = action_bound
    self.weight_initializer = \
      tf.keras.initializers.he_normal()
    self.eps = 1e-5
    self.model = self.nn_model()
    self.opt = tf.keras.optimizers.Adam(
                     args.actor_lr)
```

（5）Actor 的 DNN 模型将由两个感知块组成，每个感知块都包含卷积—池化—卷积—池化层。感知块的实现可参考 6.4.3 节，本步骤着眼于 train() 函数的实现。与往常一样，完整的源代码参见书中代码存储库。先实现 train() 函数和 predict() 函数：

```
  def train(self, states, q_grads):
    with tf.GradientTape() as tape:
```

```
      grads = tape.gradient(
        self.model(states),
        self.model.trainable_variables,
        -q_grads
      )
    self.opt.apply_gradients(zip(grads, \
             self.model.trainable_variables))

  def predict(self, state):
    return self.model.predict(state)
```

（6）Actor 类的最后一部分是实现 get_action() 函数获取动作：

```
  def get_action(self, state):
    # Convert [Image] to np.array(np.adarray)
    state_np = np.array([np.array(s) for s in state])
    if len(state_np.shape) == 3:
      # Convert (w, h, c) to (1, w, h, c)
      state_np = np.expand_dims(state_np, 0)
    action = self.model.predict(state_np)
    # Clip action to be between 0 and max obs
    # screen size
    action = np.clip(action, 0, self.action_bound)
    # 1 Action per instance of env; Env expects:
    # (num_instances, actions)
    return action
```

（7）完成 Actor 类后，开始实现 Critic 类：

```
class Critic:
  def __init__(self, state_dim, action_dim):
    self.state_dim = state_dim
    self.action_dim = action_dim
    self.weight_initializer = \
      tf.keras.initializers.he_normal()
    self.model = self.nn_model()
    self.opt = \
      tf.keras.optimizers.Adam(args.Critic_lr)
```

（8）与 Actor 类的 DNN 模型相似，在 Critic 类中使用 6.4.3 节中的类似结构，其中包含两个感知块。为确保完整性，可以参考本节的完整源代码或 6.4.3 节中的 DNN 实现。下面实现 Q 函数的 predict() 函数和 g_gradients() 函数：

```
  def predict(self, inputs):
```

```
    return self.model.predict(inputs)

  def q_gradients(self, states, actions):
    actions = tf.convert_to_tensor(actions)
    with tf.GradientTape() as tape:
      tape.watch(actions)
      q_values = self.model([states, actions])
      q_values = tf.squeeze(q_values)
    return tape.gradient(q_values, actions)
```

（9）为了更新评论家网络，需要损失值驱动参数更新，同时需要一个实际的训练步骤来执行更新。以下代码实现 compute_loss() 实数和 train() 函数：

```
  def compute_loss(self, v_pred, td_targets):
    mse = tf.keras.losses.MeanSquaredError()
    return mse(td_targets, v_pred)

  def train(self, states, actions, td_targets):
    with tf.GradientTape() as tape:
      v_pred = self.model([states, actions],
                training=True)
      assert v_pred.shape == td_targets.shape
      loss = self.compute_loss(v_pred,
             tf.stop_gradient(td_targets))
    grads = tape.gradient(loss,
            self.model.trainable_variables)
    self.opt.apply_gradients(zip(grads,
            self.model.trainable_variables))
    return loss
```

（10）将行动者网络和评论家网络结合在一起实现 DDPGAgent：

```
class DDPGAgent:
  def __init__(self, env):
    self.env = env
    self.state_dim = self.env.observation_space.shape
    self.action_dim = self.env.action_space.shape
    self.action_bound = self.env.action_space.high
    self.buffer = ReplayBuffer()
    self.actor = Actor(self.state_dim,
            self.action_dim, self.action_bound)
    self.Critic = Critic(self.state_dim,
                  self.action_dim)
    self.target_actor = Actor(self.state_dim,
```

```
          self.action_dim, self.action_bound)
    self.target_Critic = Critic(self.state_dim,
                 self.action_dim)
    actor_weights = self.actor.model.get_weights()
    Critic_weights = self.Critic.model.get_weights()
    self.target_actor.model.set_weights(
                 actor_weights)
    self.target_Critic.model.set_weights
                (Critic_weights)
```

（11）实现 update_target() 函数更新行动者网络和评论家网络的目标模型：

```
def update_target(self):
  actor_weights = self.actor.model.get_weights()
  t_actor_weights = \
    self.target_actor.model.get_weights()
  Critic_weights = self.Critic.model.get_weights()
  t_Critic_weights = \
    self.target_Critic.model.get_weights()
  for i in range(len(actor_weights)):
    t_actor_weights[i] = (args.tau * \
    actor_weights[i] + (1 - args.tau) * \
    t_actor_weights[i])
  for i in range(len(Critic_weights)):
    t_Critic_weights[i] = (args.tau * \
    Critic_weights[i] + (1 - args.tau) * \
    t_Critic_weights[i])
  self.target_actor.model.set_weights(
                t_actor_weights)
  self.target_Critic.model.set_weights(
               t_Critic_weights)
```

（12）实现 get_td_target() 函数计算时序差分目标：

```
def get_td_target(self, rewards, q_values, dones):
  targets = np.asarray(q_values)
  for i in range(q_values.shape[0]):
    if dones[i]:
      targets[i] = rewards[i]
    else:
      targets[i] = args.gamma * q_values[i]
  return targets
```

（13）因为使用的是确定性策略梯度且没有分布可供采样的策略，所以使用噪声函数在 Actor 网络预测的动作周围进行采样。对于 DDPG 智能体，**奥恩斯坦-乌伦贝克（Ornstein Uhlenbeck，OU）**噪声过程是一种广泛使用的噪声过程。此处选择 OU 噪声过程并进行相应 add_ou_noise() 函数的实现：

```
def add_ou_noise(self, x, rho=0.15, mu=0, dt=1e-1,
        sigma=0.2, dim=1):
  return (
    x + rho * (mu - x) * dt + sigma * \
    np.sqrt(dt) * np.random.normal(size=dim))
```

（14）实现 replay_experience() 函数从回放缓冲区中回放经验：

```
def replay_experience(self):
  for _ in range(10):
    states, actions, rewards, next_states, \
      dones = self.buffer.sample()
    target_q_values = self.target_Critic.predict(
      [next_states,
       self.target_actor.predict(next_states)])
    td_targets = self.get_td_target(rewards,
                target_q_values, dones)

    self.Critic.train(states, actions,
              td_targets)

    s_actions = self.actor.predict(states)
    s_grads = self.Critic.q_gradients(states,
                  s_actions)
    grads = np.array(s_grads).reshape(
                (-1, self.action_dim))
    self.actor.train(states, grads)
    self.update_target()
```

（15）在智能体实现中，最关键的是实现 train() 函数。将其实现分为几个步骤。首先，从最外层的循环开始，该循环的运行次数由最大回合数决定：

```
def train(self, max_episodes=1000):
  with writer.as_default():
    for ep in range(max_episodes):
      step_num, episode_reward, done = 0, 0,\
                      False

      state = self.env.reset()
```

```
prev_state = state
bg_noise = np.random.randint(
  self.env.action_space.low,
  self.env.action_space.high,
  self.env.action_space.shape,
)
```

（16）实现内层循环，该循环会一直运行直到一个回合结束：

```
while not done:
  # self.env.render()
  action = self.actor.get_action(state)
  noise = self.add_ou_noise(bg_noise,\
          dim=self.action_dim)
  action = np.clip(action + noise, 0, \
    self.action_bound).astype("int")

  next_state, reward, dones, _ = \
          self.env.step(action)
  done = np.all(dones)
  if done:
    next_state = prev_state
  else:
    prev_state = next_state
```

（17）使用智能体收集到的新经验更新回放缓冲区：

```
for (s, a, r, s_n, d) in zip(next_state,\
action, reward, next_state, dones):
  self.buffer.store(s, a, \
        (r + 8) / 8, s_n, d)
  episode_reward += r
step_num += 1  # 1 across
# num_instances
print(f"ep#:{ep} step#:{step_num} \
    step_rew:{reward} \
    action:{action} dones:{dones}")
bg_noise = noise
state = next_state
```

（18）当缓冲区容量大于用于训练的一批数据量时，就回放经验：

```
if (self.buffer.size() >= args.batch_size
  and self.buffer.size() >= \
  args.train_start):
```

```
        self.replay_experience()
    print(f"Episode#{ep} \
        Reward:{episode_reward}")
    tf.summary.scalar("episode_reward", \
                      episode_reward, \
                      step=ep)
```

（19）使用 __main__ 函数在可视航班预订环境中启动智能体的训练：

```
if __name__ == "__main__":

    env_name = "MiniWoBBookFlightVisualEnv-v0"
    env = gym.make(env_name)
    Agent = DDPGAgent(env)
    Agent.train()
```

6.5.3 工作原理

DDPG 智能体在探索时从航班预订环境中收集了一系列样本，然后利用这些经验通过行动者网络和评论家网络的更新来更新其策略参数。前面讨论的 OU 噪声允许智能体使用确定性动作策略来进行探索。航班预订环境非常复杂，因为它除了需要智能体通过查看任务描述的视觉图像（视觉文本解析）来理解任务，推断预期的任务目标并以正确的顺序执行动作之外，还需要智能体掌握键盘和鼠标。图 6.13 显示了智能体在完成足够多的训练后的表现。

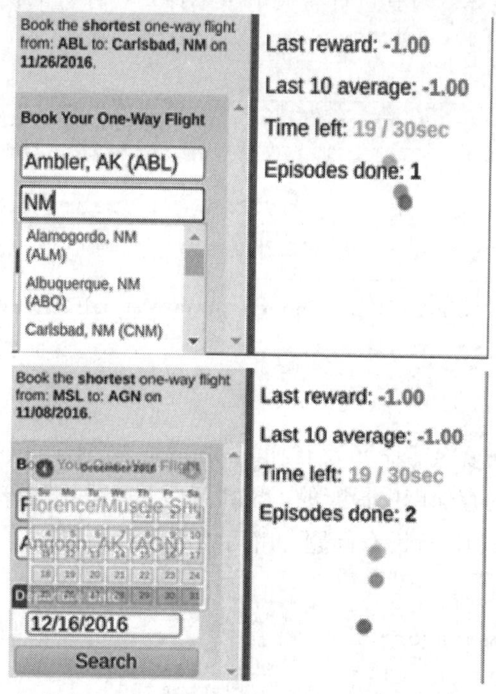

图 6.13　智能体在学习的不同阶段执行航班预订任务的屏幕截图

图 6.14 显示了智能体进入到任务的最后阶段后智能体的屏幕（尽管距离完成任务还有一段距离）。

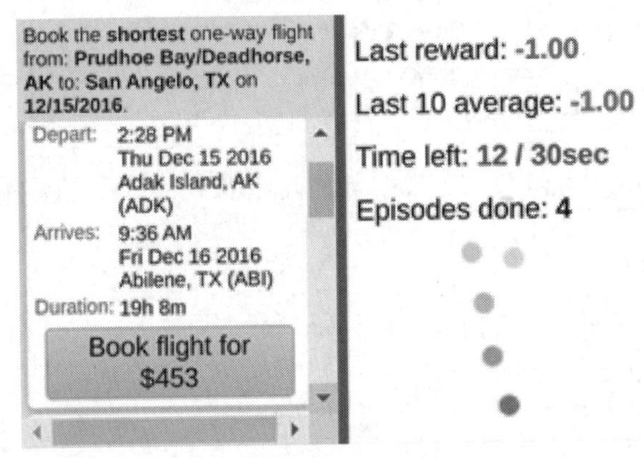

图 6.14　智能体进行到航班预订任务最后阶段的屏幕截图

6.6　训练一个强化学习智能体来管理您的电子邮件

电子邮件已成为许多人生活中不可或缺的一部分。一个普通的上班族在一个工作日中处理的电子邮件数量在逐日增长。虽然存在许多用于垃圾邮件控制的电子邮件过滤器，但如果有一个智能体可以执行一系列仅提供任务描述（通过文本或经语音转文本处理的语音）的电子邮件管理任务，并且不受任何有速率限制的 API 的限制，那该有多好呀？本节将开发一个深度强化学习智能体并对其进行有关电子邮件管理任务的训练，一组示例任务如图 6.15 所示。

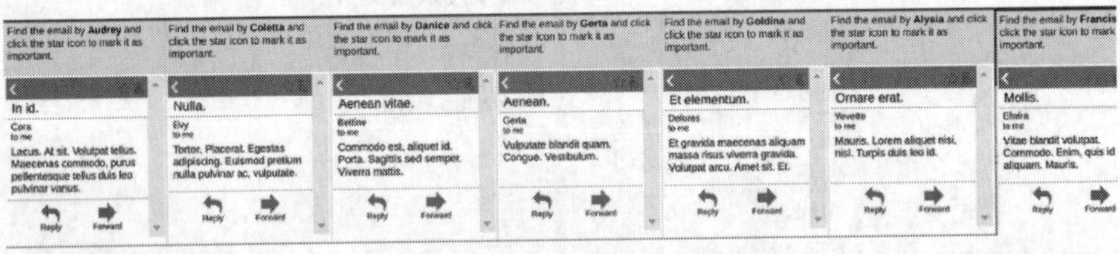

图 6.15　来自随机 MiniWoBEmailInboxImportantVisualEnv 环境的一组观测示例

6.6.1　前期准备

为成功运行代码，需要激活命名为 tf2rl-cookbook 的 Python/Conda 虚拟环境。请确保更新的环境与书中代码存储库中最新的 Conda 环境规范文件（tfrl-cookbook.yml）相匹配。如果以下 import 语句运行没有问题，就可以准备开始了：

```
import tensorflow as tf
from tensorflow.keras.layers import (
  Conv2D,
  Dense,
```

```
    Dropout,
    Flatten,
    Input,
    Lambda,
    MaxPool2D,
)
import webgym  # Used to register webgym environments
```

6.6.2　实现步骤

请按照以下步骤实现一个深度强化学习智能体，并训练它来管理重要的电子邮件。

（1）将定义一个 ArgumentParser，以便可以从命令行配置脚本。有关可配置超参数的完整列表，请参阅本节的源代码：

```
parser = argparse.ArgumentParser(
    prog="TFRL-Cookbook-Ch5-Important-Emails-Manager-Agent"
)
parser.add_argument("--env", default="MiniWoBEmailInboxImportantVisualEnv-
    v0")
```

（2）设置 TensorBoard 日志记录：

```
args = parser.parse_args()
logdir = os.path.join(
    args.logdir, parser.prog, args.env, \
    datetime.now().strftime("%Y%m%d-%H%M%S")
)
print(f"Saving training logs to:{logdir}")
writer = tf.summary.create_file_writer(logdir)
```

（3）初始化 Actor 类：

```
class Actor:
    def __init__(self, state_dim, action_dim,
    action_bound, std_bound):
        self.state_dim = state_dim
        self.action_dim = action_dim
        self.action_bound = np.array(action_bound)
        self.std_bound = std_bound
        self.weight_initializer = \
          tf.keras.initializers.he_normal()
        self.eps = 1e-5
        self.model = self.nn_model()
        self.model.summary()  # Print a summary of the
```

```
    # Actor model
    self.opt = \
      tf.keras.optimizers.Nadam(args.actor_lr)
```

（4）因为电子邮件管理环境中的观测是基于视觉的（图像），所以需要智能体中的行动者网络具备感知能力。首先必须使用基于卷积的感知块：

```
def nn_model(self):
    obs_input = Input(self.state_dim)
    conv1 = Conv2D(
      filters=32,
      kernel_size=(3, 3),
      strides=(1, 1),
      padding="same",
      input_shape=self.state_dim,
      data_format="channels_last",
      activation="relu",
    )(obs_input)
    pool1 = MaxPool2D(pool_size=(3, 3), strides=1)\
            (conv1)
    conv2 = Conv2D(
      filters=32,
      kernel_size=(3, 3),
      strides=(1, 1),
      padding="valid",
      activation="relu",
    )(pool1)
    pool2 = MaxPool2D(pool_size=(3, 3), strides=1)\
            (conv2)
```

（5）添加更多包含卷积的感知块，其中卷积层后面是最大池化层：

```
    conv3 = Conv2D(
      filters=16,
      kernel_size=(3, 3),
      strides=(1, 1),
      padding="valid",
      activation="relu",
    )(pool2)
    pool3 = MaxPool2D(pool_size=(3, 3), strides=1)\
            (conv3)
    conv4 = Conv2D(
      filters=16,
      kernel_size=(3, 3),
```

```
    strides=(1, 1),
    padding="valid",
    activation="relu",
)(pool3)
pool4 = MaxPool2D(pool_size=(3, 3), strides=1)\
        (conv4)
```

（6）展平 DNN 的输出，以生成想要的均值（mu）和标准差作为行动者网络的输出。首先，添加展平层和全连接层：

```
flat = Flatten()(pool4)
dense1 = Dense(
  16, activation="relu", \
    kernel_initializer=self.weight_initializer
)(flat)
dropout1 = Dropout(0.3)(dense1)
dense2 = Dense(
  8, activation="relu", \
    kernel_initializer=self.weight_initializer
)(dropout1)
dropout2 = Dropout(0.3)(dense2)
# action_dim[0] = 2
output_val = Dense(
  self.action_dim[0],
  activation="relu",
  kernel_initializer=self.weight_initializer,
)(dropout2)
```

（7）定义行动者网络的最后一层有助于生成 mu 和 std：

```
# Scale & clip x[i] to be in range [0,
                   action_bound[i]]
mu_output = Lambda(
  lambda x: tf.clip_by_value(x * \
    self.action_bound, 1e-9, self.action_bound)
)(output_val)
std_output_1 = Dense(
  self.action_dim[0],
  activation="softplus",
  kernel_initializer=self.weight_initializer,
)(dropout2)
std_output = Lambda(
  lambda x: tf.clip_by_value(
```

```
      x * self.action_bound, 1e-9, \
      self.action_bound / 2))(std_output_1)
  return tf.keras.models.Model(
    inputs=obs_input, outputs=[mu_output, \
          std_output], name="Actor"
  )
```

（8）实现了行动者网络的 DNN 模型后，要实现其余方法完成 Actor 类。可参阅本节的完整代码。本步骤专注于定义 Critic 类的接口：

```
class Critic:
  def __init__(self, state_dim):
    self.state_dim = state_dim
    self.weight_initializer = \
        tf.keras.initializers.he_normal()
    self.model = self.nn_model()
    self.model.summary()  # Print a summary of the
    # Critic model
    self.opt = \
      tf.keras.optimizers.Nadam(args.Critic_lr)
```

（9）评论家网络也类似于行动者网络，所以本步骤专注于实现 compute_loss() 函数和 train() 函数：

```
  def compute_loss(self, v_pred, td_targets):
    mse = tf.keras.losses.MeanSquaredError()
    return mse(td_targets, v_pred)

  def train(self, states, td_targets):
    with tf.GradientTape() as tape:
      v_pred = self.model(states, training=True)
      # assert v_pred.shape == td_targets.shape
      loss = self.compute_loss(v_pred, \
            tf.stop_gradient(td_targets))
    grads = tape.gradient(loss, \
             self.model.trainable_variables)
    self.opt.apply_gradients(zip(grads, \
              self.model.trainable_variables))
    return loss
```

（10）定义我们的智能体类 PPOAgent：

```
class PPOAgent:
  def __init__(self, env):
    self.env = env
    self.state_dim = self.env.observation_space.shape
    self.action_dim = self.env.action_space.shape
    # Set action_bounds to be within the actual
    # task-window/browser-view of the Agent
    self.action_bound = [self.env.task_width, \
               self.env.task_height]
    self.std_bound = [1e-2, 1.0]

    self.actor = Actor(
      self.state_dim, self.action_dim, \
      self.action_bound, self.std_bound
    )
    self.Critic = Critic(self.state_dim)
```

（11）可以根据本章相关节内容实现剩余的函数（和训练循环）。如果遇到困难，可以通过访问书中代码存储库参阅本节的完整源代码。现在，编写 __main__ 函数在 MiniWoB-EmailInboxImportantVisualEnv 中训练智能体：

```
if __name__ == "__main__":
  env_name = "MiniWoBEmailInboxImportantVisualEnv-v0"
  env = gym.make(env_name)
  cta_Agent = PPOAgent(env)
  cta_Agent.train()
```

6.6.3 工作原理

PPO 智能体使用卷积神经网络层处理 Actor 类和 Critic 类中的高维视觉输入。PPO 算法使用替代损失函数更新智能体的策略参数，以防止策略参数进行大幅度更新。然后，它将策略更新保持在可信域内，这使得其对超参数选择和其他一些可能导致智能体训练机制不稳定的因素具有鲁棒性。电子邮件管理环境为深度强化学习智能体提出了一个很好的序贯决策问题。首先，智能体必须从收件箱中的一系列电子邮件中选择正确的电子邮件，然后执行所需的操作（为电子邮件加星标等）。智能体只能访问收件箱的视觉呈现，因此它需要提取任务说明细节，理解任务说明，然后计划并执行动作。

图 6.16 给出了智能体在学习的不同阶段的性能截图（从不同的检查点加载）。

图 6.16 展示智能体学习进度的一系列截图

6.7 训练一个强化学习智能体来自动管理您的社交媒体账户

本节构建出一个完整的深度强化学习智能体训练脚本，该脚本可用于训练智能体以在读者的社交媒体账户上执行管理任务。

图 6.17 展示了一系列（随机）任务，这些任务来自将用来训练智能体的环境。

图 6.17 一组需要智能体解决的社交媒体账户管理任务示例

注意，此任务中有一个滚动条，智能体需要学习如何使用它。与该任务相关的推文可能会隐藏在屏幕的可见部分之外，因此智能体必须主动探索（通过向上/向下滑动滚动条）才能取得进展。

6.7.1 前期准备

为成功运行代码，需要激活命名为 tf2rl-cookbook 的 Python/Conda 虚拟环境。请确保更新的环境与书中代码存储库中最新的 Conda 环境规范文件（tfrl-cookbook.yml）相匹配。如果以下 import 语句运行没有问题，就可以准备开始了：

```
import tensorflow as tf
```

```
from tensorflow.keras.layers import (Conv2D, Dense, Dropout, Flatten,
   Input, Lambda, MaxPool2D, concatenate,)
import webgym  # Used to register webgym environments
```

6.7.2 实现步骤

（1）实现 ReplayBuffer 类:

```
class ReplayBuffer:
  def __init__(self, capacity=10000):
    self.buffer = deque(maxlen=capacity)

  def store(self, state, action, reward, next_state,
  done):
    self.buffer.append([state, action, reward,
              next_state, done])

  def sample(self):
    sample = random.sample(self.buffer,
                args.batch_size)
    states, actions, rewards, next_states, done = \
              map(np.asarray, zip(*sample))
    states = \
      np.array(states).reshape(args.batch_size, -1)
    next_states = np.array(next_states).\
            reshape(args.batch_size, -1)
    return states, actions, rewards, next_states,\
    done

  def size(self):
    return len(self.buffer)
```

（2）实现 Actor 类:

```
class Actor:
  def __init__(self, state_dim, action_dim,
  action_bound):
    self.state_dim = state_dim
    self.action_dim = action_dim
    self.action_bound = action_bound
    self.weight_initializer = \
      tf.keras.initializers.he_normal()
    self.eps = 1e-5
    self.model = self.nn_model()
```

```
    self.opt = \
      tf.keras.optimizers.Adam(args.actor_lr)
```

（3）定义行动者网络的 DNN：

```
def nn_model(self):
    obs_input = Input(self.state_dim)
    conv1 = Conv2D(filters=64, kernel_size=(3, 3),\
            strides=(1, 1), padding="same", \
            input_shape=self.state_dim, \
            data_format="channels_last", \
            activation="relu")(obs_input)
    pool1 = MaxPool2D(pool_size=(3, 3), \
             strides=1)(conv1)
    conv2 = Conv2D(filters=32, kernel_size=(3, 3),\
            strides=(1, 1), padding="valid", \
            activation="relu",)(pool1)
    pool2 = MaxPool2D(pool_size=(3, 3), strides=1)\
            (conv2)
```

（4）根据任务的复杂性，可以修改（即增加/减少）DNN 的深度。首先将池化层的输出连接到具有 dropout 的全连接层：

```
    flat = Flatten()(pool2)
    dense1 = Dense(
      16, activation="relu", \
      kernel_initializer=self.weight_initializer)\
      (flat)
    dropout1 = Dropout(0.3)(dense1)
    dense2 = Dense(8, activation="relu", \
      kernel_initializer=self.weight_initializer)\
      (dropout1)
    dropout2 = Dropout(0.3)(dense2)
    # action_dim[0] = 2
    output_val = Dense(self.action_dim[0],
              activation="relu",
              kernel_initializer= \
                  self.weight_initializer,)\
               (dropout2)
    # Scale & clip x[i] to be in range
    # [0, action_bound[i]]
    mu_output=Lambda(lambda x: tf.clip_by_value(x *\
            self.action_bound, 1e-9, \
            self.action_bound))(output_val)
```

```
    return tf.keras.models.Model(inputs=obs_input,
                                 outputs=mu_output,
                                 name="Actor")
```

（5）实现训练行动者网络的 train() 函数以及从行动者网络中获取预测的 predict() 函数：

```
  def train(self, states, q_grads):
    with tf.GradientTape() as tape:
      grads = tape.gradient(self.model(states),\
              self.model.trainable_variables,\
              -q_grads)
    self.opt.apply_gradients(zip(grads, \
      self.model.trainable_variables))

  def predict(self, state):
    return self.model.predict(state)
```

（6）实现 get_action() 函数，从行动者网络中获取动作：

```
  def get_action(self, state):
    # Convert [Image] to np.array(np.adarray)
    state_np = np.array([np.array(s) for s in state])
    if len(state_np.shape) == 3:
      # Convert (w, h, c) to (1, w, h, c)
      state_np = np.expand_dims(state_np, 0)
    action = self.model.predict(state_np)
    action = np.clip(action, 0, self.action_bound)
    return action
```

（7）实现评论家网络，需要实现智能体类：

```
class Critic:
  def __init__(self, state_dim, action_dim):
    self.state_dim = state_dim
    self.action_dim = action_dim
    self.weight_initializer = \
      tf.keras.initializers.he_normal()
    self.model = self.nn_model()
    self.opt = \
      tf.keras.optimizers.Adam(args.Critic_lr)
```

（8）评论家网络使用 nn_model() 函数初始化：

```
  def nn_model(self):
```

```
    obs_input = Input(self.state_dim)
    conv1 = Conv2D(filters=64, kernel_size=(3, 3),
             strides=(1, 1), padding="same",
             input_shape=self.state_dim,
             data_format="channels_last",
             activation="relu",)(obs_input)
    pool1 = MaxPool2D(pool_size=(3, 3), strides=2)\
             (conv1)
    conv2 = Conv2D(filters=32, kernel_size=(3, 3),
               strides=(1, 1), padding="valid",
             activation="relu",)(pool1)
    pool2 = MaxPool2D(pool_size=(3, 3),
              strides=2)(conv2)
```

（9）通过具有 dropout 的全连接层汇集输出，从而完成评论家网络的 DNN 架构，得到必要的动作值：

```
    flat = Flatten()(pool2)
    dense1 = Dense(16, activation="relu",
             kernel_initializer= \
                 self.weight_initializer)(flat)
    dropout1 = Dropout(0.3)(dense1)
    dense2 = Dense(8, activation="relu",
             kernel_initializer= \
                 self.weight_initializer)\
             (dropout1)
    dropout2 = Dropout(0.3)(dense2)
    value = Dense(1, activation="linear",
            kernel_initializer= \
              self.weight_initializer)\
            (dropout2)
    return tf.keras.models.Model(inputs=obs_input,
                   outputs=value,
                   name="Critic")
```

（10）实现 g_gradients() 函数和 compute_loss() 函数：

```
  def q_gradients(self, states, actions):
    actions = tf.convert_to_tensor(actions)
    with tf.GradientTape() as tape:
      tape.watch(actions)
      q_values = self.model([states, actions])
      q_values = tf.squeeze(q_values)
    return tape.gradient(q_values, actions)
```

```
def compute_loss(self, v_pred, td_targets):
  mse = tf.keras.losses.MeanSquaredError()
  return mse(td_targets, v_pred)
```

（11）通过实现 predict() 函数和 train() 函数完成评论家网络的实现：

```
def predict(self, inputs):
  return self.model.predict(inputs)

def train(self, states, actions, td_targets):
  with tf.GradientTape() as tape:
    v_pred = self.model([states, actions],\
               training=True)
    assert v_pred.shape == td_targets.shape
    loss = self.compute_loss(v_pred, \
           tf.stop_gradient(td_targets))
  grads = tape.gradient(loss, \
          self.model.trainable_variables)
  self.opt.apply_gradients(zip(grads, \
          self.model.trainable_variables))
  return loss
```

（12）利用行动者网络和评论家网络实现智能体：

```
class DDPGAgent:
  def __init__(self, env):
    self.env = env
    self.state_dim = self.env.observation_space.shape
    self.action_dim = self.env.action_space.shape
    self.action_bound = self.env.action_space.high
    self.buffer = ReplayBuffer()
    self.actor = Actor(self.state_dim,
             self.action_dim,
             self.action_bound)
    self.Critic = Critic(self.state_dim,
             self.action_dim)
    self.target_actor = Actor(self.state_dim,
                self.action_dim,
                self.action_bound)
    self.target_Critic = Critic(self.state_dim,
                  self.action_dim)
    actor_weights = self.actor.model.get_weights()
    Critic_weights = self.Critic.model.get_weights()
```

```
    self.target_actor.model.set_weights(
                    actor_weights)
    self.target_Critic.model.set_weights(
                    Critic_weights)
```

（13）按照 DDPG 算法实现 update_target() 函数：

```
def update_target(self):
  actor_weights = self.actor.model.get_weights()
  t_actor_weights = \
    self.target_actor.model.get_weights()
  Critic_weights = self.Critic.model.get_weights()
  t_Critic_weights = \
    self.target_Critic.model.get_weights()
  for i in range(len(actor_weights)):
    t_actor_weights[i] = (args.tau * \
              actor_weights[i] + \
              (1 - args.tau) * \
              t_actor_weights[i])

  for i in range(len(Critic_weights)):
    t_Critic_weights[i] = (args.tau * \
              Critic_weights[i] + \
                (1 - args.tau) * \
              t_Critic_weights[i])

  self.target_actor.model.set_weights(
              t_actor_weights)
  self.target_Critic.model.set_weights(
              t_Critic_weights)
```

（14）这里不深入讨论 train() 函数的实现，而是主要关注其中的训练循环的实现。本步骤开始实现外层循环：

```
def train(self, max_episodes=1000):
  with writer.as_default():
    for ep in range(max_episodes):
      step_num, episode_reward, done = 0, 0, \
                    False
      state = self.env.reset()
      prev_state = state
      bg_noise = np.random.randint(
            self.env.action_space.low,
            self.env.action_space.high,
```

```
            self.env.action_space.shape)
```

（15）实现主要的内层循环：

```
        while not done:
          action = self.actor.get_action(state)
          noise = self.add_ou_noise(bg_noise,
                  dim=self.action_dim)
          action = np.clip(action + noise, 0,
            self.action_bound).astype("int")
          next_state, reward, dones, _ = \
            self.env.step(action)
          done = np.all(dones)
          if done:
            next_state = prev_state
          else:
            prev_state = next_state
          for (s, a, r, s_n, d) in zip\
          (next_state, action, reward, \
           next_state, dones):
            self.buffer.store(s, a, \
                   (r + 8) / 8, s_n, d)
            episode_reward += r
          step_num += 1
          # 1 across num_instances
          bg_noise = noise
          state = next_state
        if (self.buffer.size() >= args.batch_size
          and self.buffer.size() >= \
            args.train_start):
          self.replay_experience()
        tf.summary.scalar("episode_reward",
                  episode_reward,
                  step=ep)
```

（16）完成了 train() 函数的实现，有关 replay_experience() 函数、add_ou_noise() 函数和 get_td_targets() 函数的实现，参阅本节的完整源代码。

（17）编写 __main__ 函数，在社交媒体环境中开始训练智能体：

```
if __name__ == "__main__":
  env_name = "MiniWoBSocialMediaMuteUserVisualEnv-v0"
  env = gym.make(env_name)
  Agent = DDPGAgent(env)
```

```
Agent.train()
```

6.7.3 工作原理

可以直观地查看一个经过良好训练的智能体如何完成社交媒体管理任务，图 6.18 显示了智能体在此环境中学习使用滚动条进行“导览”。

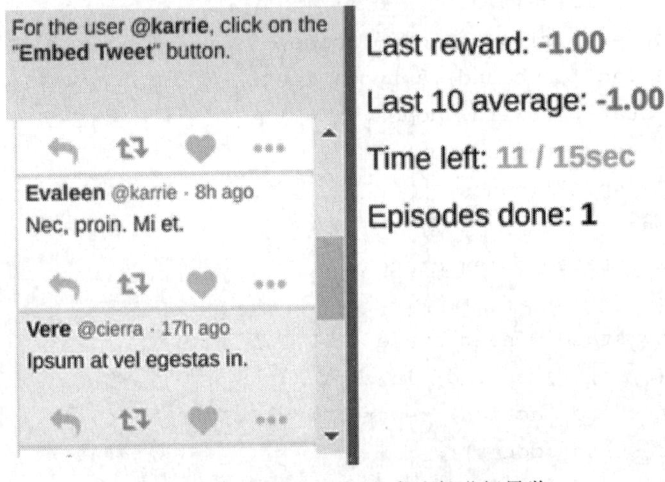

图 6.18 智能体学习使用滚动条进行导览

注意，任务说明并不含有与滚动条或导览有关的任何信息，而是智能体能够探索并确定它需要导览才能继续执行任务。图 6.19 显示了智能体取得了更大的进展，其选择了正确的推文但点击了错误的动作，即单击了 Embed Tweet 而不是 Mute。

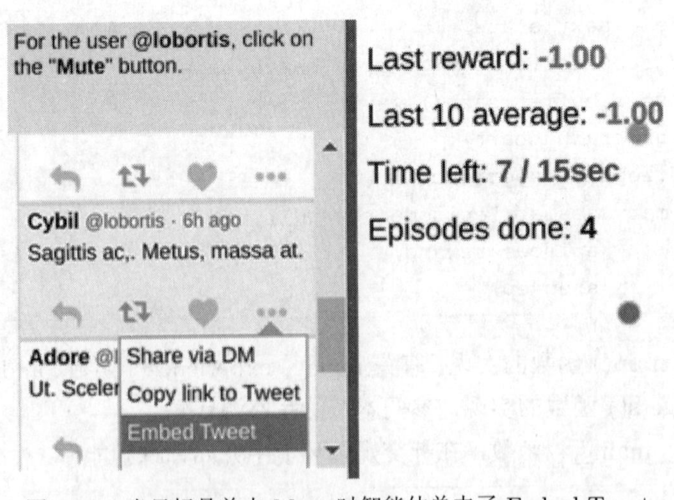

图 6.19 当目标是单击 Mute 时智能体单击了 Embed Tweet

经过 9600 万个回合的训练后，智能体足以处理该任务。图 6.20 显示了智能体在评估回合中的性能（智能体是从检查点加载的）。

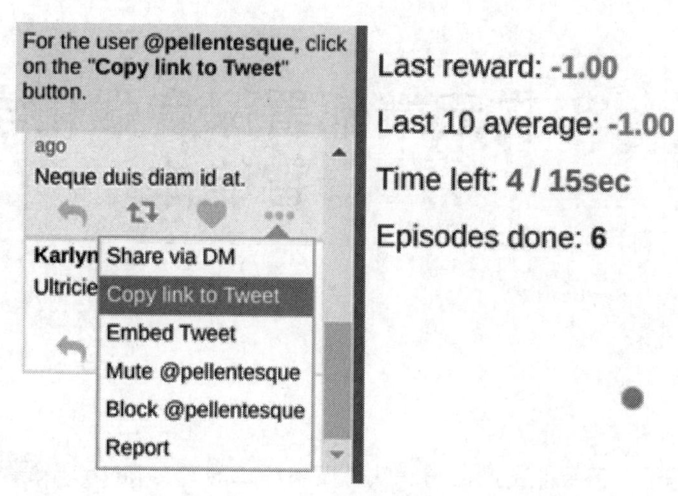

图 6.20　从训练好的参数中加载的智能体即将成功完成任务

第 7 章 在云端部署深度强化学习智能体

云端已成为基于人工智能的产品与解决方案实际上的（de facto）部署平台。在云端运行深度学习模型变得越来越普遍。然而，由于各种原因，在云端中部署的基于强化学习的智能体仍然非常少见。本章的方案使用深度强化学习构建基于云端的“模拟即服务”和“智能体/机器人即服务”应用。

具体来说，本章包含以下内容：

- 实现强化学习智能体的运行组件；
- 建立强化学习环境模拟器的服务；
- 使用远程模拟服务器训练强化学习智能体；
- 测试/评估强化学习智能体；
- 组装强化学习智能体进行部署——一个交易机器人；
- 将强化学习智能体部署到云端——交易机器人即服务。

7.1 技术要求

本书的代码已经在 Ubuntu 18.04 和 Ubuntu 20.04 上进行了广泛的测试，这意味着如果 Python 3.6+ 可用，则代码也可以在更高版本的 Ubuntu 中运行。在安装 Python 3.6+ 以及列于每节的“前期准备”部分中的必要 Python 包后，代码也可以在 Windows 和 macOS X 上正常运行。建议创建并使用一个名为 tf2rl-cookbook 的 Python 虚拟环境来安装这些包并运行书中的代码。建议安装 Miniconda 或 Anaconda 来管理 Python 虚拟环境。还需要在系统上安装 Chromium chrome 驱动程序。在 Ubuntu 18.04+ 上，可以使用 sudo apt-get install chromium-chromedriver 命令来安装它。

7.2 实现强化学习智能体的运行组件

前面章节已经讨论了多种智能体算法的实现。在前面提到的方案中（特别是第 3 章，高级强化学习算法的实现），在已实现的智能体训练代码中，某些部分的执行是有条件的。例如，经验回放程序只在满足某个条件时运行（例如回放存储器中的样本数等）。这就引出了一个问题：智能体中需要哪些基本组件？尤其是不打算进一步训练它，而只是执行一个学习好的策略时，需要哪些基本组件？本节提取实现 **Soft Actor-Critic（SAC）**智能体的最小组件集，即那些对智能体的运行绝对必要的组件。

7.2.1 前期准备

为成功运行代码，需要激活命名为 tf2rl-cookbook 的 Python/Conda 虚拟环境。请确保更新的环境与书中代码存储库中最新的 Conda 环境规范文件（tfrl-cookbook.yml）相匹配。WebGym 建立在 miniwob-plusplus 基准之上，为了便于使用，这部分已存储在本书代码存储库中。如果以下 import 语句运行没有问题，就可以准备开始了：

```
import functools
from collections import deque

import numpy as np
import tensorflow as tf
import tensorflow_probability as tfp
from tensorflow.keras.layers import Concatenate, Dense, Input
from tensorflow.keras.models import Model
from tensorflow.keras.optimizers import Adam

tf.keras.backend.set_floatx("float64")
```

7.2.2 实现步骤

下面的步骤提供了使用 SAC 智能体所必需的最小运行时的实现细节。

（1）实现一个 TensorFlow 2.x 模型作为 actor 组件：

```
def actor(state_shape, action_shape, units=(512, 256, 64)):
  state_shape_flattened = \
    functools.reduce(lambda x, y: x * y, state_shape)
  state = Input(shape=state_shape_flattened)
  x = Dense(units[0], name="L0", activation="relu")\
      (state)
  for index in range(1, len(units)):
    x = Dense(units[index], name="L{}".format(index),
      activation="relu")(x)
  actions_mean = Dense(action_shape[0], \
          name="Out_mean")(x)
  actions_std = Dense(action_shape[0],
          name="Out_std")(x)
  model = Model(inputs=state, outputs=[actions_mean,
      actions_std])
```

```
  return model
```

（2）实现一个 TensorFlow 2.x 模型作为 critic 组件：

```
def critic(state_shape, action_shape, units=(512, 256, 64)):
  state_shape_flattened = \
    functools.reduce(lambda x, y: x * y, state_shape)
  inputs = [Input(shape=state_shape_flattened), \
        Input(shape=action_shape)]
  concat = Concatenate(axis=-1)(inputs)
  x = Dense(units[0], name="Hidden0", \
        activation="relu")(concat)
  for index in range(1, len(units)):
    x = Dense(units[index], \
          name="Hidden{}".format(index), \
          activation="relu")(x)
  output = Dense(1, name="Out_QVal")(x)
  model = Model(inputs=inputs, outputs=output)
  return model
```

（3）实现一个用于更新 TensorFlow 2.x 目标模型权重的效用函数：

```
def update_target_weights(model, target_model,tau=0.005):
  weights = model.get_weights()
  target_weights = target_model.get_weights()
  for i in range(len(target_weights)):
  # set tau% of target model to be new weights
    target_weights[i] = weights[i] * tau + \
            target_weights[i] * (1 - tau)
  target_model.set_weights(target_weights)
```

（4）利用以下几个步骤实现 SAC 智能体的运行类。首先定义构造函数的参数：

```
class SAC(object):
  def __init__(
    self,
    observation_shape,
    action_space,
    lr_actor=3e-5,
    lr_critic=3e-4,
    actor_units=(64, 64),
    critic_units=(64, 64),
    auto_alpha=True,
    alpha=0.2,
    tau=0.005,
```

```
    gamma=0.99,
    batch_size=128,
    memory_cap=100000,
):
```

（5）初始化智能体的状态/观测的维度大小、动作的维度大小和动作的限制/界限，并初始化一个双端队列存储智能体的记忆：

```
self.state_shape = observation_shape  # shape of
# observations
self.action_shape = action_space.shape  # number
# of actions
self.action_bound = \
  (action_space.high - action_space.low) / 2
self.action_shift = \
  (action_space.high + action_space.low) / 2
self.memory = deque(maxlen=int(memory_cap))
```

（6）定义并初始化行动者网络：

```
# Define and initialize actor network
self.actor = actor(self.state_shape,
           self.action_shape,
           actor_units)
self.actor_optimizer = \
  Adam(learning_rate=lr_actor)
self.log_std_min = -20
self.log_std_max = 2
print(self.actor.summary())
```

（7）定义并初始化评论家网络：

```
# Define and initialize critic networks
self.critic_1 = critic(self.state_shape,
            self.action_shape,
            critic_units)
self.critic_target_1 = critic(self.state_shape,
                 self.action_shape,
                 critic_units)
self.critic_optimizer_1 = \
  Adam(learning_rate=lr_critic)
update_target_weights(self.critic_1,
           self.critic_target_1,
           tau=1.0)
```

```
self.critic_2 = critic(self.state_shape,
            self.action_shape,
            critic_units)
self.critic_target_2 = critic(self.state_shape,
                self.action_shape,
                critic_units)
self.critic_optimizer_2 = \
  Adam(learning_rate=lr_critic)
update_target_weights(self.critic_2,
            self.critic_target_2,
            tau=1.0)

print(self.critic_1.summary())
```

（8）基于 auto_alpha 标志初始化 SAC 智能体的温度系数和目标熵：

```
# Define and initialize temperature alpha and
# target entropy
self.auto_alpha = auto_alpha
if auto_alpha:
  self.target_entropy = \
    -np.prod(self.action_shape)
  self.log_alpha = tf.Variable(0.0,
              dtype=tf.float64)
  self.alpha = tf.Variable(0.0,
              dtype=tf.float64)
  self.alpha.assign(tf.exp(self.log_alpha))
  self.alpha_optimizer = \
    Adam(learning_rate=lr_actor)
else:
  self.alpha = tf.Variable(alpha,
              dtype=tf.float64)
```

（9）通过设置超参数和初始化 TensorBoard 日志的训练进度摘要字典：

```
# Set hyperparameters
self.gamma = gamma  # discount factor
self.tau = tau # target model update
self.batch_size = batch_size

# Tensorboard
self.summaries = {}
```

（10）完成构造函数的实现后，继续实现 process_action() 函数，该函数从智能体获取原始动作并对其进行处理，以便能够执行：

```
def process_actions(self, mean, log_std, test=False,
eps=1e-6):
  std = tf.math.exp(log_std)
  raw_actions = mean

  if not test:
    raw_actions += tf.random.normal(shape=mean.\
             shape, dtype=tf.float64) * std

  log_prob_u = tfp.distributions.Normal(loc=mean,
           scale=std).log_prob(raw_actions)
  actions = tf.math.tanh(raw_actions)

  log_prob = tf.reduce_sum(log_prob_u - \
      tf.math.log(1 - actions ** 2 + eps))

  actions = actions * self.action_bound + \
        self.action_shift

  return actions, log_prob
```

（11）定义 act() 函数，该函数将状态作为输入，生成并返回要执行的动作：

```
def act(self, state, test=False, use_random=False):
  state = state.reshape(-1) # Flatten state
  state = np.expand_dims(state, axis=0).\
              astype(np.float64)

  if use_random:
    a = tf.random.uniform(
      shape=(1, self.action_shape[0]),
          minval=-1, maxval=1,
          dtype=tf.float64
    )
  else:
    means, log_stds = self.actor.predict(state)
    log_stds = tf.clip_by_value(log_stds,
               self.log_std_min,
               self.log_std_max)

    a, log_prob = self.process_actions(means,
                  log_stds,
```

```
                        test=test)

    q1 = self.critic_1.predict([state, a])[0][0]
    q2 = self.critic_2.predict([state, a])[0][0]
    self.summaries["q_min"] = tf.math.minimum(q1, q2)
    self.summaries["q_mean"] = np.mean([q1, q2])

    return a
```

（12）实现 load_actor() 函数，从以前训练的模型中加载行动者网络和评论家网络模型权重：

```
  def load_actor(self, a_fn):
    self.actor.load_weights(a_fn)
    print(self.actor.summary())

  def load_critic(self, c_fn):
    self.critic_1.load_weights(c_fn)
    self.critic_target_1.load_weights(c_fn)
    self.critic_2.load_weights(c_fn)
    self.critic_target_2.load_weights(c_fn)
    print(self.critic_1.summary())
```

7.2.3 工作原理

本节实现了 SAC 智能体的基本运行组件。运行组件包括行动者网络和评论家网络定义、从先前训练的智能体模型加载权重的机制以及使用行动者网络的预测生成给定状态的动作并处理该预测以生成可执行动作的智能体接口。

其他基于行动者–评论家的强化学习智能体算法，如 A2C、A3C、DDPG 以及它们的扩展与变体，即使运行组件与 SAC 运行组件不相同，但也会非常相似。

7.3 建立强化学习环境模拟器的服务

本节完成将强化学习训练环境/模拟器转换为服务的过程，为训练强化学习智能体提供模拟即服务。

到目前为止，已经根据要解决的任务，使用不同的模拟器在各种环境中训练了几个强化学习智能体。训练脚本使用 Open AI Gym 接口与运行在同一进程中或本地不同进程中的环境进行交流。本节将任何与 OpenAI Gym 兼容的训练环境（包括定制的强化学习训练环境）转换为可作为在本地或远程部署的服务。完成环境的建立及部署后，一个智能体训练的客户端可以连接到模拟服务器，远程训练一个或多个智能体。

例如，本节使用的 tradegym 库，在前面章节中曾用于构建加密货币和股票交易的强化学习训练环境的集合，并通过一个 **RESTful HTTP 接口**训练强化学习智能体。

7.3.1 前期准备

为了完成本节内容，需要激活命名为 tf2rl-cookbook 的 Python/Conda 虚拟环境。请确保更新的环境与书中代码存储库中最新的 Conda 环境规范文件（tfrl-cookbook.yml）相匹配。

同时，创建名为 tradegym 的新 Python 模块，它包含 crypto_trading_env.py、stock_trading_continuous_env.py、trading_utils.py 以及在前面章节中实现的其他自定义交易环境。

7.3.2 实现步骤

本节实现将包含两个核心模块——tradegym 服务器和 tradegym 客户端，它们都是基于 OpenAI Gym HTTP API 构建的。本节将重点介绍 HTTP 服务接口的定制和核心组件。首先定义一组最小的定制环境，并将其作为 tradegym 库的一部分公开，然后构建服务器和客户端模块。

（1）首先确保 tradegym 库的 __init__.py 文件中的最小内容存在，并导入这些环境：

```
import sys
import os

from gym.envs.registration import register
sys.path.append(os.path.dirname(os.path.abspath(__file__)))

_AVAILABLE_ENVS = {
  "CryptoTradingEnv-v0": {
    "entry_point": \
    "tradegym.crypto_trading_env:CryptoTradingEnv",
    "description": "Crypto Trading RL environment",
  },
  "StockTradingContinuousEnv-v0": {
    "entry_point": "tradegym.stock_trading_\
       continuous_env:StockTradingContinuousEnv",
    "description": "Stock Trading RL environment with continous action
       space",
  },
}
for env_id, val in _AVAILABLE_ENVS.items():
  register(id=env_id, entry_point=val.get(
```

```
                    "entry_point"))
```

（2）以 tradegym_http_server.py 开始实现 tradegym 服务器，其实现需要以下几个步骤，从导入必要的 Python 模块开始：

```
import argparse
import json
import logging
import os
import sys
import uuid
import numpy as np
import six
from flask import Flask, jsonify, request
import gym
```

（3）导入 tradegym 模块，将可用环境注册到 Gym 注册表：

```
sys.path.append(os.path.dirname(os.path.abspath(__file__)))
import tradegym  # Register tradegym envs with OpenAI Gym
# registry
```

（4）实现环境容器类的框架，其中的注释描述了每个方法的功能。代码库中提供了 tradegym_http_server.py 的完整实现。首先定义 Envs() 类，并逐步完成该框架：

```
class Envs(object):
  def __init__(self):
    self.envs = {}
    self.id_len = 8  # Number of chars in instance_id
```

（5）定义两个对管理环境实例有用的辅助函数，分别提供查找和删除环境操作功能：

```
  def _lookup_env(self, instance_id):
    """Lookup environment based on instance_id and
       throw error if not found"""

  def _remove_env(self, instance_id):
    """Delete environment associated with
       instance_id"""
```

（6）定义其他有助于环境管理操作的函数：

```
  def create(self, env_id, seed=None):
    """Create (make) an instance of the environment
       with 'env_id' and return the instance_id"""
```

```
def list_all(self):
  """Return a dictionary of all the active
     environments with instance_id as keys"""

def reset(self, instance_id):
  """Reset the environment pointed to by the
     instance_id"""

def env_close(self, instance_id):
  """Call .close() on the environment and remove
     instance_id from the list of all envs"""
```

（7）本步骤中定义的函数支持强化学习环境的核心操作，它与 Gym 核心 API 有一一对应关系：

```
def step(self, instance_id, action, render):
  """Perform a single step in the environment
     pointed to by the instance_id and return
     observation, reward, done and info"""

def get_action_space_contains(self, instance_id, x):
  """Check if the given environment's action space
     contains x"""

def get_action_space_info(self, instance_id):
  """Return the observation space infor for the
     given environment instance_id"""

def get_action_space_sample(self, instance_id):
  """Return a sample action for the environment
     referred by the instance_id"""

def get_observation_space_contains(self, instance_id,
j):
  """Return true is the environment's observation
     space contains 'j'. False otherwise"""

def get_observation_space_info(self, instance_id):
  """Return the observation space for the
     environment referred by the instance_id"""

def _get_space_properties(self, space):
  """Return a dictionary containing the attributes
```

```
        and values of the given Gym Spce (Discrete,
        Box etc.)"""
```

（8）有了前面的框架（和实现），下面看几个示例，使用 Flask Python 库将这些操作作为 REST APIs 公开。以下步骤会讨论核心服务器应用程序设置以及创建、重置和步进方法的路由设置。首先设置公开端点处理程序的服务器应用程序设置：

```
app = Flask(__name__)
envs = Envs()
```

（9）在 v1/envs 上查看 HTTP POST 端点的 REST API 路由定义。查看时需要有效的 Gym 环境 ID：env_id（比如自定义的在 Gym 注册表中可用的 stockradingcontinuous-v0 或 MountainCar-v0 环境）并返回 intsance_id：

```
@app.route("/v1/envs/", methods=["POST"])
def env_create():
  env_id = get_required_param(request.get_json(),
                "env_id")
  seed = get_optional_param(request.get_json(),
               "seed", None)
  instance_id = envs.create(env_id, seed)
  return jsonify(instance_id=instance_id)
```

（10）在 v1/envs/<instance_id>/reset 处查看 HTTP POST 端点的 REST API 路由定义，其中 <instance_id> 可以是 env_create() 方法返回的任意 ID：

```
@app.route("/v1/envs/<instance_id>/reset/",
      methods=["POST"])
def env_reset(instance_id):
  observation = envs.reset(instance_id)
  if np.isscalar(observation):
    observation = observation.item()
  return jsonify(observation=observation)
```

（11）在 v1/envs/<instance_id>/step 处查看端点的路由定义，该端点很可能是强化学习训练循环中调用次数最多的：

```
@app.route("/v1/envs/<instance_id>/step/",
      methods=["POST"])
def env_step(instance_id):
  json = request.get_json()
  action = get_required_param(json, "action")
  render = get_optional_param(json, "render", False)
  [obs_jsonable, reward, done, info] = envs.step(instance_id, action,
     render)
```

```
    return jsonify(observation=obs_jsonable,
            reward=reward, done=done, info=info)
```

（12）tradegym 服务器上其余的路由定义，请参考本书代码库。在 tradegym 服务器脚本中实现 __main__ 函数，以便在执行时启动服务器（在本节后续部分使用它进行测试）：

```
if __name__ == "__main__":
  parser = argparse.ArgumentParser(description="Start a
                Gym HTTP API server")
  parser.add_argument("-l","--listen", help="interface\
            to listen to", default="0.0.0.0")
  parser.add_argument("-p", "--port", default=6666, \
            type=int, help="port to bind to")
  args = parser.parse_args()
  print("Server starting at: " + \
       "http://{}:{}".format(args.listen, args.port))
  app.run(host=args.listen, port=args.port, debug=True)
```

（13）继续 tradegym 客户端的实现。先导入必要的 Python 模块，后续继续实现客户端包装器：

```
import json
import logging
import os

import requests
import six.moves.urllib.parse as urlparse
```

（14）客户端类提供了一个 Python 包装器与 tradegym HTTP 服务器交互。客户端类的构造函数获取服务器的地址（IP 地址和端口信息）后进行连接。Client() 类函数的实现如下：

```
class Client(object):
  def __init__(self, remote_base):
    self.remote_base = remote_base
    self.session = requests.Session()
    self.session.headers.update({"ontent-type": \
               "application/json"})
```

（15）在这里复现所有标准的 Gym HTTP 客户端方法是不现实的，因此，只重点关注在智能体训练脚本中广泛使用的核心包装方法（如 env_create、env_reset 和 env_step），其他有关部分的完整实现，请参考本书代码库。env_create() 函数的实现如下所示，它用于在远程 tradegym 服务器上创建强化学习模拟环境实例：

```
def env_create(self, env_id):
  route = "/v1/envs/"
  data = {"env_id": env_id}
  resp = self._post_request(route, data)
  instance_id = resp["instance_id"]
  return instance_id
```

（16）使用由包装器 tradegym 服务器在执行 env_create() 函数调用时返回的唯一 instance_id 调用特定环境上的 env_reset() 函数方法：

```
def env_reset(self, instance_id):
  route = "/v1/envs/{}/reset/".format(instance_id)
  resp = self._post_request(route, None)
  observation = resp["observation"]
  return observation
```

（17）tradegym 客户端 Client() 类中最常用 env_step() 函数：

```
def env_step(self, instance_id, action, render=False):
  route = "/v1/envs/{}/step/".format(instance_id)
  data = {"action": action, "render": render}
  resp = self._post_request(route, data)
  observation = resp["observation"]
  reward = resp["reward"]
  done = resp["done"]
  info = resp["info"]
  return [observation, reward, done, info]
```

（18）有了其他客户端包装器方法，就实现 __main__ 函数连接到 tradegym 服务器，并调用几个函数作为例子，测试是否一切工作都如期运行：

```
if __name__ == "__main__":
  remote_base = "http://127.0.0.1:6666"
  client = Client(remote_base)
  # Create environment
  env_id = "StockTradingContinuousEnv-v0"
  # env_id = "CartPole-v0"
  instance_id = client.env_create(env_id)
  # Check properties
  all_envs = client.env_list_all()
  logger.info(f"all_envs:{all_envs}")
  action_info = \
    client.env_action_space_info(instance_id)
  logger.info(f"action_info:{action_info}")
```

```
obs_info = \
  client.env_observation_space_info(instance_id)
# logger.info(f"obs_info:{obs_info}")
# Run a single step
init_obs = client.env_reset(instance_id)
[observation, reward, done, info] = \
  client.env_step(instance_id, 1, True)
logger.info(f"reward:{reward} done:{done} \
       info:{info}")
```

（19）实际创建一个客户端实例，并检查 tradegym 服务。首先需要执行以下命令启动 tradegym 服务器：

```
tfrl-cookbook)praveen@desktop:~/tensorflow2-reinforcement-learning-
cookbook/src/ch7-cloud-deploy-deep-rl-agents$ python tradegym_http_server.
py
```

（20）在另一个终端中运行以下命令启动 tradegym 客户端：

```
(tfrl-cookbook)praveen@desktop:~/tensorflow2-reinforcement-learning-
cookbook/src/ch7-cloud-deploy-deep-rl-agents$ python tradegym_http_client.
py
```

（21）在运行 tradegym_http_client.py 脚本的终端中，可以看到类似下面的输出内容：

```
all_envs:{'114c5e8f': 'StockTradingContinuousEnv-v0', '6287385e':
'StockTradingContinuousEnv-v0', 'd55c97c0':'StockTradingContinuousEnv-v0',
 'fd355ed8': 'StockTradingContinuousEnv-v0'}
action_info:{'high': [1.0], 'low': [-1.0], 'name': 'Box', 'shape': [1]}
reward:0.0 done:False info:{}
```

7.3.3 工作原理

tradegym 服务器提供了一个环境容器类，并通过 REST API 公开了环境接口。tradegym 客户端提供 Python 包装方法，通过使用 REST API 与强化学习环境进行交互。

Envs 类充当 tradegym 服务器上实例化环境的管理器。它还充当若干环境的容器，因为客户端可以发送创建多个（相同或不同）环境的请求。当 tradegym 客户端使用 REST API 请求 tradegym 服务器创建新环境时，服务器会创建所请求环境的一个实例，并返回一个唯一的实例 ID（例如：8kdi4289）。从那时起，客户端可以使用实例标识来引用特定的环境。客户端和智能体训练代码的同时，可以与多个环境交互，因此，tradegym 服务器通过 HTTP 提供 RESTful 接口，变成了一个真正的服务。

7.4 使用远程模拟服务器训练强化学习智能体

本节研究如何利用远程模拟器服务训练强化学习智能体。在复用 SAC 智能体实现的同时，重点关注如何使用在其他地方（例如云端）运行的强化学习模拟器作为服务训练 SAC 或任何强化学习智能体。可以利用 7.3 节构建的 tradegym 服务器为本节的强化学习模拟器服务。

7.4.1 前期准备

为完成本节内容并确保拥有最新的版本，需要激活命名为 tf2rl-cookbook 的 Python/Conda 虚拟环境。请确保更新的环境与书中代码存储库中最新的 Conda 环境规范文件（tfrl-cookbook.yml）相匹配。如果以下 import 语句运行没有问题，就可以准备开始了：

```
import datetime
import os
import sys
import logging

import gym.spaces
import numpy as np
import tensorflow as tf

sys.path.append(os.path.dirname(os.path.abspath(__file__)))
from tradegym_http_client import Client
from sac_agent_base import SAC
```

7.4.2 实现步骤

本节主要实现训练脚本的核心部分，省略命令行配置以及其他不必要的功能，保持脚本简洁。脚本命名为 3_training_rl_agents_using_remote_sims.py。

（1）创建一个应用级别的子日志记录器，向其中添加一个流处理程序，然后设置日志级别：

```
# Create an App-level child logger
logger = logging.getLogger("TFRL-cookbook-ch7-trainingwith-sim-server")
# Set handler for this logger to handle messages
logger.addHandler(logging.StreamHandler())
# Set logging-level for this logger's handler
logger.setLevel(logging.DEBUG)
```

（2）创建一个 TensorFlow SummaryWriter 记录智能体的训练进度：

```
current_time = datetime.datetime.now().strftime("%Y%m%d-%H%M%S")
```

```
train_log_dir = os.path.join("logs", "TFRL-Cookbook-Ch4-SAC", current_time
    )
summary_writer = tf.summary.create_file_writer(train_log_dir)
```

（3）脚本实现的核心部分。实现 __main__ 函数并在下面的步骤中继续完善实现。首先设置客户端，使用服务器地址连接到模拟服务：

```
if __name__ == "__main__":
  # Set up client to connect to sim server
  sim_service_address = "http://127.0.0.1:6666"
  client = Client(sim_service_address)
```

（4）要求服务器创建期望的强化学习训练环境，训练智能体：

```
  # Set up training environment
  env_id = "StockTradingContinuousEnv-v0"
  instance_id = client.env_create(env_id)
```

（5）初始化智能体：

```
  # Set up agent
  observation_space_info = \
    client.env_observation_space_info(instance_id)
  observation_shape = \
    observation_space_info.get("shape")
  action_space_info = \
    client.env_action_space_info(instance_id)
  action_space = gym.spaces.Box(
    np.array(action_space_info.get("low")),
    np.array(action_space_info.get("high")),
    action_space_info.get("shape"),
  )
  agent = SAC(observation_shape, action_space)
```

（6）使用几个超参数配置训练：

```
  # Configure training
  max_epochs = 30000
  random_epochs = 0.6 * max_epochs
  max_steps = 100
  save_freq = 500
  reward = 0
  done = False

  done, use_random, episode, steps, epoch, \
```

```
episode_reward = (
  False,
  True,
  0,
  0,
  0,
  0,
)
```

（7）通过下面的设置，开始外部训练循环：

```
cur_state = client.env_reset(instance_id)
# Start training
while epoch < max_epochs:
  if steps > max_steps:
    done = True
```

（8）处理一回合结束并且 done 状态设置为 True 的情况：

```
  if done:
    episode += 1
    logger.info(
      f"episode:{episode} \
       cumulative_reward:{episode_reward} \
       steps:{steps} epochs:{epoch}")
    with summary_writer.as_default():
      tf.summary.scalar("Main/episode_reward",
            episode_reward, step=episode)
      tf.summary.scalar("Main/episode_steps",
                  steps, step=episode)
    summary_writer.flush()

    done, cur_state, steps, episode_reward = (
      False,
    client.env_reset(instance_id), 0, 0,)
    if episode % save_freq == 0:
      agent.save_model(
        f"sac_actor_episode{episode}_\
          {env_id}.h5",
        f"sac_critic_episode{episode}_\
          {env_id}.h5",
      )
```

（9）使用智能体的 act() 函数和 train() 函数，通过行动（采取动作）收集经验，并通过使用收集的经验来训练智能体：

```
if epoch > random_epochs:
  use_random = False

action = agent.act(np.array(cur_state),
            use_random=use_random)
next_state, reward, done, _ = client.env_step(
  instance_id, action.numpy().tolist()
)
agent.train(np.array(cur_state), action, reward,
        np.array(next_state), done)
```

（10）更新变量，为下一步做准备：

```
cur_state = next_state
episode_reward += reward
steps += 1
epoch += 1

# Update Tensorboard with Agent's training status
agent.log_status(summary_writer, epoch, reward)
summary_writer.flush()
```

（11）完成训练循环。在训练后应保存智能体的模型，以便在部署时可以使用经过训练的模型：

```
agent.save_model(
  f"sac_actor_final_episode_{env_id}.h5", \
  f"sac_critic_final_episode_{env_id}.h5"
)
```

（12）使用以下命令运行脚本：

```
(tfrl-cookbook)praveen@desktop:~/tensorflow2-reinforcement-learning-
cookbook/src/ch7-cloud-deploy-deep-rl-agents$
python 3_training_rl_agents_using_remote_sims.py
```

（13）如果在命令行上出现一个长长的错误，特别是最后一行如下所示，那肯定意味着模拟服务器没有运行：

```
Failed to establish a new connection: [Errno 111] Connection refused'))
```

（14）使用以下命令启动 tradegym 服务器，确保模拟服务器正在运行：

```
(tfrl-cookbook)praveen@desktop:~/tensorflow2-reinforcement-learning-cookbook/src/ch7-cloud-deploy-deep-rl-agents$ python tradegym_http_server.py
```

（15）使用以下命令（与之前相同）启动智能体训练脚本：

```
(tfrl-cookbook)praveen@desktop:~/tensorflow2-reinforcement-learning-cookbook/src/ch7-cloud-deploy-deep-rl-agents$ python 3_training_rl_agents_using_remote_sims.py
```

（16）运行后的输出如下所示：

```
...
Total params: 16,257
Trainable params: 16,257
Non-trainable params: 0
_______________________________________________________________
_______________________________________________
None
episode:1 cumulative_reward:370.45421418744525 steps:9 epochs:9
episode:2 cumulative_reward:334.52956448599605 steps:9 epochs:18
episode:3 cumulative_reward:375.27432450733943 steps:9 epochs:27
episode:4 cumulative_reward:363.7160827166332 steps:9 epochs:36
episode:5 cumulative_reward:363.2819222532322 steps:9 epochs:45
...
```

7.4.3 工作原理

由于将强化学习环境模拟器作为智能体训练脚本的一部分运行，因此一直在直接使用 gym 库与模拟器进行交互。虽然这对于受 CPU 限制的本地模拟器来说已经足够好了，但是当开始使用高级模拟器或不拥有的模拟器时，甚至在不想运行或管理模拟器实例的情况下，就可以利用前面使用的方法构建的客户端包装器，并与类似 tradegym 的强化学习环境进行交互，这些环境公开了用于连接的 REST API。在本节中，智能体训练脚本利用 tradegym 客户端模块与远程 tradegym 服务器进行交互，以完成强化学习训练循环。

7.5 测试/评估强化学习智能体

假设读者已经使用（之前章节的）训练脚本在交易环境中训练了 SAC 智能体，并且有若干版本的已训练的智能体模型，这些模型有不同的策略网络架构或超参数，或者是具有为了提高模型性能而调整和定制的参数。如果想部署一个智能体，应确保选择了表现最好的智能体。

本节将建立一个简洁的脚本，在本地评估给定的预先训练的智能体模型，这样就可以在部署智能体之前，获得定量的性能评估，并通过比较几个训练过的模型选择正确的智能体模型。具体来说，就是使用本章构建的 tradegym 模块和 sac_agent_runtime 模块评估训练的智能体模型。

7.5.1 前期准备

为完成本节内容，需要激活命名为 tf2rl-cookbook 的 Python/Conda 虚拟环境。请确保更新的环境与书中代码存储库中最新的 Conda 环境规范文件（tfrl-cookbook.yml）相匹配。如果以下 import 语句运行没有问题，就可以准备开始了：

```
#!/bin/env/python
import os
import sys

from argparse import ArgumentParser
import imageio
import gym
```

7.5.2 实现步骤

本节目的是创建一个简单但完整的智能体评估脚本。

（1）为训练环境和 SAC 智能体运行而导入 tradegym 模块：

```
sys.path.append(os.path.dirname(os.path.abspath(__file__)))
import tradegym  # Register tradegym envs with OpenAI Gym registry
from sac_agent_runtime import SAC
```

（2）创建一个命令行参数解析器来处理命令行配置：

```
parser = ArgumentParser(prog="TFRL-Cookbook-Ch7-Evaluating-RL-Agents")
parser.add_argument("--agent", default="SAC", help="Name of Agent. Default
    =SAC")
```

（3）为 --env 参数添加支持，用于指定强化学习环境 ID，并使用 --num-episodes 指定评估智能体的回合数。为这两个参数设置一些合理的默认值，就可以在不使用任何参数的情况下运行脚本，以进行快速的测试：

```
parser.add_argument(
  "--env",
  default="StockTradingContinuousEnv-v0",
  help="Name of Gym env. Default=StockTradingContinuousEnv-v0",
)
parser.add_argument(
```

```
  "--num-episodes",
  default=10,
  help="Number of episodes to evaluate the agent.\
      Default=100",
)
```

（4）为 --trained-models-dir 添加支持，指定包含已训练模型文件的目录，并添加 --model-version 标志，指定该已训练模型目录中特定版本的模型：

```
parser.add_argument(
  "--trained-models-dir",
  default="trained_models",
  help="Directory contained trained models. Default=trained_models",
)
parser.add_argument(
  "--model-version",
  default="episode100",
  help="Trained model version. Default=episode100",
)
```

（5）准备完成参数解析：

```
args = parser.parse_args()
```

（6）实现 __main__ 函数，并在接下来的步骤中继续实现该方法。首先是创建强化学习环境的本地实例，以便在该环境中评估智能体：

```
if __name__ == "__main__":
  # Create an instance of the evaluation environment
  env = gym.make(args.env)
```

（7）初始化智能体类。目前，代码只支持 SAC 智能体，但是为书中讨论的其他智能体添加支持也很容易：

```
  if args.agent != "SAC":
    print(f"Unsupported Agent: {args.agent}. Using \
        SAC Agent")
    args.agent = "SAC"
  # Create an instance of the Soft Actor-Critic Agent
  agent = SAC(env.observation_space.shape, \
        env.action_space)
```

（8）加载已训练的智能体模型：

```
  # Load trained Agent model/brain
  model_version = args.model_version
```

```
agent.load_actor(
  os.path.join(args.trained_models_dir, \
        f"sac_actor_{model_version}.h5")
)
agent.load_critic(
  os.path.join(args.trained_models_dir, \
        f"sac_critic_{model_version}.h5")
)
print(f"Loaded {args.agent} agent with trained \
    model version:{model_version}")
```

（9）准备在测试环境中评估使用了已训练模型的智能体的性能：

```
# Evaluate/Test/Rollout Agent with trained model/
# brain
video = imageio.get_writer("agent_eval_video.mp4",\
              fps=30)
avg_reward = 0
for i in range(args.num_episodes):
  cur_state, done, rewards = env.reset(), False, 0
  while not done:
    action = agent.act(cur_state, test=True)
    next_state, reward, done, _ = \
              env.step(action[0])
    cur_state = next_state
    rewards += reward
    if render:
      video.append_data(env.render(mode=\
                    "rgb_array"))
  print(f"Episode#:{i} cumulative_reward:\
      {rewards}")
  avg_reward += rewards
avg_reward /= args.num_episodes
video.close()
print(f"Average rewards over {args.num_episodes} \
    episodes: {avg_reward}")
```

（10）尝试在 StockTradingContinuous-v0 环境中对智能体进行评估。注意，data/MSFT.csv 和 data/TSLA.csv 中股票交易环境的市场数据源可以不同于用于训练的市场数据。运行以下命令启动智能体评估脚本：

```
(tfrl-cookbook)praveen@desktop:~/tensorflow2-reinforcement-learning-
cookbook/src/ch7-cloud-deploy-deep-rl-agents$ python 4
```

```
_evaluating_rl_agents.py
```

（11）运行后可在控制台上看到类似以下内容的输出（奖励值会有所不同），奖励大小取决于训练的智能体的水平：

```
...
==============================================================
==============================================
Total params: 16,257
Trainable params: 16,257
Non-trainable params: 0
______________________________________________________________
______________________________________________
None
Loaded SAC agent with trained model version:episode100
Episode#:0 cumulative_reward:382.5117154452246
Episode#:1 cumulative_reward:359.27720004181674
Episode#:2 cumulative_reward:370.92829808499664
Episode#:3 cumulative_reward:341.44002189086007
Episode#:4 cumulative_reward:364.32631211784394
Episode#:5 cumulative_reward:385.89219327764476
Episode#:6 cumulative_reward:365.2120387185878
Episode#:7 cumulative_reward:339.98494537310785
Episode#:8 cumulative_reward:362.7133769241483
Episode#:9 cumulative_reward:379.12388043270073
Average rewards over 10 episodes: 365.1409982306931
...
```

7.5.3 工作原理

首先使用运行组件对 SAC 智能体进行初始化，运行组件是使用 sac_agent_runtime 模块评估智能体所必需的，再加载先前已训练的（actor 和 critic）模型版本，这两个模型的对应版本都可以使用命令行参数进行自定义。然后，使用 tradegym 库创建一个 StockTradingContinuous-v0 环境的本地实例，并对智能体进行评估，以获得累积奖励，作为已训练的智能体模型性能的量化指标之一。

既然已经掌握了如何评估和选择性能最佳的智能体，那么继续了解如何组装已训练的智能体来进行部署。

7.6 组装强化学习智能体进行部署——一个交易机器人

这是本章的关键方法之一，即如何组装智能体，以便在云端部署（7.7 节的内容。）将其作为服务。本节将实现一个脚本，该脚本采用训练好的智能体模型，并将 act 方法作为

REST 服务公开。然后，将智能体和应用编程接口脚本组装到 Docker 容器中，该容器已准备好部署到云端。通过本节内容，可以构建一个带有已训练的强化学习智能体且部署准备就绪的 Docker 容器，准备创建并提供智能体/机器人即服务。

7.6.1 前期准备

为完成本节内容，需要激活命名为 tf2rl-cookbook 的 Python/Conda 虚拟环境。请确保更新的环境与书中代码存储库中最新的 Conda 环境规范文件（tfrl-cookbook.yml）相匹配。如果以下 import 语句运行没有问题，就可以开始下一步，设置 Docker：

```
import os
import sys
from argparse import ArgumentParser

import gym.spaces
from flask import Flask, request
import numpy as np
```

为完成本节内容，还需要安装 Docker。请按照官方安装指导平台安装 Docker。

7.6.2 实现步骤

首先实现把智能体的 act 方法公开为 REST 服务的脚本，然后继续创建对智能体进行容器化的 Dockerfile。

（1）导入本章构建的 sac_agent_runtime：

```
sys.path.append(os.path.dirname(os.path.abspath(__file__)))
from sac_agent_runtime import SAC
```

（2）为命令行参数创建一个处理程序，并将 --agent 作为第一个支持的参数，以便指定想要使用的智能体算法：

```
parser = ArgumentParser(
  prog="TFRL-Cookbook-Ch7-Packaging-RL-Agents-ForCloud-Deployments"
)
parser.add_argument("--agent", default="SAC", help="Name of Agent. Default
    =SAC")
```

（3）添加 IP 地址和端口参数，指定部署智能体的主机服务器的 IP 地址和端口。设置和使用默认值，并在需要时在命令行进行更改：

```
parser.add_argument(
  "--host-ip",
  default="0.0.0.0",
  help="IP Address of the host server where Agent
```

```
        service is run. Default=127.0.0.1",
)
parser.add_argument(
    "--host-port",
    default="5555",
    help="Port on the host server to use for Agent
        service. Default=5555",
)
```

（4）添加参数支持，指定包含训练过的智能体模型的目录和要使用的特定模型版本：

```
parser.add_argument(
    "--trained-models-dir",
    default="trained_models",
    help="Directory contained trained models. \
        Default=trained_models",
)
parser.add_argument(
    "--model-version",
    default="episode100",
    help="Trained model version. Default=episode100",
)
```

（5）添加参数，允许根据训练模型配置指定观测形状和动作空间规范：

```
parser.add_argument(
    "--observation-shape",
    default=(6, 31),
    help="Shape of observations. Default=(6, 31)",
)
parser.add_argument(
    "--action-space-low", default=[-1], help="Low value \
     of action space. Default=[-1]"
)
parser.add_argument(
    "--action-space-high", default=[1], help="High value\
     of action space. Default=[1]"
)
parser.add_argument(
    "--action-shape", default=(1,), help="Shape of \
    actions. Default=(1,)"
)
```

（6）完成参数解析器并开始 ___main___ 函数的实现：

```
args = parser.parse_args()

if __name__ == "__main__":
```

（7）加载智能体运行配置：

```
    if args.agent != "SAC":
        print(f"Unsupported Agent: {args.agent}. Using \
            SAC Agent")
        args.agent = "SAC"
    # Set Agent's runtime configs
    observation_shape = args.observation_shape
    action_space = gym.spaces.Box(
        np.array(args.action_space_low),
        np.array(args.action_space_high),
        args.action_shape,
    )
```

（8）创建一个智能体实例，并将预先训练好的模型权重加载到智能体的行动者网络和评论家网络中：

```
    # Create an instance of the Agent
    agent = SAC(observation_shape, action_space)
    # Load trained Agent model/brain
    model_version = args.model_version
    agent.load_actor(
        os.path.join(args.trained_models_dir, \
               f"sac_actor_{model_version}.h5")
    )
    agent.load_critic(
        os.path.join(args.trained_models_dir, \
               f"sac_critic_{model_version}.h5")
    )
    print(f"Loaded {args.agent} agent with trained model\
        version:{model_version}")
```

（9）使用 Flask 设置服务端点，如下面几行代码所示的那样简单。注意，在/v1/act 端点公开智能体的 act() 函数：

```
    # Setup Agent (http) service
    app = Flask(__name__)
    @app.route("/v1/act", methods=["POST"])
    def get_action():
```

```
    data = request.get_json()
    action = agent.act(np.array(data.get(
            "observation")), test=True)
    return {"action": action.numpy().tolist()}
```

（10）添加一行代码，在执行脚本时启动 Flask 应用程序启动服务：

```
# Launch/Run the Agent (http) service
app.run(host=args.host_ip, port=args.host_port,
    debug=True)
```

（11）智能体的 REST API 实现已经准备就绪。现在可以专注于为智能体服务创建一个 Docker 容器。将基本镜像指定为 nvidia/cuda:* 就可以实现 Dockerfile，这样就有了在部署智能体的服务器上使用必需的 GPU 驱动程序。通过以下代码和步骤可以进入名为 Dockerfile 的文件中：

```
FROM nvidia/cuda:10.1-cudnn7-devel-ubuntu18.04
# TensorFlow2.x Reinforcement Learning Cookbook
# Chapter 7: Deploying Deep RL Agents to the cloud
LABEL maintainer="emailid@domain.tld"
```

（12）安装必要的系统级软件包，并清理这些文件以节省磁盘空间：

```
RUN apt-get install -y wget git make cmake zlib1g-dev && rm -rf /var/lib/
   apt/lists/*
```

（13）为了使安装了所有必要软件包的智能体运行时进行操作，使用 Python/Conda 环境。因此，继续按照说明在容器中下载和设置 miniconda：

```
ENV PATH="/root/miniconda3/bin:${PATH}"
ARG PATH="/root/miniconda3/bin:${PATH}"
RUN apt-get update
RUN wget \
  https://repo.anaconda.com/miniconda/Miniconda3-latest-Linux-x86_64.sh \
  && mkdir /root/.conda \
  && bash Miniconda3-latest-Linux-x86_64.sh -b \
  && rm -f Miniconda3-latest-Linux-x86_64.sh
# conda>4.9.0 is required for '--no-capture-output'
RUN conda update -n base conda
```

（14）将本章的源代码复制到容器中，并根据 tfrl-cookbook.yml 中指定的包列表创建 Conda 环境：

```
ADD . /root/tf-rl-cookbook/ch7
WORKDIR /root/tf-rl-cookbook/ch7
RUN conda env create -f "tfrl-cookbook.yml" -n "tfrl-cookbook"
```

（15）为容器和 CMD 设置 ENTRYPOINT，当容器启动时，它将作为参数传递给 ENTRYPOINT：

```
ENTRYPOINT [ "conda", "run", "--no-capture-output", "-n", "tfrl-cookbook",
    "python" ]
CMD [ "5_packaging_rl_agents_for_deployment.py" ]
```

（16）完成 Dockerfile 后，通过构建 Docker 容器组装智能体。可以按照 Dockerfile 中的说明运行以下命令构建 Docker 容器，并使用选择的容器镜像名称对其进行标记：

```
(tfrl-cookbook)praveen@desktop:~/tensorflow2-reinforcement-learning-
cookbook/src/ch7-cloud-deploy-deep-rl-agents$docker build -f Dockerfile -t
 tfrl-cookbook/ch7-trading-bot:latest
```

（17）如果第一次运行上述命令，Docker 容器的构建可能需要相当长的时间。后续运行或更新会运行得更快，因为第一次运行时中间层可能已经进行了缓存。当一切顺利运行时，可以看到类似于以下的输出：

```
Sending build context to Docker daemon 1.793MB
Step 1/13 : FROM nvidia/cuda:10.1-cudnn7-devel-ubuntu18.04
---> a3bd8cb789b0
Step 2/13 : LABEL maintainer="emailid@domain.tld"
---> Using cache
---> 4322623c24c8
Step 3/13 : ENV PATH="/root/miniconda3/bin:${PATH}"
---> Using cache
---> e9e8c882662a
Step 4/13 : ARG PATH="/root/miniconda3/bin:${PATH}"
---> Using cache
---> 31d45d5bcb05
Step 5/13 : RUN apt-get update
---> Using cache
---> 3f7ed3eb3c76
Step 6/13 : RUN apt-get install -y wget git make cmake zlib1g-dev && rm -
rf /var/lib/apt/lists/*
---> Using cache
---> 0ffb6752f5f6
Step 7/13 : RUN wget https://repo.anaconda.com/miniconda/Miniconda3-latest
-Linux-x86_64.sh && mkdir /root/.conda && bash Miniconda3-latest-Linux-
x86_64.sh -b && rm -f Miniconda3-latest-Linux-x86_64.sh
---> Using cache
```

（18）由于涉及从磁盘复制/添加文件操作的层不能被缓存，其对应指令将会运行。例如，步骤（9）中的以下步骤无法使用任何缓存，只能继续全新运行：

```
Step 9/13 : ADD . /root/tf-rl-cookbook/ch7
---> ed8541c42ebc
Step 10/13 : WORKDIR /root/tf-rl-cookbook/ch7
---> Running in f5a9c6ad485c
Removing intermediate container f5a9c6ad485c
---> 695ca00c6db3
Step 11/13: RUN conda env create -f "tfrl-cookbook.yml" -n "tfrl-cookbook"
---> Running in b2a9706721e7
Collecting package metadata (repodata.json): ...working... done
Solving environment: ...working... done...
```

（19）最后，构建 Docker 容器时，可以看到与下列消息类似的内容：

```
Step 13/13 : CMD [ "2_packaging_rl_agents_for_deployment.py" ]
---> Running in 336e442b0218
Removing intermediate container 336e442b0218
---> cc1caea406e6
Successfully built cc1caea406e6
Successfully tagged tfrl-cookbook/ch7:latest
```

7.6.3 工作原理

利用本章前面构建的 sac_agent_runtime 创建和初始化 SAC 智能体实例。然后，为行动者网络和评论家网络加载预先训练好的智能体模型。之后，将 SAC 智能体的 act 方法公开为带有 HTTP POST 端点的 REST API，用于将观测结果作为 POST 消息并返回动作作为对 POST 请求的响应。最后，将脚本作为 Flask 应用程序启动以开始服务。

本节的第二部分将智能体动作服务应用程序组装成一个 Docker 容器，并准备部署它。

现在继续将智能体部署到云端。

7.7 将强化学习智能体部署到云端——交易机器人即服务

训练强化学习智能体的最终目标是使用它根据新的观测采取行动。以股票交易 SAC 智能体为例，到目前为止，已经学会了训练、评估和组装性能最佳的智能体模型构建交易机器人。虽然专注于一个特定的应用程序（自主交易机器人），但根据本书前面章节中的方案改变训练环境或智能体算法是很容易的。该方法可以引导完成将 Docker 容器化/组装的强化学习智能体部署到云端并运行机器人即服务的步骤。

7.7.1 前期准备

要完成这个方案，需要访问云服务，如 Azure、AWS、GCP、Heroku 或其他允许您托管和运行 Docker 容器的云服务提供商。如果读者是学生，可以使用 GitHub 的学生开发者包（https://education.GitHub.com/pack），从 2020 年开始，它允许使用者免费享受几项好处，特别是新用户可以得到包括价值 100 美元的 Microsoft Azure 积分或 DigitalOcean 上的 50 美元平台积分。

有很多指南介绍如何将 Docker 容器推送到云端并将容器部署/运行为服务。例如，如果有 Azure 账户，可以遵循其官方指南。该指南将引导通过各种选项（CLI、Portal、PowerShell、ARM 模板和 Docker CLI）部署基于 Docker 容器的智能体服务。

7.7.2 实现步骤

首先将在本地部署交易机器人并进行测试。之后，可以将其部署到选择的云服务中。例如，本节将引导完成将其部署到 Heroku 的步骤。

（1）首先使用下面的命令构建包含交易机器人的 Docker 容器。注意，如果已经按照本章前面的方法构建了容器，以下命令可能会更快地完成执行，具体速度取决于缓存层和对 Dockerfile 的更改程度：

```
(tfrl-cookbook)praveen@desktop:~/tensorflow2-reinforcement-learning-
cookbook/src/ch7-cloud-deploy-deep-rl-agents$docker build -f Dockerfile -t
 tfrl-cookbook/ch7-trading-bot:latest
```

（2）一旦带有机器人的 Docker 容器成功构建，就可以使用以下命令启动机器人：

```
(tfrl-cookbook)praveen@desktop:~/tensorflow2-reinforcement-learning-
cookbook/src/ch7-cloud-deploy-deep-rl-agents$docker run -it -p 5555:5555
tfrl-cookbook/ch7-trading-bot
```

（3）如果一切顺利的话，应该会在控制台看到类似于以下内容的输出，这表明机器人已经启动并运行，并且准备采取行动：

```
...
===============================================================
===============================================
Total params: 16,257
Trainable params: 16,257
Non-trainable params: 0
_______________________________________________________________
_______________________________________________
None
Loaded SAC agent with trained model version:episode100
* Debugger is active!
```

```
* Debugger PIN: 604-104-903
...
```

（4）现在已经在本地（在读者自己的服务器上）部署了交易机器人，创建一个简单的脚本利用构建的机器人即服务。创建一个名为 test_agent_service.py 的文件，其内容如下：

```
#Simple test script for the deployed Trading Bot-as-a-Service
import os
import sys
import gym
import requests
sys.path.append(os.path.dirname(os.path.abspath(__file__)))
import tradegym  # Register tradegym envs with OpenAI Gym
# registry
host_ip = "127.0.0.1"
host_port = 5555
endpoint = "v1/act"
env = gym.make("StockTradingContinuousEnv-v0")
post_data = {"observation": env.observation_space.sample().tolist()}
res = requests.post(f"http://{host_ip}:{host_port}/{endpoint}", json=
    post_data)
if res.ok:
  print(f"Received Agent action:{res.json()}")
```

（5）使用以下命令执行该脚本：

```
(tfrl-cookbook)praveen@desktop:~/tensorflow2-reinforcement-learning-
cookbook/src/ch7-cloud-deploy-deep-rl-agents$python test_agent_service.py
```

（6）注意，机器人容器仍然需要运行。执行上述命令后，在机器人的控制台输出中看到类似于以下行的输出，表明/v1/act 端点收到了一条新的 POST 消息，该消息的 HTTP 响应状态为 200，表示成功：

```
172.17.0.1 - - [00/Mmm/YYYY hh:mm:ss] "POST /v1/act HTTP/1.1" 200 -
```

（7）测试脚本将在其控制台窗口上打印出类似以下内容的输出，表明它收到了来自交易机器人的动作：

```
Received Agent action:{'action': [[0.008385116065491426]]}
```

（8）现在将交易机器人部署到云端平台上，这样就可以通过互联网访问它了。在选择托管 Docker 容器镜像和部署强化学习智能体机器人即服务的云提供商方面有多种选择。此处使用 Heroku 作为示例，因为它提供免费托管和一个简单的命令行界面。首先，需要安装 Heroku CLI。按照官方说明为使用的平台（Linux/Windows/macOS X）安装 Heroku CLI。在 Ubuntu Linux 上，可以使用以下命令：

```
sudo snap install --classic heroku
```

（9）安装 Heroku 命令行界面后，可以使用以下命令登录到 Heroku 容器注册表：

```
heroku container:login
```

（10）在包含智能体的 Dockerfile 的目录中运行如下命令：

```
(tfrl-cookbook)praveen@desktop:~/tensorflow2-reinforcement-learning-
cookbook/src/ch7-cloud-deploy-deep-rl-agents$heroku create
```

（11）如果尚未登录 Heroku，系统将会提示登录：

```
Creating app... !
   Invalid credentials provided.
 >   Warning: heroku update available from 7.46.2 to
7.47.0.
heroku: Press any key to open up the browser to login or q to exit:
```

（12）登录后，可获得如下输出，这是在 Heroku 上的容器注册表的地址：

```
Creating salty-fortress-4191... done, stack is heroku-18
https://salty-fortress-4191.herokuapp.com/ | https://git.heroku.com/salty-
fortress-4191.git
```

（13）现在使用以下命令构建机器人容器并将其推送到 Heroku：

```
heroku container:push web
```

（14）该过程完成后，可以使用以下命令将机器人容器镜像发布到 Heroku 应用程序：

```
heroku container:release web
```

（15）目前已经把机器人部署到云端，现在可以在新的地址访问机器人。此时可以发送观测信息到机器人，就可以得到返回的动作信息。

7.7.3 工作原理

首先通过使用 docker run 命令并指定希望的本地端口 5555 映射到容器的端口 5555，在机器本地构建并启动 Docker 容器。这将允许主机使用该端口与容器通信，就像它是机器上的本地端口一样。在部署之后，使用一个测试脚本，该脚本使用 Python request 库创建了一个 POST 请求，该请求带有观测的样本数据，并将其发送给在容器中运行的机器人。

可以观察机器人如何通过命令行状态输出响应请求，然后返回包含机器人交易动作的成功响应。

然后将含有机器人的相同容器部署到云端（Heroku）。在成功部署之后，可以使用 Heroku 自动创建的公共 herokuapp URL 通过网络访问机器人。

第 8 章 使用分布式训练加速深度强化学习智能体开发

由于高样本复杂度，训练深度强化学习智能体来解决任务需要花费大量的时间。在实际应用中，以更快的速度在智能体训练和测试的循环进行迭代，对于深度强化学习应用的市场化至关重要。本章介绍了如何借助于 TensorFlow 2.x 的功能，通过使用深度神经网络模型的分布式训练来加速深度强化学习智能体开发。本章讨论了在单台计算机上以及跨计算机集群使用多个 CPU 和 GPU 的策略。还提供了使用 **Ray**、**Tune** 和 **RLLib** 框架来训练分布式深度强化学习智能体的多种方案。

具体来说，本章包含以下内容：

- 使用 TensorFlow 2.x 的分布式深度学习模型——多 GPU 训练；
- 纵向扩展与横向扩展——多机、多 GPU 训练；
- 大规模训练深度强化学习智能体——多 GPU PPO 智能体；
- 为加速训练的分布式深度强化学习的基础模块；
- 使用 Ray、Tune 和 RLLib 进行大规模的深度强化学习智能体训练。

8.1 技术要求

本书的代码已经在 Ubuntu 18.04 和 Ubuntu 20.04 上进行了广泛的测试，这意味着如果 Python 3.6+ 可用，则代码也可以在更高版本的 Ubuntu 中运行。在安装 Python 3.6+ 以及列于每节的“前期准备”部分中的必要 Python 包后，代码也可以在 Windows 和 macOS X 上正常运行。建议创建并使用一个名为 tf2rl-cookbook 的 Python 虚拟环境来安装这些包并运行本书中的代码。建议安装 Miniconda 或 Anaconda 来管理 Python 虚拟环境。

8.2 使用 TensorFlow 2.x 的分布式深度学习模型——多 GPU 训练

深度强化学习将深度神经网络用于策略、价值函数或模型表征。对于高维观测/状态空间，例如，在图像或类似图像的观测中，通常使用**卷积神经网络**（**Convolutional Neural Network, CNN**）架构。尽管 CNN 功能强大，可以为基于视觉的控制任务训练深度强化学习策略，但训练深度 CNN 仍需要花费很多时间，尤其是在强化学习的训练中。本节介绍如何利用 TensorFlow 2.x 的分布式训练 API，基于多个 GPU 训练深度**残差网络（Residual Network，ResNet）**。该方案提供可配置的基础模块，可用于构建深度强化学习的组成部分（如深度策略网络或价值网络）。

8.2.1 前期准备

为完成本节内容，需要激活命名为 tf2rl-cookbook 的 Python/Conda 虚拟环境。请确保更新的环境与书中代码存储库中最新的 Conda 环境规范文件（tfrl-cookbook.yml）相匹配。建议使用一台具有一个或多个 GPU 的（本地或云）计算机。同时，本节还会使用 **TensorFlow Datasets** 库，该库可以通过名为 tensorflow_datasets 的 Python 包获得。如果使用 tfrl-cookbook.yml 设置/更新了 Conda 环境，则应该已经安装了该软件包。

8.2.2 实现步骤

本节的实现是基于最新的官方 TensorFlow 文档/教程。以下步骤将帮助读者更好地掌握 TensorFlow 2.x 的分布式执行功能。下面使用 ResNet 模型作为一个例子，它可以从分布式训练中受益，并利用多个 GPU 加速训练过程。以下讨论用于构建 ResNet 的主要组成部分的代码片段。有关完整实现的详细信息，请参阅书中代码存储库中的 resnet.py 文件。

（1）进入用于构建 ResNet 模板：

```
def resnet_block(
  input_tensor, size, kernel_size, filters, stage, \
   conv_strides=(2, 2), training=None
):
  x = conv_building_block(
    input_tensor,
    kernel_size,
    filters,
    stage=stage,
    strides=conv_strides,
    block="block_0",
    training=training,
  )
  for i in range(size - 1):
    x = identity_building_block(
      x,
      kernel_size,
      filters,
      stage=stage,
```

```
        block="block_%d" % (i + 1),
        training=training,
    )
return x
```

（2）基于（1）实现的可配置数量和大小的 ResNet 块模板，可以快速构建 ResNet。利用下面几个步骤中完成 ResNet 的实现，一次重点关注一个重要的概念。首先，定义函数签名：

```
def resnet(num_blocks, img_input=None, classes=10, training=None):
  """Builds the ResNet architecture using provided
     config"""
```

（3）处理输入图像数据表示形式中的通道顺序。最常见的维度顺序是：batch_size×channels×width×height 或 batch_size×width×height×channels。下面代码可以处理这两种情况：

```
  if backend.image_data_format() == "channels_first":
    x = layers.Lambda(
      lambda x: backend.permute_dimensions(x, \
        (0, 3, 1, 2)), name="transpose"
    )(img_input)
    bn_axis = 1
  else:  # channel·last
    x = img_input
    bn_axis = 3
```

（4）对输入进行零填充并应用初始层来开始处理：

```
x = tf.keras.layers.ZeroPadding2D(padding=(1, 1), \
                name="conv1_pad")(x)
x = tf.keras.layers.Conv2D(16,(3, 3),strides=(1, 1),
          padding="valid",
          kernel_initializer="he_normal",
          kernel_regularizer= \
           tf.keras.regularizers.l2(
              L2_WEIGHT_DECAY),
          bias_regularizer= \
           tf.keras.regularizers.l2(
              L2_WEIGHT_DECAY),
          name="conv1",)(x)
x = tf.keras.layers.BatchNormalization(axis=bn_axis,
     name="bn_conv1", momentum=BATCH_NORM_DECAY,
     epsilon=BATCH_NORM_EPSILON,)\
```

```
        (x, training=training)
x = tf.keras.layers.Activation("relu")(x)
```

（5）使用创建的 resnet_block() 函数添加 ResNet 块：

```
x = resnet_block(x, size=num_blocks, kernel_size=3,
  filters=[16, 16], stage=2, conv_strides=(1, 1),
  training=training,)
x = resnet_block(x, size=num_blocks, kernel_size=3,
  filters=[32, 32], stage=3, conv_strides=(2, 2),
  training=training)
x = resnet_block(x, size=num_blocks, kernel_size=3,
  filters=[64, 64], stage=4, conv_strides=(2, 2),
  training=training,)
```

（6）添加一个 softmax 激活的 Dense（全连接）层作为神经网络的最后一层，其节点数等于任务所需的输出类的数量：

```
x = tf.keras.layers.GlobalAveragePooling2D(
                    name="avg_pool")(x)
x = tf.keras.layers.Dense(classes,
  activation="softmax",
  kernel_initializer="he_normal",
  kernel_regularizer=tf.keras.regularizers.l2(
     L2_WEIGHT_DECAY),
  bias_regularizer=tf.keras.regularizers.l2(
     L2_WEIGHT_DECAY),
  name="fc10",)(x)
```

（7）ResNet 模型构建函数的最后一步是将这些层包装为 TensorFlow 2.x Keras 模型并返回输出：

```
inputs = img_input
# Create model.
model = tf.keras.models.Model(inputs, x, name=f"resnet{6 * num_blocks +
   2}")

return model
```

（8）通过使用刚刚讨论的 ResNet 函数，只需简单地改变其块数即可轻松构建具有不同层深的深度残差网络，例如：

```
resnet_mini = functools.partial(resnet, num_blocks=1)
resnet20 = functools.partial(resnet, num_blocks=3)
resnet32 = functools.partial(resnet, num_blocks=5)
```

```
resnet44 = functools.partial(resnet, num_blocks=7)
resnet56 = functools.partial(resnet, num_blocks=9)
```

（9）定义好模型后，可以跳到多 GPU 训练代码。本节中的其余步骤将逐步完成实现过程，利用计算机上所有可用的 GPU 加速 ResNet 的训练。首先，导入与 tensorflow_datasets 模块一起构建的 ResNet 模块：

```
import os
import sys
import tensorflow as tf
import tensorflow_datasets as tfds

if "." not in sys.path:
  sys.path.insert(0, ".")
import resnet
```

（10）选择使用哪个数据集执行分布式训练管道。本节中使用的是 dmlab 数据集，其中包含通常由在 DeepMind Lab 环境中运行的强化学习智能体观测到的图像。根据训练计算机上配备的 GPU、RAM 和 CPU 的计算能力，也可以选择较小的数据集，例如 CIFAR10：

```
dataset_name = "dmlab"  # "cifar10" or "cifar100"; See tensorflow.org/
    datasets/catalog for complete list
# NOTE: dmlab is large in size; Download bandwidth and # GPU memory to be
    considered
datasets, info = tfds.load(name="dmlab", with_info=True,
               as_supervised=True)
dataset_train, dataset_test = datasets["train"], \
                datasets["test"]
input_shape = info.features["image"].shape
num_classes = info.features["label"].num_classes
```

（11）选择分布式执行策略。TensorFlow 2.x 已将许多功能包装到一个简单的 API 调用中，如下所示：

```
strategy = tf.distribute.MirroredStrategy()
print(f"Number of devices: {
       strategy.num_replicas_in_sync}")
```

（12）在此步骤中声明关键的超参数，读者可以根据计算机的硬件水平（例如 RAM 和 GPU 显存）进行调整：

```
num_train_examples = info.splits["train"].num_examples
num_test_examples = info.splits["test"].num_examples
```

```
BUFFER_SIZE = 1000  # Increase as per available memory
BATCH_SIZE_PER_REPLICA = 64
BATCH_SIZE = BATCH_SIZE_PER_REPLICA * \
         strategy.num_replicas_in_sync
```

（13）在开始准备数据集之前，先实现一个预处理函数，该函数在将图像传递到神经网络之前执行。读者可以添加自己的自定义预处理操作。本节只需要先将图像数据转换为float32，然后将图像像素值范围转换为 [0，1]，而不是典型的区间 [0，255]：

```
def preprocess(image, label):
  image = tf.cast(image, tf.float32)
  image /= 255
  return image, label
```

（14）将数据集拆分为训练和验证/测试集：

```
train_dataset = (
  dataset_train.map(preprocess).cache().\
    shuffle(BUFFER_SIZE).batch(BATCH_SIZE)
)
eval_dataset = dataset_test.map(preprocess).batch(
                   BATCH_SIZE)
```

（15）在分布式策略的作用域内实例化并编译模型：

```
with strategy.scope():
  # model = create_model()
  model = create_model("resnet_mini")
  tf.keras.utils.plot_model(model,
              to_file="./slim_resnet.png",
              show_shapes=True)
  model.compile(
    loss=\
      tf.keras.losses.SparseCategoricalCrossentropy(
        from_logits=True),
    optimizer=tf.keras.optimizers.Adam(),
    metrics=["accuracy"],
  )
```

（16）创建回调以记录到 TensorBoard，并在训练过程中检查模型参数：

```
checkpoint_dir = "./training_checkpoints"
checkpoint_prefix = os.path.join(checkpoint_dir,
              "ckpt_{epoch}")
callbacks = [
```

```
    tf.keras.callbacks.TensorBoard(
      log_dir="./logs", write_images=True, \
      update_freq="batch"
    ),
    tf.keras.callbacks.ModelCheckpoint(
      filepath=checkpoint_prefix, \
      save_weights_only=True
    ),
]
```

（17）至此，拥有了使用分布式策略训练模型所需的一切。接着，使用 Keras 中对用户友好的 fit() API 开启训练过程：

```
model.fit(train_dataset, epochs=12, callbacks=callbacks)
```

（18）当执行上一行代码时，训练过程将开始进行。还可以使用以下几行代码手动保存模型：

```
path = "saved_model/"
model.save(path, save_format="tf")
```

（19）在保存了检查点之后，可以很容易地加载权重并开始评估模型：

```
model.load_weights(tf.train.latest_checkpoint(checkpoint_dir))
eval_loss, eval_acc = model.evaluate(eval_dataset)
print("Eval loss: {}, Eval Accuracy: {}".format(eval_loss, eval_acc))
```

（20）为了验证使用分布式策略训练的模型在有无复制的情况下均能正常工作，在以下步骤中使用两种不同的方法加载该模型并进行评估。首先，使用训练模型时所使用的（相同）策略加载没有复制的模型：

```
unreplicated_model = tf.keras.models.load_model(path)

unreplicated_model.compile(
  loss=tf.keras.losses.\
     SparseCategoricalCrossentropy(from_logits=True),
  optimizer=tf.keras.optimizers.Adam(),
  metrics=["accuracy"],
)
eval_loss, eval_acc = unreplicated_model.evaluate(eval_dataset)
print("Eval loss: {}, Eval Accuracy: {}".format(eval_loss, eval_acc))
```

（21）在分布式执行策略的范围内加载模型，这将创建副本并评估模型：

```
with strategy.scope():
```

```
replicated_model = tf.keras.models.load_model(path)
replicated_model.compile(
  loss=tf.keras.losses.\
   SparseCategoricalCrossentropy(from_logits=True),
  optimizer=tf.keras.optimizers.Adam(),
  metrics=["accuracy"],
)

eval_loss, eval_acc = \
  replicated_model.evaluate(eval_dataset)
print("Eval loss: {}, \
    Eval Accuracy: {}".format(eval_loss, eval_acc))
```

当执行前面的两个代码块时，可以注意到两种方法的评估精度相同，这是一个好的信号，表明可以使用该模型进行预测，而不受任何执行策略的限制。

8.2.3 工作原理

神经网络架构中的残差块使用跟有多个恒等块的卷积滤波器。具体而言，使用一个卷积块后，应跟着使用（size − 1）个恒等块，其中 size 是表示卷积-恒等块数量的整数。恒等块实现输入的快捷路径或跳跃连接，使输入不经过卷积运算进行滤波。卷积块实现卷积层，然后进行批量归一化激活，再执行一组或多组卷积-批量归一化激活层。构建的 ResNet 模块使用这些卷积和恒等块构建一个完整的 ResNet，其大小可简单地通过调整模块数进行配置。网络的大小按 6×num_blocks+2 计算。

一旦 ResNet 模型准备就绪，就可以使用 tensorflow_datasets 模块生成训练和验证数据集。TensorFlow 数据集模块提供了几个流行的数据集，例如 CIFAR10、CIFAR100 和 DMLAB，它们具有图像以及用于分类任务的相关标签。

本节使用 tf.distribute.MirroredStrategy 的镜像策略进行分布式执行，它可以在一台机器上使用多个副本进行同步分布式训练。即使使用多个副本进行分布式执行，也可以看到使用回调的常规日志记录和检查点能够按预期工作。同时，还验证了，无论有没有复制，加载保存的模型和运行推理以进行评估都能正常工作，使其可移植，而不因训练使用分布式执行策略而增加任何限制。

8.3 纵向扩展与横向扩展——多机、多 GPU 训练

为了达到深度学习模型分布式训练的最大规模，需要有能够在 GPU 之间和机器之间利用计算资源的能力，这可以显著缩短迭代或开发新模型和体系结构的时间。借助对 Microsoft Azure、Amazon AWS 和 Google GCP 等云计算服务的便捷访问，按小时租用多个带有 GPU 的机器变得更简单和更常见。这比自己建立和维护多 GPU 多机节点更经济实惠。本节将给出使用 TensorFlow 2.x 的多工作器镜像分布式执行策略进行深度学习训练的

快速演示，读者可以根据自己的需求轻松定制。在本节的多机多 GPU 分布式训练示例中，将为典型的图像分类任务训练一个深度残差网络。强化学习智能体可以使用相同的网络体系结构来表示策略或价值函数，只需对输出层进行稍微修改，如本章后面的示例所示。

8.3.1　前期准备

为完成本节内容，需要激活命名为 tf2rl-cookbook 的 Python/Conda 虚拟环境。请确保更新的环境与书中代码存储库中最新的 Conda 环境规范文件（tfrl-cookbook.yml）相匹配。为了执行分布式训练流水线，建议在本地或在云实例（例如 Azure、AWS 或 GCP）上使用两台或两台以上装有 GPU 的计算机建立集群。虽然将要实现的训练脚本可以在一个集群中利用多台计算机，但建立集群不是必需的。

8.3.2　实现步骤

由于这个分布式训练的设置涉及多台机器，因此需要机器之间的通信接口以及寻址单个机器的方案。这通常是使用现有的网络基础设施和 IP 地址完成的。

（1）首先设置一个配置参数描述用来训练模型的集群。下面的代码块已注释掉，以便读者可以基于集群设置进行编辑和取消注释，或者如果只想在单机设置上进行尝试，则可以保留注释：

```
# Uncomment the following lines and fill worker details
# based on your cluster configuration
# tf_config = {
#  "cluster": {"worker": ["1.2.3.4:1111",
#         "localhost:2222"]},
#  "task": {"index": 0, "type": "worker"},
# }
# os.environ["TF_CONFIG"] = json.dumps(tf_config)
```

（2）为了利用多机配置，使用 TensorFlow 2.x 的 MultiWorkerMirroredStrategy：

```
strategy = tf.distribute.experimental.MultiWorkerMirroredStrategy()
```

（3）声明训练的基础超参数。也可以根据集群/计算机的硬件配置随意调整批处理大小与 NUM_GPUS 值：

```
NUM_GPUS = 2
BS_PER_GPU = 128
NUM_EPOCHS = 60

HEIGHT = 32
WIDTH = 32
NUM_CHANNELS = 3
NUM_CLASSES = 10
```

```
NUM_TRAIN_SAMPLES = 50000

BASE_LEARNING_RATE = 0.1
```

（4）为了准备数据集，实现两个快速函数，对输入图像进行归一化和增强：

```
def normalize(x, y):
  x = tf.image.per_image_standardization(x)
  return x, y
def augmentation(x, y):
  x = tf.image.resize_with_crop_or_pad(x, HEIGHT + 8,
                    WIDTH + 8)
  x = tf.image.random_crop(x, [HEIGHT, WIDTH,
                NUM_CHANNELS])
  x = tf.image.random_flip_left_right(x)
  return x, y
```

（5）为了简化流程和快速收敛，继续按照 TensorFlow 2.x 官方的示例使用 CIFAR10 数据集进行训练，但在探索时可以根据需要选择不同的数据集。选择数据集后，就可以生成训练集和测试集：

```
(x, y), (x_test, y_test) = \
    keras.datasets.cifar10.load_data()


train_dataset = tf.data.Dataset.from_tensor_slices((x,y))
test_dataset = \
  tf.data.Dataset.from_tensor_slices((x_test, y_test))
```

（6）为了确保训练结果的可重复性，使用固定的随机种子打乱数据集：

```
tf.random.set_seed(22)
```

（7）此时尚未准备好生成训练和验证/测试数据集。使用第（6）步中声明的已知且固定的随机种子打乱数据集，并对训练集进行增强：

```
train_dataset = (
  train_dataset.map(augmentation)
  .map(normalize)
  .shuffle(NUM_TRAIN_SAMPLES)
  .batch(BS_PER_GPU * NUM_GPUS, drop_remainder=True)
)
```

（8）类似地，准备测试数据集，但不对测试图像进行随机裁剪，因此，可以跳过增强步骤，并使用归一化步骤进行预处理：

```
test_dataset = test_dataset.map(normalize).batch(
  BS_PER_GPU * NUM_GPUS, drop_remainder=True
)
```

（9）在开始训练之前，需要创建一个优化器实例，并准备好输入层。根据任务的需要，可以选择使用不同的优化器，如 Adam：

```
opt = keras.optimizers.SGD(learning_rate=0.1,
               momentum=0.9)

input_shape = (HEIGHT, WIDTH, NUM_CHANNELS)
img_input = tf.keras.layers.Input(shape=input_shape)
```

（10）在 MultiMachineMirroredStrategy 的作用域内构建模型实例：

```
with strategy.scope():
  model = resnet.resnet56(img_input=img_input,
              classes=NUM_CLASSES)
  model.compile(
    optimizer=opt,
    loss="sparse_categorical_crossentropy",
    metrics=["sparse_categorical_accuracy"],
  )
```

（11）为了训练模型，使用简单但功能强大的 Keras API 来训练模型：

```
model.fit(train_dataset, epochs=NUM_EPOCHS)
```

（12）模型训练完后，可以轻松地保存、加载和评估：

```
# 12.1 Save
model.save(path, save_format="tf")
# 12.2 Load
loaded_model = tf.keras.models.load_model(path)
loaded_model.compile(
  loss=tf.keras.losses.\
    SparseCategoricalCrossentropy(from_logits=True),
  optimizer=tf.keras.optimizers.Adam(),
  metrics=["accuracy"],
)
# 12.3 Evaluate
eval_loss, eval_acc = loaded_model.evaluate(eval_dataset)
```

8.3.3 工作原理

对于使用 TensorFlow 2.x 的分布式训练，需要在集群中的每个（虚拟）机器上设置 TF_CONFIG 环境变量。这些配置值告诉每台机器关于每个节点的角色和训练信息，以便其执行其工作。读者参考阅读有关 TensorFlow 2.x 分布式训练使用的 **TF_CONFIG** 配置的详细信息。

此处使用了 TensorFlow 2.x 的 MultiWorkerMirroredStrategy，该策略类似于 8.2 节中使用的镜像策略。这种策略对于在具有一个或多个 GPU 的机器上进行同步训练非常有用。与在镜像策略中一样，训练模型所需的所有变量和计算都在每个工作器节点上复制，此外，还使用分布式收集程序（例如 all-reduce）整理来自多个分布式节点的结果。用于训练、保存模型、加载模型和评估模型的其余工作流程与之前的方案相同。

8.4 大规模训练深度强化学习智能体——多 GPU PPO 智能体

通常，强化学习智能体需要大量样本和梯度传播步骤来训练，具体取决于状态、动作和问题空间的复杂性。使用深度强化学习时，计算复杂度也会急剧增加，因为智能体使用的深度神经网络具有大量需要执行的操作和需要更新的参数。为了加快训练过程，需要能够利用多个 GPU 等可用的计算资源扩展深度强化学习智能体的训练。本节将帮助读者在使用由 OpenAI procgen 库的程序生成的强化学习环境中，以分布式方式利用多个 GPU 来训练具有深度卷积神经网络策略的 PPO 智能体。

8.4.1 前期准备

为完成本节内容，需要激活命名为 tf2rl-cookbook 的 Python/Conda 虚拟环境。请确保更新的环境与书中代码存储库中最新的 Conda 环境规范文件（tfrl-cookbook.yml）相匹配。一般建议使用具有两个或更多 GPU 的机器执行本节内容。

8.4.2 实现步骤

以下步骤将实现一个完整的方案，允许采用分布式方式对具有深度卷积神经网络策略的 PPO 智能体进行可配置的训练。

（1）导入必要的模块：

```
import argparse
import os
from datetime import datetime

import gym
import gym.wrappers
import numpy as np
import tensorflow as tf
```

```
from tensorflow.keras.layers import (
  Conv2D,
  Dense,
  Dropout,
  Flatten,
  Input,
  MaxPool2D,
)
```

（2）导入需要使用的 OpenAI 的 procgen 环境：

```
import procgen  # Import & register procgen Gym envs
```

（3）为了易于配置和运行，添加对带有有用配置标志的命令行参数的支持：

```
parser = argparse.ArgumentParser(prog="TFRL-Cookbook-Ch9-Distributed-RL-
   Agent")
parser.add_argument("--env", default="procgen:procgen-coinrun-v0")
parser.add_argument("--update-freq", type=int, default=16)
parser.add_argument("--epochs", type=int, default=3)
parser.add_argument("--actor-lr", type=float, default=1e-4)
parser.add_argument("--critic-lr", type=float, default=1e-4)
parser.add_argument("--clip-ratio", type=float, default=0.1)
parser.add_argument("--gae-lambda", type=float, default=0.95)
parser.add_argument("--gamma", type=float, default=0.99)
parser.add_argument("--logdir", default="logs")

args = parser.parse_args()
```

（4）使用 TensorBoard 摘要编写器进行日志记录：

```
logdir = os.path.join(
  args.logdir, parser.prog, args.env, \
  datetime.now().strftime("%Y%m%d-%H%M%S")
)
print(f"Saving training logs to:{logdir}")
writer = tf.summary.create_file_writer(logdir)
```

（5）首先通过以下几个步骤来实现 Actor 类，并从 __init__() 函数开始。注意，需要在执行策略的作用域中实例化模型：

```
class Actor:
  def __init__(self, state_dim, action_dim,
  execution_strategy):
    self.state_dim = state_dim
```

```
    self.action_dim = action_dim
    self.execution_strategy = execution_strategy
    with self.execution_strategy.scope():
      self.weight_initializer = \
        tf.keras.initializers.he_normal()
      self.model = self.nn_model()
      self.model.summary()  # Print a summary of
      # the Actor model
      self.opt = \
        tf.keras.optimizers.Nadam(args.actor_lr)
```

（6）对于 Actor 策略网络模型，通过第(6)～(9)步实现由多个 Conv2D 和 MaxPool2D 层组成的深度卷积神经网络：

```
  def nn_model(self):
    obs_input = Input(self.state_dim)
    conv1 = Conv2D(
      filters=64,
      kernel_size=(3, 3),
      strides=(1, 1),
      padding="same",
      input_shape=self.state_dim,
      data_format="channels_last",
      activation="relu",
    )(obs_input)
    pool1 = MaxPool2D(pool_size=(3, 3), \
              strides=1)(conv1)
```

（7）根据任务的需要添加更多的 Conv2D-Pool2D 层堆叠处理层。由于本节针对 procgen 环境对策略进行训练，该环境具有丰富的视觉信息，因此需要堆叠更多的层：

```
    conv2 = Conv2D(
      filters=32,
      kernel_size=(3, 3),
      strides=(1, 1),
      padding="valid",
      activation="relu",
    )(pool1)
    pool2 = MaxPool2D(pool_size=(3, 3), strides=1)\
          (conv2)
    conv3 = Conv2D(
      filters=16,
      kernel_size=(3, 3),
      strides=(1, 1),
```

```
    padding="valid",
    activation="relu",
)(pool2)
pool3 = MaxPool2D(pool_size=(3, 3), strides=1)\
        (conv3)
conv4 = Conv2D(
    filters=8,
    kernel_size=(3, 3),
    strides=(1, 1),
    padding="valid",
    activation="relu",
)(pool3)
pool4 = MaxPool2D(pool_size=(3, 3), strides=1)\
        (conv4)
```

（8）使用展平层并为策略网络准备输出头：

```
flat = Flatten()(pool4)
dense1 = Dense(
    16, activation="relu", \
        kernel_initializer=self.weight_initializer
)(flat)
dropout1 = Dropout(0.3)(dense1)
dense2 = Dense(
    8, activation="relu", \
        kernel_initializer=self.weight_initializer
)(dropout1)
dropout2 = Dropout(0.3)(dense2)
```

（9）作为构建策略网络神经模型的最后一步，创建输出层并返回 Keras 模型：

```
output_discrete_action = Dense(
    self.action_dim,
    activation="softmax",
    kernel_initializer=self.weight_initializer,
)(dropout2)
return tf.keras.models.Model(
    inputs=obs_input,
    outputs = output_discrete_action,
    name="Actor")
```

（10）通过在前面步骤中定义的模型，可以开始处理状态/观测的图像输入，并生成 logits（未归一化的概率）和 Actor 将采取的动作。利用 get_action() 函数实现：

```
def get_action(self, state):
  # Convert [Image] to np.array(np.adarray)
  state_np = np.array([np.array(s) for s in state])
  if len(state_np.shape) == 3:
    # Convert (w, h, c) to (1, w, h, c)
    state_np = np.expand_dims(state_np, 0)
  logits = self.model.predict(state_np)
  # shape: (batch_size, self.action_dim)
  action = np.random.choice(self.action_dim,
              p=logits[0])
  # 1 Action per instance of env; Env expects:
  # (num_instances, actions)
  # action = (action,)
  return logits, action
```

（11）为了计算替代损失来驱动学习，实现 compute_loss() 函数：

```
def compute_loss(self, old_policy, new_policy,
actions, gaes):
  log_old_policy = tf.math.log(tf.reduce_sum(
                 old_policy * actions))
  log_old_policy = tf.stop_gradient(log_old_policy)
  log_new_policy = tf.math.log(tf.reduce_sum(
                 new_policy * actions))
  # Avoid INF in exp by setting 80 as the upper
  # bound since,
  # tf.exp(x) for x>88 yeilds NaN (float32)
  ratio = tf.exp(
    tf.minimum(log_new_policy - \
          tf.stop_gradient(log_old_policy),\
          80)
  )
  clipped_ratio = tf.clip_by_value(
    ratio, 1.0 - args.clip_ratio, 1.0 + \
    args.clip_ratio
  )
  gaes = tf.stop_gradient(gaes)
  surrogate = -tf.minimum(ratio * gaes, \
           clipped_ratio * gaes)
  return tf.reduce_mean(surrogate)
```

（12）接下来是核心步骤，所有函数结合起来进行训练。注意，这是每个副本的 train() 函数，在分布式训练方法中都会使用它，train() 函数具体实现如下：

```
def train(self, old_policy, states, actions, gaes):
  actions = tf.one_hot(actions, self.action_dim)
  # One-hot encoding
  actions = tf.reshape(actions, [-1, \
            self.action_dim])
  # Add batch dimension
  actions = tf.cast(actions, tf.float64)
  with tf.GradientTape() as tape:
    logits = self.model(states, training=True)
    loss = self.compute_loss(old_policy, logits,
                 actions, gaes)
  grads = tape.gradient(loss,
           self.model.trainable_variables)
  self.opt.apply_gradients(zip(grads,
          self.model.trainable_variables))
  return loss
```

（13）为了实现分布式训练方法，使用 tf.function 装饰器在 TensorFlow 2.x 中实现一个函数：

```
@tf.function
def train_distributed(self, old_policy, states,
           actions, gaes):
  per_replica_losses = self.execution_strategy.run(
    self.train, args=(old_policy, states,
          actions, gaes))
  return self.execution_strategy.reduce(
    tf.distribute.ReduceOp.SUM, \
      per_replica_losses, axis=None)
```

（14）这样就完成了 Actor 类的实现，下面开始 Critic 类的实现：

```
class Critic:
  def __init__(self, state_dim, execution_strategy):
    self.state_dim = state_dim
    self.execution_strategy = execution_strategy
    with self.execution_strategy.scope():
      self.weight_initializer = \
        tf.keras.initializers.he_normal()
      self.model = self.nn_model()
      self.model.summary()
      # Print a summary of the Critic model
      self.opt = \
```

```
        tf.keras.optimizers.Nadam(args.critic_lr)
```

（15）在执行策略的作用域内创建了评论家网络的价值函数模型实例，以支持分布式训练。现在，通过（15）～（20）步实现评论家网络模型：

```
    def nn_model(self):
        obs_input = Input(self.state_dim)
        conv1 = Conv2D(
            filters=64,
            kernel_size=(3, 3),
            strides=(1, 1),
            padding="same",
            input_shape=self.state_dim,
            data_format="channels_last",
            activation="relu",
        )(obs_input)
        pool1 = MaxPool2D(pool_size=(3, 3), strides=2)\
              (conv1)
```

（16）与行动者网络一样，使用类似的 Conv2D-MaxPool2D 层，以及随后带有 dropout 的展平层：

```
        conv2 = Conv2D(filters=32, kernel_size=(3, 3),
            strides=(1, 1),
            padding="valid", activation="relu",)(pool1)
        pool2 = MaxPool2D(pool_size=(3, 3), strides=2)\
              (conv2)
        conv3 = Conv2D(filters=16,
            kernel_size=(3, 3), strides=(1, 1),
            padding="valid", activation="relu",)(pool2)
        pool3 = MaxPool2D(pool_size=(3, 3), strides=1)\
              (conv3)
        conv4 = Conv2D(filters=8, kernel_size=(3, 3),
            strides=(1, 1), padding="valid",
            activation="relu",)(pool3)
        pool4 = MaxPool2D(pool_size=(3, 3), strides=1)\
              (conv4)
        flat = Flatten()(pool4)
        dense1 = Dense(16, activation="relu",
                    kernel_initializer =\
                      self.weight_initializer)\
                    (flat)
        dropout1 = Dropout(0.3)(dense1)
        dense2 = Dense(8, activation="relu",
```

```
            kernel_initializer = \
              self.weight_initializer)\
            (dropout1)
    dropout2 = Dropout(0.3)(dense2)
```

（17）添加价值输出头，并将该模型作为 Keras 模型返回，以完成评论家网络的神经网络模型：

```
    value = Dense(
      1, activation="linear",
      kernel_initializer=self.weight_initializer)\
      (dropout2)

    return tf.keras.models.Model(inputs=obs_input, \
                    outputs=value, \
                    name="Critic")
```

（18）评论家网络的损失是预测的时序差分目标与实际的时序差分目标之间的均方误差，所以实现计算损失的 compute_loss() 函数：

```
  def compute_loss(self, v_pred, td_targets):
    mse = tf.keras.losses.MeanSquaredError(
        reduction=tf.keras.losses.Reduction.SUM)
    return mse(td_targets, v_pred)
```

（19）与行动者网络实现类似，实现每个副本的 train() 函数，并在之后的步骤中将其用于分布式训练：

```
  def train(self, states, td_targets):
    with tf.GradientTape() as tape:
      v_pred = self.model(states, training=True)
      # assert v_pred.shape == td_targets.shape
      loss = self.compute_loss(v_pred, \
               tf.stop_gradient(td_targets))
    grads = tape.gradient(loss, \
             self.model.trainable_variables)
    self.opt.apply_gradients(zip(grads, \
             self.model.trainable_variables))
    return loss
```

（20）通过实现启用分布式训练的 train_distributed() 函数最终完成 Critic 类的实现：

```
  @tf.function
  def train_distributed(self, states, td_targets):
```

```
    per_replica_losses = self.execution_strategy.run(
      self.train, args=(states, td_targets)
    )
    return self.execution_strategy.reduce(
      tf.distribute.ReduceOp.SUM, \
      per_replica_losses, axis=None
    )
```

（21）实现了 Actor 类和 Critic 类之后，就可以开始实现分布式 PPOAgent 了。在随后的几个步骤中逐步实现 PPOAgent 类。首先是 __init__() 函数的实现：

```
class PPOAgent:
  def __init__(self, env):
    """Distributed PPO Agent for image observations
    and discrete action-space Gym envs

    Args:
      env (gym.Env): OpenAI Gym I/O compatible RL
      environment with discrete action space
    """
    self.env = env
    self.state_dim = self.env.observation_space.shape
    self.action_dim = self.env.action_space.n
    # Create a Distributed execution strategy
    self.distributed_execution_strategy = \
           tf.distribute.MirroredStrategy()
    print(f"Number of devices: {self.\
        distributed_execution_strategy.\
        num_replicas_in_sync}")
    # Create Actor & Critic networks under the
    # distributed execution strategy scope
    with self.distributed_execution_strategy.scope():
      self.actor = Actor(self.state_dim,
              self.action_dim,
              tf.distribute.get_strategy())
      self.critic = Critic(self.state_dim,
              tf.distribute.get_strategy())
```

（22）实现一种计算广义优势估计（**Generalized Advantage Estimate，GAE**）目标的 gae_target() 函数：

```
  def gae_target(self, rewards, v_values, next_v_value,
  done):
    n_step_targets = np.zeros_like(rewards)
```

```
    gae = np.zeros_like(rewards)
    gae_cumulative = 0
    forward_val = 0

    if not done:
      forward_val = next_v_value

    for k in reversed(range(0, len(rewards))):
      delta = rewards[k] + args.gamma * \
        forward_val - v_values[k]
      gae_cumulative = args.gamma * \
        args.gae_lambda * gae_cumulative + delta
      gae[k] = gae_cumulative
      forward_val = v_values[k]
      n_step_targets[k] = gae[k] + v_values[k]
    return gae, n_step_targets
```

（23）利用（23）～（27）步实现主要的 train() 函数。首先，设置作用域，启动外层循环，并初始化变量：

```
  def train(self, max_episodes=1000):

    with self.distributed_execution_strategy.scope():
      with writer.as_default():
        for ep in range(max_episodes):
          state_batch = []
          action_batch = []
          reward_batch = []
          old_policy_batch = []

          episode_reward, done = 0, False

          state = self.env.reset()
          prev_state = state
          step_num = 0
```

（24）编写每回合需要执行的循环，该循环将直至当前回合完成为止：

```
          while not done:
            self.env.render()
            logits, action = \
               self.actor.get_action(state)

            next_state, reward, dones, _ = \
```

```
        self.env.step(action)
    step_num += 1
    print(f"ep#:{ep} step#:{step_num}
        step_rew:{reward} \
        action:{action} \
        dones:{dones}",end="\r",)
    done = np.all(dones)
    if done:
      next_state = prev_state
    else:
      prev_state = next_state

    state_batch.append(state)
    action_batch.append(action)
    reward_batch.append(
            (reward + 8) / 8)
    old_policy_batch.append(logits)
```

（25）在每一回合中，如果已经达到 update_freq 或刚刚达到结束状态，则需要计算 GAE 和 TD 目标。为此，添加以下代码：

```
    if len(state_batch) >= \
    args.update_freq or done:
      states = np.array(
        [state.squeeze() for \
         state in state_batch])
      actions = \
        np.array(action_batch)
      rewards = \
        np.array(reward_batch)
      old_policies = np.array(
        [old_pi.squeeze() for \
       old_pi in old_policy_batch])

      v_values = self.critic.\
          model.predict(states)
      next_v_value = self.critic.\
         model.predict(
           np.expand_dims(
             next_state, 0))

      gaes, td_targets = \
         self.gae_target(
```

```
                    rewards, v_values,
                    next_v_value, done)
                actor_losses, critic_losses=\
                              [], []
```

（26）在相同的执行环境下训练行动者网络和评论家网络：

```
                for epoch in range(args.\
                epochs):
                  actor_loss = self.actor.\
                    train_distributed(
                      old_policies,
                      states, actions,
                      gaes)
                  actor_losses.\
                    append(actor_loss)
                  critic_loss = self.\
                  critic.train_distributed(
                      states, td_targets)
                  critic_losses.\
                      append(critic_loss)
                # Plot mean actor & critic
                # losses on every update
                tf.summary.scalar(
                  "actor_loss",
                   np.mean(actor_losses),
                   step=ep)
                tf.summary.scalar(
                   "critic_loss",
                    np.mean(critic_losses),
                    step=ep)
```

（27）重置跟踪变量并更新回合奖励值：

```
                state_batch = []
                action_batch = []
                reward_batch = []
                old_policy_batch = []

            episode_reward += reward
            state = next_state
```

（28）至此，分布式 **PPOAgent** 的实现就完成了。下面实现最后的 _main_ 函数：

```
if __name__ == "__main__":
  env_name = "procgen:procgen-coinrun-v0"
  env = gym.make(env_name, render_mode="rgb_array")
  env = gym.wrappers.Monitor(env=env,
            directory="./videos", force=True)
  agent = PPOAgent(env)
  agent.train()
```

执行全部代码并使用 TensorBoard 日志查看进度，通过日志对比可以看出使用更多数量的 GPU 可获得的训练速度提升。

8.4.3 工作原理

方案中主要实现了 Actor 类和 Critic 类，其中 Actor 类使用深度卷积神经网络表示策略，而 Critic 类则使用类似的深度卷积神经网络表示其价值函数。这两个模型的实例化都是在使用 self.execution_strategy.scope() 构造的分布式执行策略的作用域内完成的。

Procgen 环境（如 coinrun、fruitbot、jumper、leaper、maze 等）是视觉信息（相对）丰富的环境，因此需要相对较深的卷积层处理视觉观测。因此，在行动者网络中使用了深度卷积神经网络模型。对于在多个 GPU 上使用多个副本的分布式训练，首先实现了一种单副本训练方法，然后使用 Tensorflow.function 在多个副本之间运行，并减少结果以得到总损失。

最后，在分布式环境中训练 PPO 智能体时，使用了 Python 的 with 语句进行上下文管理，在分布式执行策略的范围内执行所有训练操作，如下所示：with self.distributed_execution_strategy.scope()。

8.5 为加速训练的分布式深度强化学习的基础模块

本章前面讨论了如何使用 TensorFlow 2.x 的分布式执行 API 扩展深度强化学习训练规模。在理解了概念和实现方式后变得很简单，但使用更高级的架构，例如 Impala 和 R2D2，训练深度强化学习智能体时，则需要强化学习基础模块（如分布式参数服务器和分布式经验回放）。本节逐步介绍用于分布式强化学习训练的此类基础模块的实现。以下使用 Ray 分布式计算框架实现基础模块。

8.5.1 前期准备

为完成本节内容，需要激活命名为 tf2rl-cookbook 的 Python/Conda 虚拟环境。请确保更新的环境与书中代码存储库中最新的 Conda 环境规范文件（tfrl-cookbook.yml）相匹配。使用 sac_agent_base 模块测试本节构建的基础模块，该模块基于前面实现的 SAC 智能体。如果以下 import 语句运行没有问题，就可以准备开始了：

```
import pickle
import sys

import fire
import gym
import numpy as np
import ray

if "." not in sys.path:
  sys.path.insert(0, ".")
from sac_agent_base import SAC
```

8.5.2 实现步骤

下面将一个接一个地实现基础模块，首先从分布式参数服务器开始。

（1）ParameterServer() 类是一个简单的存储库，用于在分布式训练环境中在工作器之间共享神经网络参数或权重。把该类实现为 Ray 的远程行动者网络：

```
@ray.remote
class ParameterServer(object):
  def __init__(self, weights):
    values = [value.copy() for value in weights]
    self.weights = values

  def push(self, weights):
    values = [value.copy() for value in weights]
    self.weights = values
  def pull(self):
    return self.weights

  def get_weights(self):
    return self.weights
```

（2）添加 save_weights() 函数将权重保存到磁盘：

```
  # save weights to disk
  def save_weights(self, name):
    with open(name + "weights.pkl", "wb") as pkl:
      pickle.dump(self.weights, pkl)
    print(f"Weights saved to {name +
               'weights.pkl'}.")
```

（3）作为下一个基础模块，利用（3）～（5）步实现 ReplayBuffer 类，供一组分布式智能体使用：

```
@ray.remote
class ReplayBuffer:
  """
  A simple FIFO experience replay buffer for RL Agents
  """
  def __init__(self, obs_shape, action_shape, size):
    self.cur_states = np.zeros([size, obs_shape[0]],
                  dtype=np.float32)
    self.actions = np.zeros([size, action_shape[0]],
                dtype=np.float32)
    self.rewards = np.zeros(size, dtype=np.float32)
    self.next_states = np.zeros([size, obs_shape[0]],
                  dtype=np.float32)
    self.dones = np.zeros(size, dtype=np.float32)
    self.idx, self.size, self.max_size = 0, 0, size
    self.rollout_steps = 0
```

（4）实现 store() 函数，以便在回放缓冲区中存储新经验：

```
def store(self, obs, act, rew, next_obs, done):
  self.cur_states[self.idx] = np.squeeze(obs)
  self.actions[self.idx] = np.squeeze(act)
  self.rewards[self.idx] = np.squeeze(rew)
  self.next_states[self.idx] = np.squeeze(next_obs)
  self.dones[self.idx] = done
  self.idx = (self.idx + 1) % self.max_size
  self.size = min(self.size + 1, self.max_size)
  self.rollout_steps += 1
```

（5）为了从回放缓冲区中采样一批经验数据，实现 sample_batch() 函数，从回放缓冲区中随机采样并返回包含采样的经验数据的字典：

```
def sample_batch(self, batch_size=32):
  idxs = np.random.randint(0, self.size,
              size=batch_size)
  return dict(
    cur_states=self.cur_states[idxs],
    actions=self.actions[idxs],
    rewards=self.rewards[idxs],
    next_states=self.next_states[idxs],
    dones=self.dones[idxs])
```

（6）完成了 ReplayBuffer() 类的实现后，完成 rollout() 函数的实现，该函数本质上是使用探索策略在强化学习环境中收集经验，并将收集到的经验存储在分布式回放缓冲区中，其中的探索策略使用从分布式参数服务器对象中提取的参数。通过步骤（6）～（9）完成 rollout() 函数的实现：

```
@ray.remote
def rollout(ps, replay_buffer, config):
  """Collect experience using an exploration policy"""
  env = gym.make(config["env"])
  obs, reward, done, ep_ret, ep_len = env.reset(), 0, \
                    False, 0, 0
  total_steps = config["steps_per_epoch"] * \
          config["epochs"]

  agent = SAC(env.observation_space.shape, \
        env.action_space)
  weights = ray.get(ps.pull.remote())
  target_weights = agent.actor.get_weights()
  for i in range(len(target_weights)):
  # set tau% of target model to be new weights
    target_weights[i] = weights[i]
  agent.actor.set_weights(target_weights)
```

（7）在完成智能体的初始化和加载，并准备好环境实例后，开始经验收集循环：

```
  for step in range(total_steps):
    if step > config["random_exploration_steps"]:
      # Use Agent's policy for exploration after
      # 'random_exploration_steps'
      a = agent.act(obs)
    else:  # Use a uniform random exploration policy
      a = env.action_space.sample()

    next_obs, reward, done, _ = env.step(a)
    print(f"Step#:{step} reward:{reward} \
        done:{done}")
    ep_ret += reward
    ep_len += 1
```

（8）处理配置了 max_ep_len 的情况，该值表示回合的最大长度，然后将收集的经验存储在分布式回放缓冲区中：

```
    done = False if ep_len == config["max_ep_len"]\
        else done
```

```
    # Store experience to replay buffer
    replay_buffer.store.remote(obs, a, reward,
                   next_obs, done)
```

（9）在回合结束时，使用参数服务器同步行为策略的权重：

```
    obs = next_obs

    if done or (ep_len == config["max_ep_len"]):
      """
      Perform parameter sync at the end of the
      trajectory.
      """
      obs, reward, done, ep_ret, ep_len = \
            env.reset(), 0, False, 0, 0
      weights = ray.get(ps.pull.remote())
      agent.actor.set_weights(weights)
```

（10）在完成了 rollout() 函数的实现后，实现执行训练循环的 train() 函数：

```
@ray.remote(num_gpus=1, max_calls=1)
def train(ps, replay_buffer, config):
  agent = SAC(config["obs_shape"], \
       config["action_space"])
  weights = ray.get(ps.pull.remote())
  agent.actor.set_weights(weights)
  train_step = 1
  while True:

    agent.train_with_distributed_replay_memory(
      ray.get(replay_buffer.sample_batch.remote())
    )

    if train_step % config["worker_update_freq"]== 0:
      weights = agent.actor.get_weights()
      ps.push.remote(weights)
    train_step += 1
```

（11）最后一个模块是 main() 函数，将构建的所有基础模块放在一起并运行。步骤（11）～（16）实现 main() 函数，首先是参数列表，并在配置字典中捕获参数：

```
def main(
  env="MountainCarContinuous-v0",
  epochs=1000,
  steps_per_epoch=5000,
```

```
    replay_size=100000,
    random_exploration_steps=1000,
    max_ep_len=1000,
    num_workers=4,
    num_learners=1,
    worker_update_freq=500,
):
    config = {
      "env": env,
      "epochs": epochs,
      "steps_per_epoch": steps_per_epoch,
      "max_ep_len": max_ep_len,
      "replay_size": replay_size,
      "random_exploration_steps": \
         random_exploration_steps,
      "num_workers": num_workers,
      "num_learners": num_learners,
      "worker_update_freq": worker_update_freq,
    }
```

（12）创建一个所需的环境实例，获取状态和观测空间，初始化 ray 及一个随机行动者-评论家智能体。注意，此处初始化的是单节点 ray 集群，读者可自行初始化（在本地或在云中）具有一组节点的 ray 集群：

```
env = gym.make(config["env"])
config["obs_shape"] = env.observation_space.shape
config["action_space"] = env.action_space

ray.init()

agent = SAC(config["obs_shape"], \
      config["action_space"])
```

（13）初始化一个 ParameterServer 类实例和一个 ReplayBuffer 类实例：

```
params_server = \
  ParameterServer.remote(agent.actor.get_weights())

replay_buffer = ReplayBuffer.remote(
  config["obs_shape"], \
  config["action_space"].shape, \
  config["replay_size"]
)
```

（14）现在，已经准备好运行已构建的基础模块。首先根据指定为配置参数的工作器数量启动一系列模拟任务，这些任务将启动分布式 ray 集群上的模拟过程：

```
task_rollout = [
  rollout.remote(params_server, replay_buffer,
          config)
  for i in range(config["num_workers"])
]
```

模拟任务启动远程任务，这些远程任务用收集到的经验填充回放缓冲区。上面的代码将立即返回，即使模拟任务由于异步函数调用而需要时间完成。

（15）启动一个可配置数量的学习器，在 ray 集群上执行分布式训练任务：

```
task_train = [
  train.remote(params_server, replay_buffer,
        config)
  for i in range(config["num_learners"])
]
```

上述语句启动远程训练过程并立即返回，即使学习器的 train() 函数需要花费一些时间才能完成。

```
We will wait for the tasks to complete on the main thread before exiting:
  ray.wait(task_rollout)
  ray.wait(task_train)
```

（16）最后定义入口点。使用 Python Fire 库公开 _main_ 函数，其参数看起来像一个可执行的支持命令行参数：

```
if __name__ == "__main__":
  fire.Fire(main)
```

通过使用前面的入口点，可以从命令行配置和启动脚本。这里提供了一个示例供参考：

```
(tfrl-cookbook)praveen@dev-cluster:~/tfrl-cookbook$python 4
_building_blocks_for_distributed_rl_using_ray.py main --env="
MountaincarContinuous-v0" --num_workers=8 --num_learners=3
```

8.5.3 工作原理

案例构建了分布式 ParameterServer、ReplayBuffer、模拟工作器和学习器进程。这些基础模块对于训练分布式强化学习智能体至关重要。同时使用 Ray 作为分布式计算的框架。

在实现了基础模块和任务之后，在 main() 函数中，在 ray 集群上启动了两个异步的分布式任务。其中，task_rollout 启动可配置数量的模拟工作器，而 task_train 启动可配置数量的学习器。这两个任务均以分布式方式在 ray 集群上异步运行。模拟工作器从参数服务器获取最新的权重，然后收集经验并将经验存储在回放缓冲区中，同时，学习器使用从回放缓冲区中采样的一批经验数据来进行训练，并将更新后的（可能有所改进的）参数推送到参数服务器。

8.6 使用 Ray、Tune 和 RLLib 进行大规模的深度强化学习智能体训练

在前面的方案中，已经了解了如何从头开始实现分布式强化学习智能体训练过程。由于用作基础模块的大多数组件已成为构建深度强化学习训练基础架构的标准方式，因此可以利用现有库中针对这些基础模块的高质量实现。幸运的是，选择了使用 Ray 作为分布式计算的框架。Tune 和 RLLib 是基于 Ray 建立的两个库，可与 Ray 一起使用，它们提供了高度可扩展的超参数调优（Tune）和强化学习训练（RLLib）。本节将提供一系列步骤熟悉 Ray、Tune 和 RLLib，及利用它们扩展深度强化学习训练过程。

8.6.1 前期准备

为完成本节内容，需要激活命名为 tf2rl-cookbook 的 Python/Conda 虚拟环境。请确保更新的环境与书中代码存储库中最新的 Conda 环境规范文件（tfrl-cookbook.yml）相匹配。使用针对环境所提供的 conda YAML 规范时，Ray、Tune 和 RLLib 安装在 tf2rl-cookbook conda 环境中。如果要在其他环境中安装 Tune 和 RLLib，最简单的方法是使用以下命令进行安装：

```
pip install ray[tune,rllib]
```

8.6.2 实现步骤

案例将从使用 Tune 和 RLLib 在 ray 集群上启动训练的快速基本命令和方法开始，并逐步定制训练流水线从而为读者提供有用的方案。

（1）在 OpenAI Gym 环境中启动强化学习智能体的典型训练与指定算法名称和环境名称一样简单。例如，在 CartPole-v4 Gym 环境中训练 PPO 智能体，只需执行以下命令：

```
(tfrl-cookbook) praveen@dev-cluster:~/tfrl-cookbook$rllib train  -run PPO
-env "CartPole-v4" --eager
```

注意，命令中还指定了 --eager 标志，该标志强制 RLLib 使用即时执行（TensorFlow 2.x 中的默认执行模式）。

（2）尝试在 coinrun procgen 环境中训练 PPO 智能体：

```
(tfrl-cookbook) praveen@dev-cluster:~/tfrl-cookbook$rllib train --run PPO
--env "procgen:procgen-coinrun-v0" --eager
```

注意，前面的命令失败，会出现以下错误（已截断）：

```
ValueError: No default configuration for obs shape [64, 64, 3], you must
 specify 'conv_filters' manually as a model option. Default
configurations are only available for inputs of shape [42, 42, K] and
[84, 84, K]. You may alternatively want to use a custom model or
preprocessor.
```

正如错误描述，因为 RLLib 默认支持的观测形状为（42，42，k）或（84，84，k）。如果使用其他的观测形状，则需要自定义模型或预处理器。在第（3）～第（8）步中，使用 TensorFlow 2.x Keras API 实现一个自定义的神经网络模型（custom_model.py），该模型可以与 ray RLLib 一起使用。

（3）导入必要的模块并实现一个辅助函数 conv_layer()，以返回具有特定滤波器深度的 Conv2D 层：

```
from ray.rllib.models.tf.tf_modelv2 import TFModelV2
import tensorflow as tf



def conv_layer(depth, name):
  return tf.keras.layers.Conv2D(
    filters=depth, kernel_size=3, strides=1, \
    padding="same", name=name
  )
```

（4）利用辅助函数 residual_block()，构建并返回一个简单的残差块：

```
def residual_block(x, depth, prefix):
  inputs = x
  assert inputs.get_shape()[-1].value == depth
  x = tf.keras.layers.ReLU()(x)
  x = conv_layer(depth, name=prefix + "_conv0")(x)
  x = tf.keras.layers.ReLU()(x)
  x = conv_layer(depth, name=prefix + "_conv1")(x)
  return x + inputs
```

（5）实现 conv_sequence() 函数构造多个残差块序列：

```
def conv_sequence(x, depth, prefix):
  x = conv_layer(depth, prefix + "_conv")(x)
  x = tf.keras.layers.MaxPool2D(pool_size=3, \
                                strides=2,\
                                padding="same")(x)
  x = residual_block(x, depth, prefix=prefix + \
```

```
            "_block0")
    x = residual_block(x, depth, prefix=prefix + \
            "_block1")
    return x
```

（6）将 CustomModel 类实现为 RLLib 提供的 TFModelV2 基类的子类，以便与 RLLib 轻松集成：

```
class CustomModel(TFModelV2):
  """Deep residual network that produces logits for
    policy and value for value-function;
  Based on architecture used in IMPALA paper:https://
    arxiv.org/abs/1802.01561"""

  def __init__(self, obs_space, action_space,
  num_outputs, model_config, name):
    super().__init__(obs_space, action_space, \
          num_outputs, model_config, name)
    depths = [16, 32, 32]
    inputs = tf.keras.layers.Input(
          shape=obs_space.shape,
          name="observations")
    scaled_inputs = tf.cast(inputs,
            tf.float32) / 255.0
    x = scaled_inputs
    for i, depth in enumerate(depths):
      x = conv_sequence(x, depth, prefix=f"seq{i}")
    x = tf.keras.layers.Flatten()(x)
    x = tf.keras.layers.ReLU()(x)
    x = tf.keras.layers.Dense(units=256,
            activation="relu",
            name="hidden")(x)
    logits = tf.keras.layers.Dense(units=num_outputs,
              name="pi")(x)
    value = tf.keras.layers.Dense(units=1,
              name="vf")(x)
    self.base_model = tf.keras.Model(inputs,
              [logits, value])
    self.register_variables(
            self.base_model.variables)
```

（7）因为在基类（TFModelV2）中没有实现 forward() 函数，但它又是必需的，所以在完成 __init__() 函数后，实现该函数：

```
def forward(self, input_dict, state, seq_lens):
  # explicit cast to float32 needed in eager
  obs = tf.cast(input_dict["obs"], tf.float32)
  logits, self._value = self.base_model(obs)
  return logits, state
```

（8）实现 value_function() 函数改变价值函数输出的形状：

```
def value_function(self):
  return tf.reshape(self._value, [-1])
```

至此，CustomModel 实现就完成了，并且可以使用了。

（9）为了便于使用模型以及其命令行用法，接下来实现一个使用 ray、Tune 和 RLLib 的 Python API 的解决方案（5.1_training_using_tune_run.py）。实现步骤分成两步，首先导入必要的模块并初始化 ray：

```
import ray
import sys
from ray import tune
from ray.rllib.models import ModelCatalog

if not "." in sys.path:
  sys.path.insert(0, ".")
from custom_model import CustomModel
ray.init()  # Can also initialize a cluster with multiple
# nodes here using the cluster head node's IP
```

（10）在 RLLib 的 ModelCatlog 中注册自定义模型，然后使用它训练具有一组自定义参数的 PPO 智能体，这些参数包括强制 RLLib 使用 TensorFlow 2 的 framework 参数。在脚本结束时还应关闭 ray：

```
# Register custom-model in ModelCatalog
ModelCatalog.register_custom_model("CustomCNN",
                CustomModel)

experiment_analysis = tune.run(
  "PPO",
  config={
    "env": "procgen:procgen-coinrun-v0",
    "num_gpus": 0,
    "num_workers": 2,
    "model": {"custom_model": "CustomCNN"},
    "framework": "tf2",
```

```
    "log_level": "INFO",
  },
  local_dir="ray_results",  # store experiment results
  # in this dir
)
ray.shutdown()
```

（11）实现另一个快速方案（5_2_custom_training_using_tune.py），用于自定义训练循环。方案实现分为以下几个步骤。首先导入必要的库并初始化 ray：

```
import sys

import ray
import ray.rllib.agents.impala as impala
from ray.tune.logger import pretty_print
from ray.rllib.models import ModelCatalog

if not "." in sys.path:
  sys.path.insert(0, ".")
from custom_model import CustomModel
ray.init()  # You can also initialize a multi-node ray
# cluster here
```

（12）用 RLLib 的 ModelCatlog 注册自定义模型，并配置 IMPALA 智能体。此处也可以使用任何其他 RLLib 支持的智能体，例如 PPO 或 SAC：

```
# Register custom-model in ModelCatalog
ModelCatalog.register_custom_model("CustomCNN",
          CustomModel)

config = impala.DEFAULT_CONFIG.copy()
config["num_gpus"] = 0
config["num_workers"] = 1
config["model"]["custom_model"] = "CustomCNN"
config["log_level"] = "INFO"
config["framework"] = "tf2"
trainer = impala.ImpalaTrainer(config=config,
            env="procgen:procgen-coinrun-v0")
```

（13）实现自定义训练循环，并根据需要在循环中包含任何步骤。为了简化示例循环，让循环只是单纯地执行训练步骤，并且每 n（100）步保存一次智能体的模型：

```
for step in range(1000):
  # Custom training loop
```

```
  result = trainer.train()
  print(pretty_print(result))

  if step % 100 == 0:
    checkpoint = trainer.save()
    print("checkpoint saved at", checkpoint
```

（14）使用保存的检查点和更简单的 ray tune 的 run API 继续训练智能体，如下所示：

```
# Restore agent from a checkpoint and start a new
# training run with a different config
config["lr"] = ray.tune.grid_search([0.01, 0.001])"]
ray.tune.run(trainer, config=config, restore=checkpoint)
```

（15）最后，关闭 ray 并释放系统资源：

```
ray.shutdown()
```

8.6.3 工作原理

ray RLLib 简单但有限的命令行界面中存在一个常见的限制，方案中讨论了一种解决方案，以解决步骤（2）中使用 RLLib 的 PPO 智能体训练时需要自定义模型的问题，并在步骤（9）和（10）中实现了它。

尽管第（9）步和第（10）步中讨论的解决方案看起来很不错，但它可能无法提供读者想要或熟悉的所有自定义按钮。例如，它抽象出了遍历环境的基本强化学习循环。从第（11）步开始，又实现了另一个快速方法，它允许自定义训练循环。在第（12）步中，了解了如何注册自定义模型并将其与 IMPALA 智能体一起使用，IMPALA 智能体是一个可扩展的，并基于重要性加权的行动者-评论家架构的分布式深度强化学习智能体。IMPALA 智能体的行动者网络将状态、动作和奖励的序列传递给进行批量梯度更新的中央学习器，而基于（异步）行动者-评论家智能体则将梯度传递给中央参数服务器。

第 9 章 深度强化学习智能体的多平台部署

本章提供了在桌面、Web、移动等应用程序中部署深度强化学习智能体模型的方法。这些方法作为可定制的模板，读者可以使用这些模版构建和部署自己的深度强化学习应用程序以满足自己的用例。同时，本章还介绍如何导出强化学习智能体模型以在各种实际可用的框架上进行服务/部署（如 **TensorFlow Lite**、**TensorFlow.js** 和 **ONNX**），并学习如何利用 Nvidia Triton 启动基于强化学习的实际可用的 AI 服务。

具体而言，本章涵盖以下内容：

- 使用 TensorFlow Lite 组装用于移动和物联网设备的深度强化学习智能体；
- 在移动设备上部署强化学习智能体；
- 使用 TensorFlow.js 为 Web 和 Node.js 组装深度强化学习智能体；
- 将深度强化学习智能体部署为服务；
- 为跨平台部署组装深度强化学习智能体。

9.1 技术要求

本书的代码已经在 Ubuntu 18.04 和 Ubuntu 20.04 上进行了广泛的测试，这意味着如果 Python 3.6+ 可用，则代码也可以在更高版本的 Ubuntu 中运行。在安装 Python 3.6+ 以及列于每节的“前期准备”部分中的必要 Python 包后，代码也可以在 Windows 和 macOS X 上正常运行。建议创建并使用一个名为 tf2rl-cookbook 的 Python 虚拟环境来安装这些包并运行本书中的代码。建议安装 Miniconda 或 Anaconda 来管理 Python 虚拟环境。

9.2 使用 TensorFlow Lite 组装用于移动和物联网设备的深度强化学习智能体

本节将展示如何利用开源框架 **TensorFlow Lite**（**TFLite**）为移动、物联网和嵌入式设备上的深度强化学习智能体提供服务。通过实现一个完整的脚本来构建、训练和导出可加载到移动或嵌入式设备中的智能体模型。本节尝试两种方法为智能体生成 TFLite 模型。第一种方法先以 TensorFlow 的 SavedModel 文件格式保存和导出智能体模型，然后用命令行将保存的模型转换到 TFLite 模型；第二种方法利用 Python API 直接生成 TFLite 模型。

9.2.1 前期准备

为完成本节内容，需要激活命名为 tf2rl-cookbook 的 Python/Conda 虚拟环境。请确保更新的环境与书中代码存储库中最新的 Conda 环境规范文件（tfrl-cookbook.yml）相匹配。如果以下 import 语句运行没有问题，就可以准备开始了：

```
import argparse
import os
import sys
from datetime import datetime

import gym
import numpy as np
import procgen  # Used to register procgen envs with Gymregistry
import tensorflow as tf
from tensorflow.keras.layers import Conv2D, Dense, Dropout, Flatten,
    Input, MaxPool2D
```

9.2.2 实现步骤

为了节省空间，重点关注本节方法中新的和重要的部分，以下步骤重点介绍模型保存和导出功能，以及实现这些功能的不同方法，并将省略行动者网络、评论家网络和智能体模型的定义以节省空间。

（1）首先，重要的是将 TensorFlow Keras 的后端设置为使用 float32 作为浮点值的默认表示，而不是默认的 float64：

```
tf.keras.backend.set_floatx("float32")
```

（2）为传递给脚本的参数创建一个处理程序。为训练环境定义一个可选列表，并设置 --env 作为选择环境的标志：

```
parser = argparse.ArgumentParser(prog="TFRL-Cookbook-Ch9-PPO-trainer-
    exporter-TFLite")
parser.add_argument(
    "--env", default="procgen:procgen-coinrun-v0",
    choices=["procgen:procgen-bigfish",
      "procgen:procgen-bossfight",
      "procgen:procgen-caveflyer",
      "procgen:procgen-chaser",
```

```
        "procgen:procgen-climber",
        "procgen:procgen-coinrun",
        "procgen:procgen-dodgeball",
        "procgen:procgen-fruitbot",
        "procgen:procgen-heist",
        "procgen:procgen-jumper",
        "procgen:procgen-leaper",
        "procgen:procgen-maze",
        "procgen:procgen-miner",
        "procgen:procgen-ninja",
        "procgen:procgen-plunder",
        "procgen:procgen-starpilot",
        "Pong-v4",
    ],
)
```

（3）添加其他参数，简化智能体的训练和日志记录配置：

```
parser.add_argument("--update-freq", type=int, default=16)
parser.add_argument("--epochs", type=int, default=3)
parser.add_argument("--actor-lr", type=float, default=1e-4)
parser.add_argument("--critic-lr", type=float, default=1e-4)
parser.add_argument("--clip-ratio", type=float, default=0.1)
parser.add_argument("--gae-lambda", type=float, default=0.95)
parser.add_argument("--gamma", type=float, default=0.99)
parser.add_argument("--logdir", default="logs")

args = parser.parse_args()
```

（4）设置日志记录，以便使用 TensorBoard 可视化查看智能体的学习进度：

```
logdir = os.path.join(
    args.logdir, parser.prog, args.env, \
    datetime.now().strftime("%Y%m%d-%H%M%S")
)
print(f"Saving training logs to:{logdir}")
writer = tf.summary.create_file_writer(logdir)
```

（5）对于第一种导出方法，将在以下步骤中为 Actor 类、Critic 类和 Agent 类定义保存方法。从 Actor 类中 save() 函数的实现开始，将行动者网络导出为 TensorFlow 的 SavedModel 格式：

```
    def save(self, model_dir: str, version: int = 1):
```

```
actor_model_save_dir = os.path.join(
  model_dir, "actor", str(version), \
  "model.savedmodel"
)
self.model.save(actor_model_save_dir,
        save_format="tf")
print(f"Actor model saved at:\
    {actor_model_save_dir}")
```

（6）同样地，为 Critic 类实现一个 save() 函数，将评论家网络导出为 TensorFlow 的 SavedModel 格式：

```
def save(self, model_dir: str, version: int = 1):
  critic_model_save_dir = os.path.join(
    model_dir, "critic", str(version), \
    "model.savedmodel"
  )
  self.model.save(critic_model_save_dir,
          save_format="tf")
  print(f"Critic model saved at:{
          critic_model_save_dir}")
```

（7）为 Agent 类添加一个 save() 函数，该方法利用 Actor 类和 Critic 类的 save() 函数保存智能体所需的两个模型：

```
def save(self, model_dir: str, version: int = 1):
  self.actor.save(model_dir, version)
  self.critic.save(model_dir, version)
```

（8）一旦执行了 save() 函数，它将生成两个模型（一个用于行动者网络，另一个用于评论家网络），并将它们保存在文件系统的指定目录中，其目录结构和文件如图 9.1 所示。

（9）生成 SavedModel 文件之后，就可以利用 tflite_convert 命令行工具并指定行动者网络模型的保存目录的位置。以下命令可作为相关示例参考：

```
(tfrl-cookbook)praveen@desktop:~/tfrl-cookbook/ch9$tflite_convert --
saved_model_dir=trained_models/ppo-procgen-coinrun/1/actor/model.
savedmodel --output_file=trained_models/ppo-procgen-coinrun/1/actor/model.
tflite
```

（10）同样地，可以使用以下命令转换评论家网络模型：

```
(tfrl-cookbook)praveen@desktop:~/tfrl-cookbook/ch9$tflite_convert --
saved_model_dir=trained_models/ppo-procgen-coinrun/1/critic/model.
```

```
savedmodel --output_file=trained_models/ppo-procgen-coinrun/1/critic/model
.tflite
```

现在，已实现 TFLite 格式的行动者网络模型和评论家网络模型，并可以在移动应用程序中使用。下面研究另一种不需要（手动）切换到命令行将智能体模型导出为 TFLite 格式的方法。

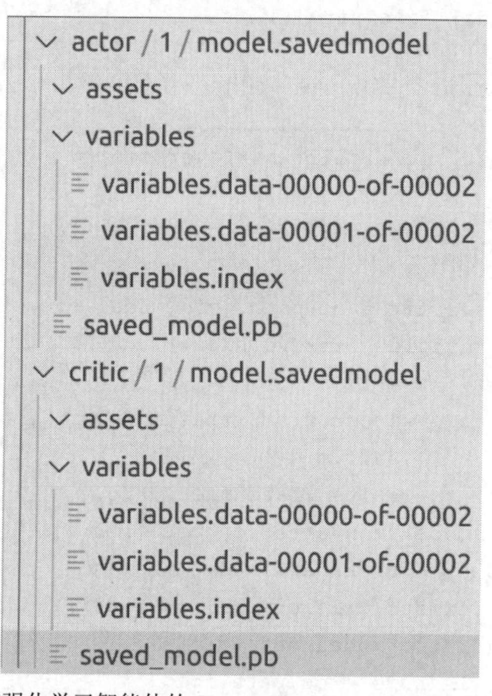

图 9.1 PPO 深度强化学习智能体的 TensorFlow SavedModel 目录结构和文件内容

（11）首先实现 Actor 类的 save_tflite() 函数，并在后续步骤进行完善：

```
def save_tflite(self, model_dir: str, version: int =
 1):
    """Save/Export Actor model in TensorFlow Lite
    format"""
    actor_model_save_dir = os.path.join(model_dir,\
                "actor", str(version))
    model_converter = \
      tf.lite.TFLiteConverter.from_keras_model(
                        self.model)
    # Convert model to TFLite Flatbuffer
    tflite_model = model_converter.convert()
    # Save the model to disk/persistent-storage
    if not os.path.exists(actor_model_save_dir):
```

```
      os.makedirs(actor_model_save_dir)
    actor_model_file_name = os.path.join(
         actor_model_save_dir, "model.tflite")
    with open(actor_model_file_name, "wb") as \
    model_file:
      model_file.write(tflite_model)
    print(f"Actor model saved in TFLite format at:\
        {actor_model_file_name}")
```

（12）同样地，为 Critic 类实现 save_tflite() 函数：

```
def save_tflite(self, model_dir: str, version: \
int = 1):
    """Save/Export Critic model in TensorFlow Lite
    format"""
    critic_model_save_dir = os.path.join(model_dir,
                  "critic", str(version))
    model_converter = \
      tf.lite.TFLiteConverter.from_keras_model(
                    self.model)
    # Convert model to TFLite Flatbuffer
    tflite_model = model_converter.convert()
    # Save the model to disk/persistent-storage
    if not os.path.exists(critic_model_save_dir):
      os.makedirs(critic_model_save_dir)
    critic_model_file_name = os.path.join(
         critic_model_save_dir, "model.tflite")
    with open(critic_model_file_name, "wb") as \
    model_file:
      model_file.write(tflite_model)
    print(f"Critic model saved in TFLite format at:\
         {critic_model_file_name}")
```

（13）Agent 类通过调用其 save_tflite() 函数调用 Actor 类和 Critic 类的 save_tflite() 函数，如以下代码片段所示：

```
def save_tflite(self, model_dir: str, version: \
int = 1):
  # Make sure 'toco_from_protos binary' is on
  # system's PATH to avoid TFLite ConverterError
  toco_bin_dir = os.path.dirname(sys.executable)
  if not toco_bin_dir in os.environ["PATH"]:
    os.environ["PATH"] += os.pathsep + \
```

```
            toco_bin_dir
    print(f"Saving Agent model (TFLite) to:{
                model_dir}\n")
    self.actor.save_tflite(model_dir, version)
    self.critic.save_tflite(model_dir, version)
```

注意，为确保在 TFLite 转换器调用模型转换时能找到二进制文件 toco_from_protos，要将当前（tfrl-cookbook）Python 环境的 bin 目录添加到系统的 PATH 环境变量中。

（14）综上所述，可以完成 _main_ 函数实例化智能体，并训练和保存 TFLite 模型文件格式的模型：

```
if __name__ == "__main__":
    env_name = args.env
    env = gym.make(env_name)
    agent = PPOAgent(env)
    agent.train(max_episodes=1)
    # Model saving
    model_dir = "trained_models"
    agent_name = f"PPO_{env_name}"
    agent_version = 1
    agent_model_path = os.path.join(model_dir, \
                    agent_name)
    agent.save_tflite(agent_model_path, agent_version)
```

9.2.3　工作原理

因为，TFLite 针对的是在嵌入式和移动设备上运行不支持 TensorFlow 默认使用的 float64 表示（出于性能原因）。所以首先设置 TensorFlow Keras 的后端使用 float32 作为浮点值的默认表示。

为 --env 参数定义了一个选项列表，这对确保环境的观测和动作空间与智能体的模型兼容非常重要。在这个方法中，使用了带有行动者网络和评论家网络的 PPO 智能体，期望获取图像观测并产生离散动作。也可以使用不同的智能体算法，例如将智能体代码转换为第 8 章中不同状态/观测空间和动作空间的 PPO。

方案中还讨论了保存智能体模型并将其转换为 TFLite 格式的两种方法：第一种方法首先生成一个 TensorFlow SavedModel 文件格式，然后使用 tflite_convert 命令行工具将其转换为 TFLite 模型文件格式；在第二种方法中，使用 TFLite 的 Python API 直接（在内存中）转换并以 TFLite（Flatbuffer）格式保存智能体的模型。方法中使用了 TFLite-Converter 模块，该模块随 TensorFlow 2.x Python 官方软件包一起提供。图 9.2 总结了使用 API 导出强化学习智能体模型的不同方法。

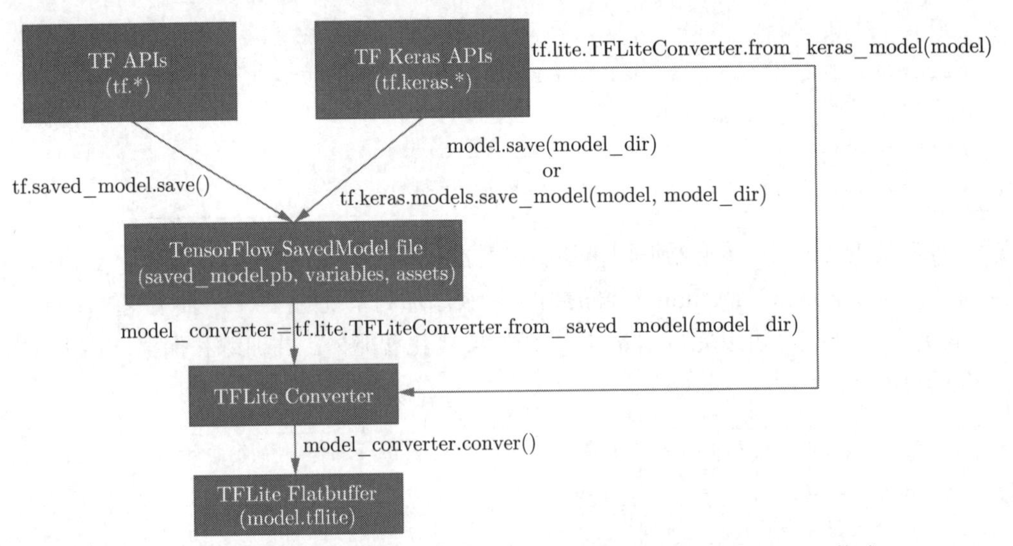

图 9.2 将 TensorFlow 2.x 模型转换为 TensorFlow Lite Flatbuffer 格式

9.3 在移动设备上部署强化学习智能体

与其他平台相比，移动端的客户覆盖率较高，因此它成为最有针对性的平台。据统计，到 2026 年，全球移动应用市场规模预计将达到 4073.2 亿美元。这样一个巨大的市场为基于强化学习的人工智能的应用提供了很多机会。Android 和 iOS 是这一领域的两大操作系统平台。虽然 iOS 是一个流行的平台，但是 iOS 的应用程序需要使用 macOS 系统进行开发。因此，本节将使用 Android SDK 开发一个 Android 应用程序，它的应用更加广泛。如果读者是一个 iOS 应用程序开发人员，可以根据应用程序调整这个方案，让其顺利运行。

此方法提供了使用 TensorFlow Lite 框架在移动和物联网设备上部署经过训练的强化学习智能体模型的方法。如图 9.3 所示，可以实现一个强化学习乒乓球 Android 应用程序示例，作为部署强化学习智能体或开发自己的想法和应用程序的测试平台。

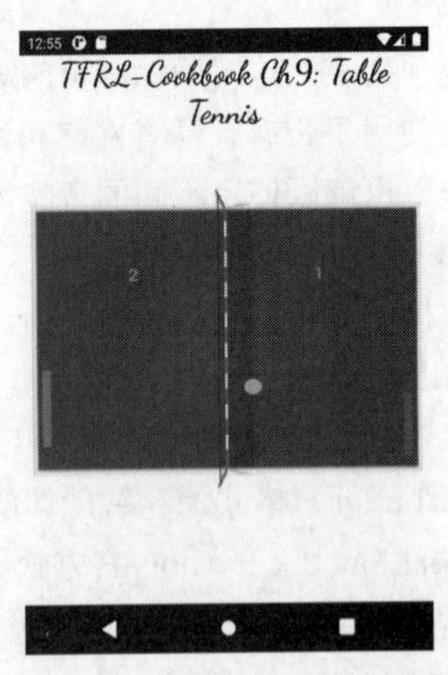

图 9.3 在 Android 设备上运行的强化学习乒乓球应用程序的截图

9.3.1 前期准备

使用 Android Studio 设置和开发 Android 强化学习应用程序示例。首先从官方网站下载并安装 Android Studio，建议使用默认安装位置。安装后，运行 Android Studio 启动安装向导。按照安装过程进行操作，确保安装了最新的 androidsdk、androidsdk 命令行工具和 androidsdk 构建工具。

在完成安装后，如果要运行应用程序，有两个选项：在 Android 手机上运行；在 Android 虚拟设备模拟器中运行。

1. 在 Android 手机上运行

（1）在 Android 设置中启用开发者选项和 USB 调试。

（2）如果读者使用的是 Windows 操作系统，需要安装 Google 的 USB 驱动。

（3）使用 USB 数据线将手机连接到计算机，如果出现提示，允许计算机访问手机。

（4）运行 adb devices 以确保检测到手机。如果未检测到手机，确保已在手机上安装驱动程序并启用 ADB 调试。可以按照 Android 官方指南获取详细说明。

2. 在 Android 虚拟设备模拟器中运行

（1）启动 Android Studio，单击 **AVD Manager** 图标并选择 **Create Virtual Device**。

（2）选择一个设备，单后单击 **Next** 按钮。

（3）为要模拟的 Android 版本选择 x86 或 x86_64 镜像并完成该过程。

（4）选择 AVD Manager 工具栏中的 **Run** 启动仿真器。

设置好设备后，进入 src/ch9-cross-platform-deployment 目录，可以发现一个 Android 应用程序示例，其目录结构和内容如图 9.4 的屏幕截图所示。

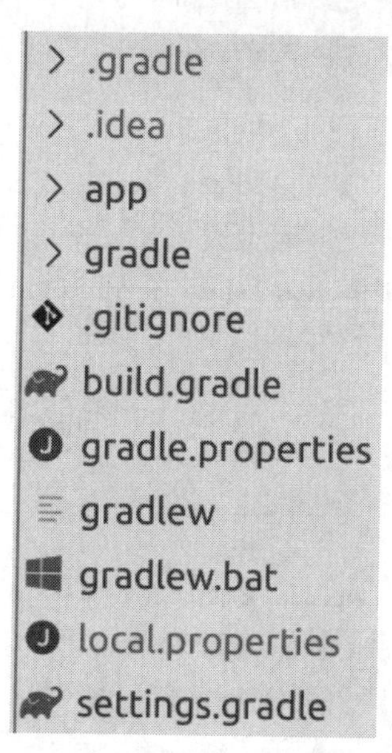

图 9.4　Android 应用程序示例的目录结构和内容

9.3.2 实现步骤

首先从强化学习智能体模型准备开始，构建一个简单的两人乒乓球应用程序，可以在其中与智能体进行比赛。

（1）将强化学习智能体模型导出为 TFLite 格式。运行上一个方法来为 Pong-v4 环境训练 PPO 智能体，并使用已训练的 trained_models/actor/1/目录中生成的 model.tflite 文件。将模型放置在 Android 应用程序的 app/src/assets/目录中，如图 9.5 所示。

图 9.5　强化学习智能体 model.tflite 在 Android app src 目录中的位置

（2）为了包含 tensorflow-lite 依赖项，在 build.gradle 文件中编辑应用程序的 dependencies 部分：

```
dependencies {
    implementation fileTree(dir: 'libs', include: \
            ['*.jar'])
    implementation 'org.tensorflow:tensorflow-lite:+'
}
```

（3）添加一个成员方法以从 assets 文件夹中加载 agent/model.tflite 并返回 MappedByteBuffer：

```
MappedByteBuffer loadModelFile(AssetManager \
   assetManager) throws IOException {
  AssetFileDescriptor fileDescriptor = \
    assetManager.openFd("agent/model.tflite");
  FileInputStream inputStream = new \
    FileInputStream(
       fileDescriptor.getFileDescriptor());
  FileChannel fileChannel = \
        inputStream.getChannel();
  long startOffset = \
     fileDescriptor.getStartOffset();
  long declaredLength = \
     fileDescriptor.getDeclaredLength();
  return fileChannel.map(
    FileChannel.MapMode.READ_ONLY, \
    startOffset, declaredLength);
}
```

（4）创建一个新的 TFLite 解释器：

```
interpreter = new Interpreter(loadModelFile(assetManager),
                new Interpreter.Options());
```

（5）准备好解释器后，开始准备输入。首先，根据从智能体训练中了解到的信息定义一些常量：

```
static final int BATCH_SIZE = 1;
static final int OBS_IMG_WIDTH = 160;
static final int OBS_IMG_HEIGHT = 210;
static final int OBS_IMG_CHANNELS = 3;
// Image observation normalization
static final int IMAGE_MEAN = 128;
static final float IMAGE_STD = 128.0f;
```

（6）实现将 BitMap 格式的图像数据转换为 ByteArray 的函数：

```
ByteBuffer convertBitmapToByteBuffer(Bitmap bitmap) {
      ByteBuffer byteBuffer;
      byteBuffer = ByteBuffer.allocateDirect(4 * \
                BATCH_SIZE * OBS_IMG_WIDTH * \
              OBS_IMG_HEIGHT * OBS_IMG_CHANNELS);
      byteBuffer.order(ByteOrder.nativeOrder());
```

```
    int[] intValues = new int[OBS_IMG_WIDTH * \
                    OBS_IMG_HEIGHT];
    bitmap.getPixels(intValues,0, bitmap.getWidth(),\
      0, 0, bitmap.getWidth(), bitmap.getHeight());
    int pixel = 0;
    for (int i = 0; i < OBS_IMG_HEIGHT; ++i) {
        for (int j = 0; j < OBS_IMG_WIDTH; ++j) {
          final int val = intValues[pixel++];

            byteBuffer.putFloat((((val >> 16) &\
                0xFF)-IMAGE_MEAN)/IMAGE_STD);
            byteBuffer.putFloat((((val >> 8) & \
                0xFF)-IMAGE_MEAN)/IMAGE_STD);
              byteBuffer.putFloat((((val) & 0xFF)-\
                IMAGE_MEAN)/IMAGE_STD);
        }
    }
    return byteBuffer;
}
```

（7）通过运行乒乓球游戏获得图像观测，将图像观察输入智能体模型，以此来获得动作：

```
ByteBuffer byteBuffer = convertBitmapToByteBuffer(bitmap);
int[] action = new int[ACTION_DIM];
interpreter.run(byteBuffer, action);
```

这些是这个方案的主要部分。可以在循环中运行它们，生成每个观测/游戏帧的动作，或者按照喜好自定义它们。下面介绍如何使用 Android Studio 在 Android 设备上运行应用程序。

（8）启动 Android Studio，可以看到图 9.6 所示的欢迎界面。

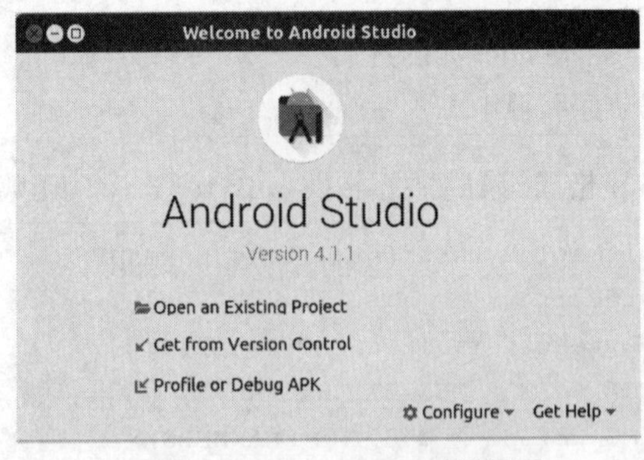

图 9.6　Android Studio 欢迎界面

（9）选择 **Open An Existing Project** 选项，弹出界面如图 9.7 所示，在界面中选择文件系统的目录。

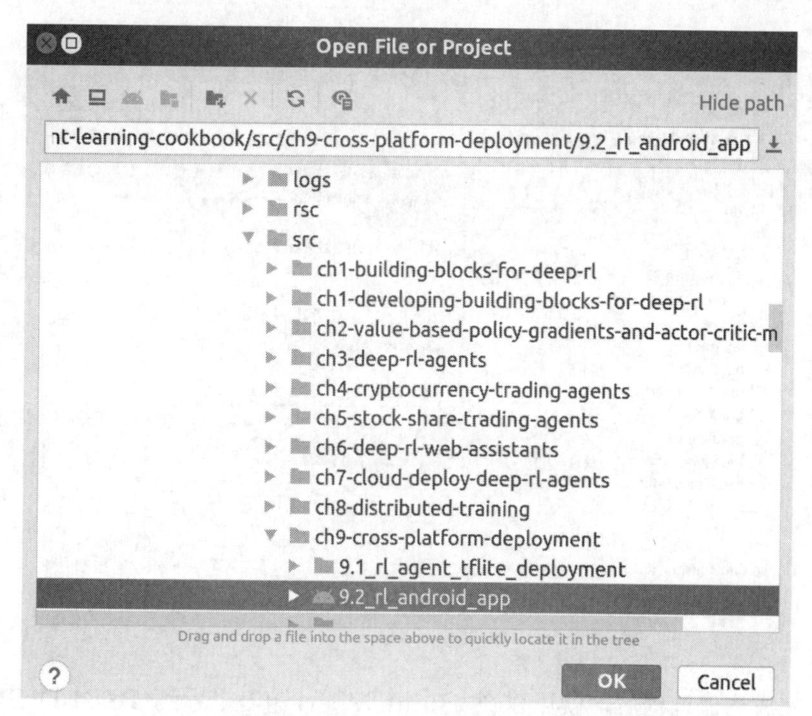

图 9.7　强化学习 Android 应用程序的项目选择器界面

注意，Android Studio 已经识别了应用程序，并用 Android 符号将目录显示了出来。

（10）单击 **OK** 按钮，Android Studio 将打开应用程序代码，如图 9.8 所示。

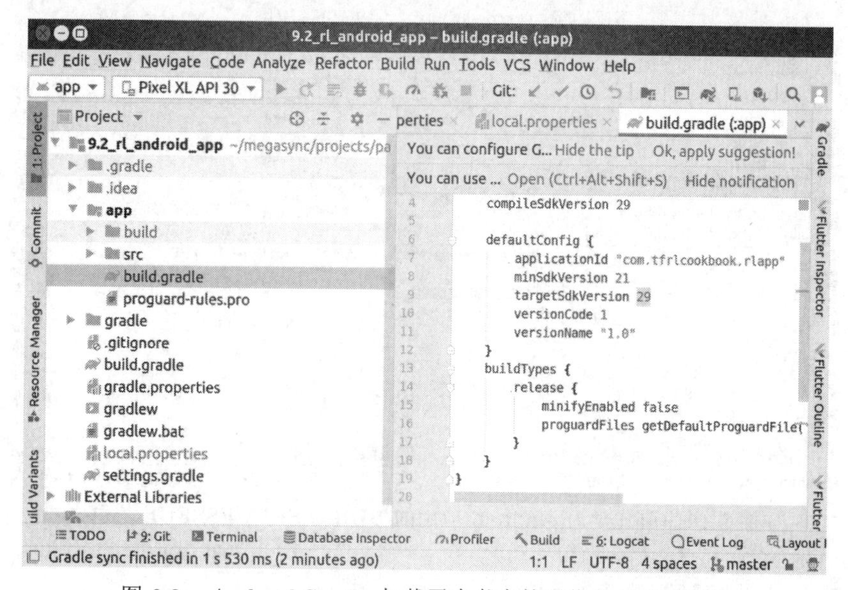

图 9.8　Android Studio 加载了本书中的强化学习应用程序

（11）选择 **Build** 菜单中的 **Make Project** 选项构建项目，或者按组合键 Ctrl + F9，如图 9.9 所示。

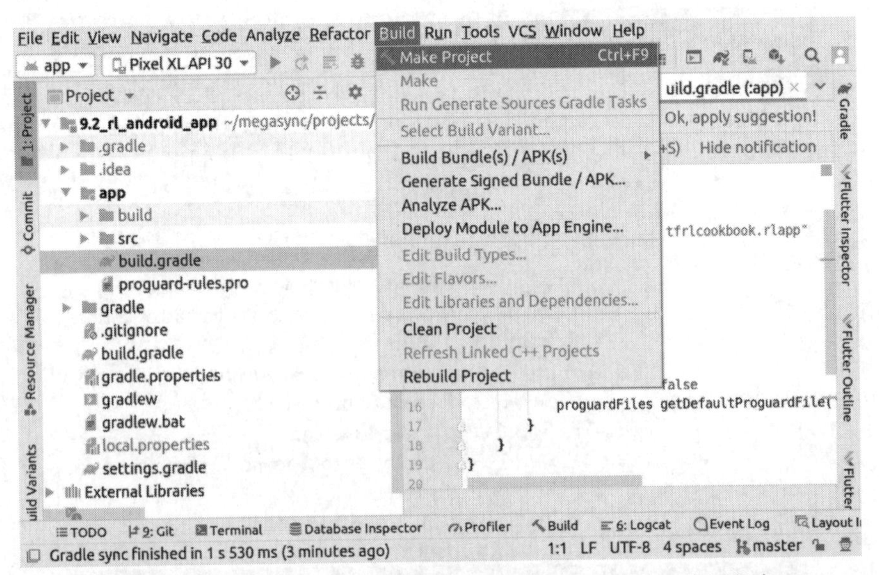

图 9.9 使用 Make Project 选项构建强化学习 Android 应用程序

（12）完成构建过程后，就可以在 **Build** 控制台输出中看到 **BUILD SUCCESSFUL**，如图 9.10 所示。

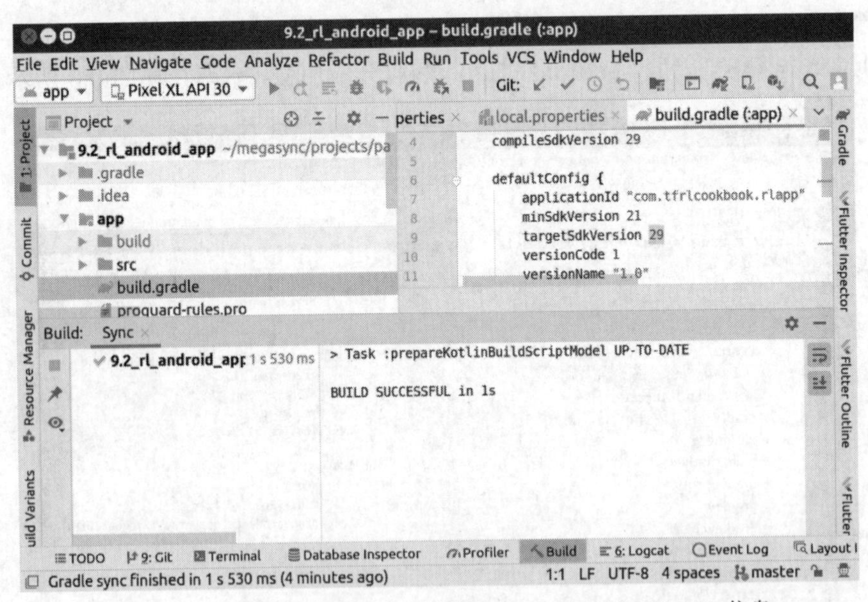

图 9.10 强化学习 Android 应用的 BUILD SUCCESSFUL 信息

建立的过程会产生可在 Android 设备上运行的.apk 文件。

（13）使用 **Run** 菜单运行应用程序，如图 9.11 所示。

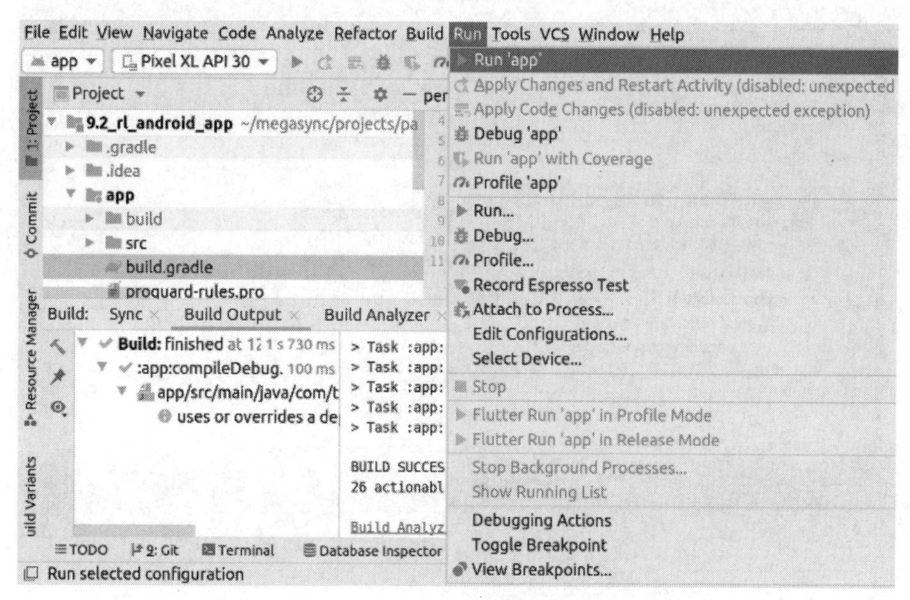

图 9.11　在 Android Studi 中运行强化学习应用程序的 Run 菜单选项

此时，如果运用的 Android 设备已连接到计算机，则可以在手机上启动该应用程序。或者，可以使用 AVD 模拟 Android 设备。

（14）从设备菜单中选择一个要仿真的 AVD 设备，如图 9.12 所示。

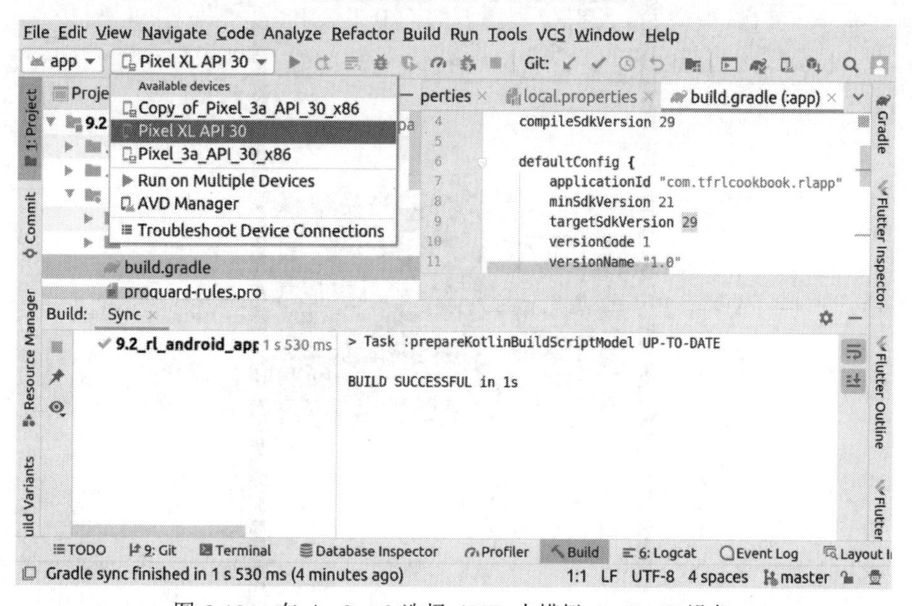

图 9.12　在 Android 选择 AVD 来模拟 Android 设备

（15）选择 **Run** 菜单中的 **Run 'app'** 选项，如图 9.13 所示。

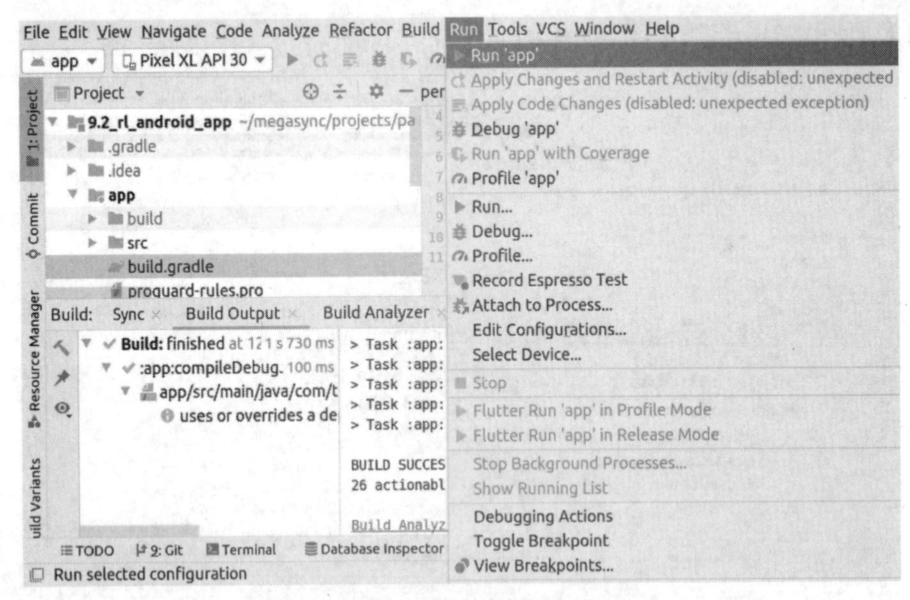

图 9.13 Run 'app' 命令启动应用程序

此时在 AVD 模拟器上启动应用程序（或者在手机上）。

（16）应用程序在 Android 设备上启动的界面如图 9.14 所示。

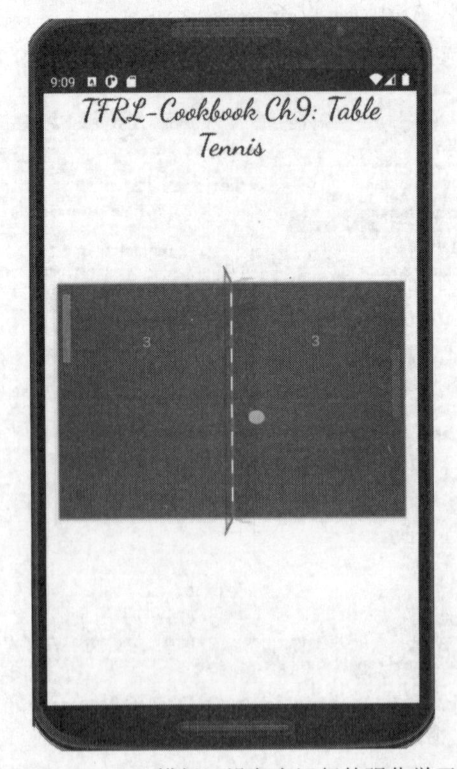

图 9.14 在 Android（模拟）设备上运行的强化学习应用程序

9.3.3 工作原理

在前面的方法中，了解了如何将深度强化学习智能体的模型导出为 TFLite 格式。前面的方法生成了两个 model.tflite 文件：一个用于 Actor，另一个用于 Critic。

第 3 章中，强化学习算法中 Actor 模块负责根据学习的策略生成动作，Critic 模块估计状态值或状态动作值。在部署强化学习智能体时，对智能体生成的动作比预测的状态或状态值更感兴趣。因此，这个方法仅将智能体的 Actor 模型用于部署。

首先通过更新应用程序的 gradle.build 文件包含 TFLite 依赖项。然后添加了 loadModelFile() 函数加载智能体的模型（model.tflite）。这将返回一个 MappedByteBuffer 对象，它是初始化 TFLite 解释器实例所必需的。一旦加载了智能体的模型并创建了 TFLite 解释器实例，就可以使用有效的输入运行解释器并获取智能体的动作。为了确保输入的格式是有效的，将图像数据从 BitMap 格式转换为 ByteBuffer 格式。根据训练强化学习智能体所用环境的观测空间，还定义了图像的观测宽度、高度、通道数等。

第（7）步中智能体模型返回的动作可用于启动/移动。例如乒乓球游戏中的红色球拍会对循环中的每个新观测结果输出响应的动作，让智能体能与自己或人类对抗。

9.4 使用 TensorFlow.js 为 Web 和 Node.js 组装深度强化学习智能体

JavaScript 是开发 Web 应用程序时的首选语言，因为它既可以作为前端编程语言，也可以作为后端编程语言，可以由 Web 浏览器或使用 Node.js 执行。当具备在 Web 上运行强化学习智能体的能力时，将为在 Web 应用中部署强化学习智能体提供几个新途径。本方法将展示如何训练强化学习智能体模型并将其导出，然后可以在 JavaScript 应用程序中使用，该应用程序可以直接在浏览器或 Node.js 环境中运行。TensorFlow.js（TF.js）库可以使用 JavaScript 运行现有模型，甚至训练/重新训练新模型。使用 tensorflowjs Python 模块将智能体模型导出为 JavaScript 支持的格式，该格式可以导入基于 JavaScript 的 Web 或桌面（Node.js/Electron）应用程序。同时介绍将智能体模型导出为 TF.js 层格式的两种方法。

9.4.1 前期准备

为完成本节内容，需要激活命名为 tf2rl-cookbook 的 Python/Conda 虚拟环境。请确保更新的环境与书中代码存储库中最新的 Conda 环境规范文件（tfrl-cookbook.yml）相匹配。如果以下导入语句运行没有问题，就可以准备开始了：

```
import argparse
import copy
import os
import random
```

```
from collections import deque
from datetime import datetime

import gym
import numpy as np
import tensorflow as tf
import tensorflowjs as tfjs
from tensorflow.keras.layers import (
    Conv2D,
    Dense,
    Dropout,
    Flatten,
    Input,
    Lambda,
    MaxPool2D,
)

import webgym
```

9.4.2 实现步骤

为了节省空间，重点关注于本节方法新的和重要的部分。以下步骤重点介绍模型保存和导出功能，以及实现这些功能的不同方法，并将省略行动者网络、评论家网络和智能体模型的定义以节省空间。

（1）设置命令行参数解析器，以便轻松地自定义脚本：

```
parser = argparse.ArgumentParser(
    prog="TFRL-Cookbook-Ch9-DDPGAgent-TensorFlow.
js-exporter"
)
parser.add_argument("--env", default="MiniWoBSocialMediaMuteUserVisualEnv-
    v0")
parser.add_argument("--actor_lr", type=float, default=0.0005)
parser.add_argument("--critic_lr", type=float, default=0.001)
parser.add_argument("--batch_size", type=int, default=64)
parser.add_argument("--tau", type=float, default=0.05)
parser.add_argument("--gamma", type=float, default=0.99)
parser.add_argument("--train_start", type=int, default=2000)
parser.add_argument("--logdir", default="logs")

args = parser.parse_args()
```

（2）设置日志，可以使用 TensorBoard 观察智能体的学习进度：

```
logdir = os.path.join(
    args.logdir, parser.prog, args.env, \
    datetime.now().strftime("%Y%m%d-%H%M%S")
)
print(f"Saving training logs to:{logdir}")
writer = tf.summary.create_file_writer(logdir)
```

（3）对于第一种导出方法，在下面的步骤中为 Actor 类、Critic 类和 Agent 类定义 save_h5() 函数。首先在 Actor 类中实现 save_h5() 函数，以将行动者网络模型导出为 Keras 的 h5 格式：

```
def save_h5(self, model_dir: str, version: int = 1):
  actor_model_save_dir = os.path.join(
    model_dir, "actor", str(version), "model.h5"
  )
  self.model.save(actor_model_save_dir, \
        save_format="h5")
  print(f"Actor model saved at:\
      {actor_model_save_dir}")
```

（4）类似地，为 Critic 类实现 save() 函数，以便将评论家网络模型导出为 Keras 的 h5 格式：

```
def save_h5(self, model_dir: str, version: int = 1):
  critic_model_save_dir = os.path.join(
    model_dir, "critic", str(version), "model.h5"
  )
  self.model.save(critic_model_save_dir, \
        save_format="h5")
  print(f"Critic model saved at:\
      {critic_model_save_dir}")
```

（5）为 Agent 类添加一个 save() 函数，该函数使用 Actor 类和 Critic 类中的 save() 函数保存智能体所需的两个模型：

```
def save_h5(self, model_dir: str, version: int = 1):
    self.actor.save_h5(model_dir, version)
    self.critic.save_h5(model_dir, version)
```

（6）在执行 save_h5() 函数后，save() 函数将生成两个模型（一个用于行动者网络，一个用于评论家网络），并将它们保存在文件系统的指定目录中，目录结构和文件如图 9.15 所示。

图 9.15　带有 save_h5 模型导出的 DDPG 强化学习智能体的目录结构和文件内容

（7）一旦生成了.h5 文件，就可以使用 tensorflowjs_converter 命令行工具，指定行动者网络模型的 save 目录的位置，转换为 TF.js 格式模型。相关示例可以参阅以下命令：

```
(tfrl-cookbook)praveen@desktop:~/tfrl-cookbook/ch9$tensorflowjs_converter
--input_format keras actor/1/model.h5 actor/t1/model.tfjs
```

（8）类似地，可以使用以下命令转换评论家网络模型：

```
(tfrl-cookbook)praveen@desktop:~/tfrl-cookbook/ch9$tensorflowjs_converter
--input_format keras critic/1/model.h5 critic/t1/model.tfjs
```

在实现 TF.js 格式的行动者网络和评论家网络模型后，下面研究另一种不需要（手动）切换到命令行将智能体模型导出为 TF.js 格式的方法。

（9）首先是 Actor 类的 save_tfjs() 函数的实现：

```
def save_tfjs(self, model_dir: str, version: \
int = 1):
  """Save/Export Actor model in TensorFlow.js
  supported format"""
  actor_model_save_dir = os.path.join(
    model_dir, "actor", str(version), \
    "model.tfjs"
  )
  tfjs.converters.save_keras_model(self.model,\
               actor_model_save_dir)
  print(f"Actor model saved in TF.js format at:\
      {actor_model_save_dir}")
```

（10）类似地，为 Critic 类实现 save_tfjs() 函数：

```
def save_tfjs(self, model_dir: str, version: \
int = 1):
  """Save/Export Critic model in TensorFlow.js
  supported format"""
```

```
    critic_model_save_dir = os.path.join(
      model_dir, "critic", str(version), \
      "model.tfjs"
    )
    tfjs.converters.save_keras_model(self.model,\
                critic_model_save_dir)
    print(f"Critic model saved TF.js format \
        at:{critic_model_save_dir}")
```

（11）Agent 类通过使用自己的 save_tfjs() 函数调用行动者网络和评论家网络的 save_tfjs() 函数，代码片段如下所示：

```
  def save_tfjs(self, model_dir: str, version: \
  int = 1):
    print(f"Saving Agent model to:{model_dir}\n")
    self.actor.save_tfjs(model_dir, version)
    self.critic.save_tfjs(model_dir, version)
```

（12）当执行智能体的 save_tfjs() 函数时，将生成 TF.js 格式的行动者网络和评论家网络模型，并生成具有如图 9.16 所示的目录结构和文件内容。

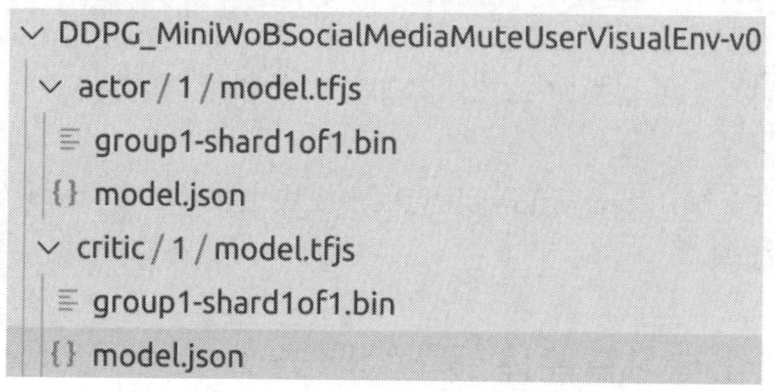

图 9.16　带有 save_tfjs 模型的 DDPG 强化学习智能体的目录结构和文件内容

（13）完成 _main_ 函数实现智能体的实例化，并直接使用 Python API 在 TF.js 层格式中训练和保存模型：

```
if __name__ == "__main__":
    env_name = args.env
    env = gym.make(env_name)
    agent = PPOAgent(env)
    agent.train(max_episodes=1)
    # Model saving
    model_dir = "trained_models"
    agent_name = f"PPO_{env_name}"
    agent_version = 1
```

```
agent_model_path = os.path.join(model_dir, \
                agent_name)
# agent.save_h5(agent_model_path, agent_version)
agent.save_tfjs(agent_model_path, agent_version)
```

（14）使用 TF.js 模型并将其部署到 Web、Node.js、Electron 或任何其他基于 JavaScript/TypeScript 的应用程序中。

9.4.3 工作原理

在这个方法中，使用了一个 DDPG 智能体和行动者-评论家网络，期望获得观测图像和产生连续空间的动作。也可以将智能体代码换为前面章节中使用不同状态/观测空间和动作空间中的 DDPG 甚至其他不同的强化学习算法。

本节重点讨论了两种保存智能体模型并将其转换为 TF.js 格式的方法。第一种方法可以生成 H5 格式的 Keras 模型，H5 格式是 HDF5 的缩写，HDF5 是分层数据格式版本 5 (Hierarchical Data Format version 5) 文件格式的首字母缩写。然后使用 tensorflowjs_converter 命令行工具将其转换为 TF.js 模型。虽然该模型是轻量级的，并且很容易处理每个模型的单个文件，但是 Keras HDF5 模型与 SavedModel 文件格式相比有局限性。具体来说，Keras HDF5 模型不包含自定义对象/层的计算图，因此需要这些自定义对象的 Python 类/函数的定义才能在运行时重建模型。此外，当（使用 model.add_loss() 或 model.add_metric()）在模型类定义之外添加损失项和指标的情况时，这些不会导出到 HDF5 模型文件中。

在第二种方法中，使用 tensorflowjs Python 模块直接（在内存中）转换并以 TF.js 层格式保存智能体的模型。

9.5 将深度强化学习智能体部署为服务

一旦训练了强化学习智能体以解决问题或业务需求，就会希望将其作为服务进行部署，而不是将经过训练的智能体模型作为产品销售。这有很多原因，例如通过服务部署具有更好的扩展性并且能够更便捷地进行模型更新。如果将智能体作为产品销售，需要一种用新版本更新智能体模型的方法，而不希望维护或提供对多个版本或旧版本智能体的支持。同时需要一个稳健且经过良好测试的机制将强化学习智能体作为一个人工智能服务提供，该服务允许对不同的框架和 CPU/GPU 提供支持、轻松的模型升级、日志记录、性能监控等。

为了满足所有这些需求，使用 NVIDIA 的 Triton 服务器作为后端，将智能体作为一项服务。Triton 作为人工智能模型大规模生产部署的统一推理框架，它支持多种深度学习框架，包括 TensorFlow2、PyTorch、ONNX、Caffe2 和其他框架和定制框架，并提供其他一些产品质量特性和优化，如并发模型执行、动态批处理、日志记录以及性能和运行状况监控。

9.5.1 前期准备

为完成本节内容，需要激活命名为 tf2rl-cookbook 的 Python/Conda 虚拟环境。请确保更新的环境与书中代码存储库中最新的 Conda 环境规范文件（tfrl-cookbook.yml）相匹配。还需要确保机器上安装了支持拥有的 GPU 的、最新的 NVIDIA GPU 驱动程序，并在计算机上设置 Docker。如果读者还没有安装 Docker，可以按照官方说明为操作系统设置 Docker。

9.5.2 实现步骤

为了节省空间，将重点关注要构建的服务，省略智能体训练脚本的内容。

（1）训练、保存和导出要作为服务托管的智能体。可以使用 agent_trainer_saver.py 示例脚本，使用以下命令为 Webgym 环境套件中的一个任务训练 PPO 智能体：

```
$ python agent_trainer_saver.py
```

一旦训练好智能体模型，我们就可以进入下一步。

在 NVIDIA 框架支持列表查找支持 NVIDIA GPU 驱动程序版本的容器镜像版本（yy.mm 格式）。例如，如果已安装 NVIDIA 驱动程序版本 450.83（可以通过运行 nvidia-smi 查看），那么使用 CUDA 11.0.3 或更低版本构建的容器版本（如 20.09 或更老版本）将可以正常工作。

（2）一旦确定了合适的容器版本，比如 yy.mm，就可以使用以下命令提取 NVIDIA Triton server 镜像：

```
praveen@desktop:~$ docker pull nvcr.io/nvidia/tritonserver:yy.mm-py3
```

（3）将 yy.mm 更改为已标识的版本。例如，可以运行以下命令获取版本 20.09 的容器：

```
praveen@desktop:~$ docker pull nvcr.io/nvidia/tritonserver:20.09-py3
```

（4）运行 agent_trainer_saver 脚本时，已训练的模型存储在 trained_models 目录中，目录结构和内容如图 9.17 所示。

（5）要启动服务，运行以下命令：

```
$ docker run --shm-size=1g --ulimit memlock=-1 --ulimit stack=67108864 --
gpus=1 --rm -p8000:8000 -p8001:8001 -p8002:8002 -v/full/path/to/
trained_models/actor:/models nvcr.io/nvidia/tritonserver:yy.mm-py3
tritonserver --model-repository=/models --strict-model-config=false --log-
verbose=1
```

在运行 Docker 命令时更新-v 标志后指向服务器上 trained_models/actor 文件夹的路径。同样，记得更新 yy.mm 值以符合所使用的容器版本（例如 20.3）。

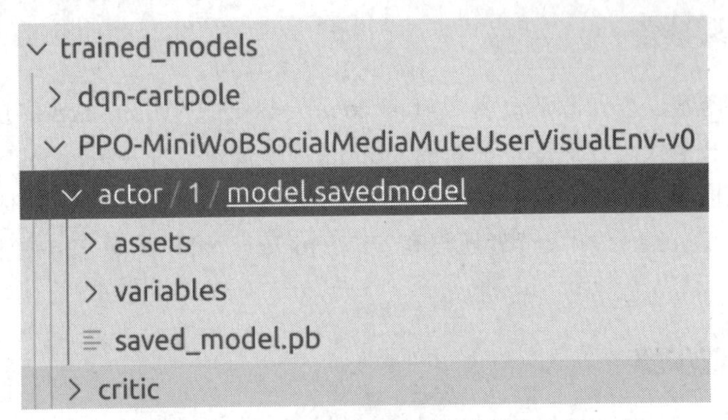

图 9.17 导出训练模型的目录结构和内容

（6）如果要使用没有 GPU（不推荐）的机器为智能体模型提供服务，只需省略-gpus=1 标志来指示 Triton server 仅使用 CPU 提供服务，命令如下所示：

```
$ docker run --shm-size=1g --ulimit memlock=-1 --ulimit stack=67108864 --
rm -p8000:8000 -p8001:8001 -p8002:8002 -v/full/path/to/trained_models/
actor:/models nvcr.io/nvidia/tritonserver:yy.mm-py3 tritonserver --model-
repository=/models --strict-model-config=false --log-verbose=1
```

（7）如果在使用智能体模型提供服务时遇到问题，请检查描述模型配置文件 trained_models/actor/config.pbtxt。虽然 Triton 可以从 TensorFlow 保存的模型自动生成 config.pbtxt 文件，但它可能不适合所有情况，尤其是自定义策略网络的实现。如果使用 agent_trainer_saver 脚本导出训练好的 PPO 智能体，则可以使用下面的 config.pbtxt。在接下来的第（7）～第（12）步中重点讨论模型配置：

```
{
  "name": "actor",
  "platform": "tensorflow_savedmodel",
  "backend": "tensorflow",
  "version_policy": {
    "latest": {
      "num_versions": 1
    }
  },
  "max_batch_size": 1,
```

（8）指定输入（状态/观测）空间/维度配置：

```
  "input": [
      {
        "name": "input_1",
        "data_type": "TYPE_FP64",
```

```
            "dims": [
                64,
                64,
                3
            ],
        "format": "FORMAT_NHWC"
    }
],
```

（9）指定输出（动作空间）：

```
"output": [
    {
        "name": "lambda",
        "data_type": "TYPE_FP64",
        "dims": [
            2
        ]
    },
    {
        "name": "lambda_1",
        "data_type": "TYPE_FP64",
        "dims": [
            2
        ]
    }
],
```

（10）指定实例组、优化参数等：

```
"batch_input": [],
"batch_output": [],
"optimization": {
    "priority": "PRIORITY_DEFAULT",
    "input_pinned_memory": {
        "enable": true
    },
    "output_pinned_memory": {
        "enable": true
    }
},
"instance_group": [
    {
        "name": "actor",
```

```
            "kind": "KIND_CPU",
            "count": 1,
            "gpus": [],
            "profile": []
        }
    ],
```

（11）config.pbtxt 文件所需的最后一组配置参数如下所示：

```
    "default_model_filename": "model.savedmodel",
    "cc_model_filenames": {},
    "metric_tags": {},
    "parameters": {},
    "model_warmup": []
}
```

（12）我们的智能体服务已上线！此时，如果读者希望在公共网络上提供此服务，可以在云/远程服务器/VPS 上运行相同的命令。让我们快速向服务器发送一个查询，以确保一切按预期进行：

```
$curl -v localhost:8000/v2/health/ready
```

（13）如果智能体模型没有问题，可以看到类似于以下内容的输出：

```
...
< HTTP/1.1 200 OK
< Content-Length: 0
< Content-Type: text/plain
```

（14）使用一个成熟的示例客户端应用程序查询智能体服务以获得指定的动作。快速设置运行 Triton 客户端所需的工具和库。可以使用 Python pip 安装依赖项，如以下命令段所示：

```
$ pip install nvidia-pyindex
$ pip install tritonclient[all]
```

（15）为了能够运行性能分析器（perf_analyzer），使用以下命令安装 libb64-dev 系统库：

```
$ sudo apt update && apt install libb64-dev
```

（16）运行示例 Triton 客户端应用程序的所有依赖项：

```
$ python sample_client_app.py
```

9.5.3　工作原理

本节介绍的方法包括三部分：

（1）训练、保存并导出；

（2）部署；

（3）服务启动。

第一部分介绍了智能体训练、保存和导出过程。首先选择了想要训练的强化学习环境和智能体算法。然后，使用本书前面讨论的许多训练策略中的一种训练智能体模型。使用本章前面介绍的模型保存和导出方法，以 TensorFlow 的 SavedModel 文件格式导出经过训练的智能体模型。在保存和导出智能体模型时，应遵循特定的目录结构和文件命名约定。此约定与 NVIDIA Triton server 使用的模型存储库约定保持一致，从而使导出的模型可以方便地与实际使用的 Triton server 一起使用。此外，还可以同时轻松地管理智能体模型的多个版本。

第二部分介绍如何使用 NVIDIA 的 Triton 服务器部署导出的智能体模型。

实际使用的服务后端为智能体提供服务是容易的，可以轻松地在远程/云服务器或 VPS 上运行 Docker 容器，将此服务部署到 Web 上。

一旦服务启动，就看到了客户端如何通过从测试环境发送带有适当输入/观测数据的动作请求使用服务。

9.6　为跨平台部署组装深度强化学习智能体

尽管深度强化学习的最大成功是在游戏（Atari、国际象棋、围棋、将棋）和模拟机器人领域，但真实世界中的应用正在不断出现，深度强化学习显示出巨大的潜力和价值。预计很快会将深度强化学习智能体部署到各种不同物理形态的终端，例如嵌入式控制器、计算机、自动驾驶汽车、无人机和其他机器人等。硬件处理器（CPU、GPU、TPU、FPGA、ASIC）、操作系统（Linux、Windows、OSX、Android）、架构（x86、ARM）和形式因素（服务器、台式机、移动设备、物联网和嵌入式系统等）的差异使部署过程充满挑战。本方法包括如何利用 TensorFlow 2.x 框架的库、工具和实用程序组装适合部署到 Web、移动端、物联网、嵌入式系统、机器人和桌面平台的深度强化学习智能体模型。

此方法提供了一个完整的脚本，用于构建、训练和组装多种格式的深度强化学习智能体，这些格式可用于部署/服务使用 TensorFlow Serving、TensorFlow Hub、TensorFlow.js、TensorFlow Lite、NVIDIA Triton、ONNX、ONNX.js、Clipper 以及为深度学习模型构建的大多数其他服务框架。

9.6.1　前期准备

为完成本节内容，需要激活命名为 tf2rl-cookbook 的 Python/Conda 虚拟环境。请确保更新的环境与书中代码存储库中最新的 Conda 环境规范文件（tfrl-cookbook.yml）相匹配。如果以下导入语句运行没有问题，就可以准备开始了：

```
import argparse
import os
import sys
from datetime import datetime

import gym
import keras2onnx
import numpy as np
import procgen  # Used to register procgen envs with Gym registry
import tensorflow as tf
import tensorflowjs as tfjs
from tensorflow.keras.layers import Conv2D, Dense, Dropout, Flatten, Input
    , MaxPool2D
```

9.6.2 实现步骤

在接下面的内容中，为了节省空间，将集中讨论新的和重要的部分，重点关注各种模型的保存和导出功能，省略行动者网络、评论家网络和智能体模型的定义。相关完整的实现，请参阅本书的代码库。首先为行动者网络模型依次实现 save() 函数和 export() 函数，然后在后续步骤中为评论家网络模型重复这些步骤，最后完成智能体的实现。

（1）将 TensorFlow Keras 的后端设置为使用 float32 作为浮点值的默认表示，而不是默认的 float64：

```
tf.keras.backend.set_floatx("float32")
```

（2）下面的几个步骤实现行动者网络的各种 save() 函数和 export() 函数。首先实现 save() 函数，将行动者网络模型保存并导出为 TensorFlow 的 SavedModel 格式：

```
  def save(self, model_dir: str, version: int = 1):
      actor_model_save_dir = os.path.join(
          model_dir, "actor", str(version),
          "model.savedmodel"
      )
      self.model.save(actor_model_save_dir, \
              save_format="tf")
      print(f"Actor model saved at:\
          {actor_model_save_dir}")
```

（3）向 Actor 类添加 save_tflite() 函数，可以以 tflite 格式保存和导出行动者网络模型：

```
  def save_tflite(self, model_dir: str, version: \
```

```
int = 1):
  """Save/Export Actor model in TensorFlow Lite
  format"""
  actor_model_save_dir = os.path.join(model_dir,\
                "actor", str(version))
  model_converter = \
    tf.lite.TFLiteConverter.from_keras_model(
                  self.model)
  # Convert model to TFLite Flatbuffer
  tflite_model = model_converter.convert()
  # Save the model to disk/persistent-storage
  if not os.path.exists(actor_model_save_dir):
    os.makedirs(actor_model_save_dir)
  actor_model_file_name = \
    os.path.join(actor_model_save_dir,
          "model.tflite")
  with open(actor_model_file_name, "wb") as \
  model_file:
    model_file.write(tflite_model)
  print(f"Actor model saved in TFLite format at:\
      {actor_model_file_name}")
```

（4）实现 save_h5() 函数并将其添加到 Actor 类中，可以以 HDF5 格式保存和导出行动者网络模型：

```
def save_h5(self, model_dir: str, version: int = 1):
  actor_model_save_path = os.path.join(
    model_dir, "actor", str(version), "model.h5"
  )
  self.model.save(actor_model_save_path, \
          save_format="h5")
  print(f"Actor model saved at:\
      {actor_model_save_path}")
```

（5）在 Actor 类中添加 save_tfjs() 函数，可以以 TF.js 格式保存并导出行动者网络模型：

```
def save_tfjs(self, model_dir: str, version: \
int = 1):
  """Save/Export Actor model in TensorFlow.js
  supported format"""
  actor_model_save_dir = os.path.join(
    model_dir, "actor", str(version), \
    "model.tfjs"
```

```
    )
    tfjs.converters.save_keras_model(self.model, \
                  actor_model_save_dir)
    print(f"Actor model saved in TF.js format at:\
        {actor_model_save_dir}")
```

（6）向 Actor 类中添加 save_onnx() 函数，可以保存和导出 ONNX 格式的行动者网络模型：

```
def save_onnx(self, model_dir: str, version: \
int = 1):
    """Save/Export Actor model in ONNX format"""
    actor_model_save_path = os.path.join(
      model_dir, "actor", str(version), \
      "model.onnx"
    )
    onnx_model = keras2onnx.convert_keras(
              self.model, self.model.name)
    keras2onnx.save_model(onnx_model, \
              actor_model_save_path)
    print(f"Actor model saved in ONNX format at:\
        {actor_model_save_path}")
```

（7）这样就完成了 Actor 类的保存和导出方法。以类似的方式，将 save() 函数添加到 Critic 类：

```
def save(self, model_dir: str, version: int = 1):
    critic_model_save_dir = os.path.join(
      model_dir, "critic", str(version), \
      "model.savedmodel"
    )
    self.model.save(critic_model_save_dir, \
          save_format="tf")
    print(f"Critic model saved at:\
        {critic_model_save_dir}")
```

（8）实现 Critic 类的 save_tflite() 函数，用于以 TFLite 格式保存和导出评论家网络模型：

```
def save_tflite(self, model_dir: str, version: \
int = 1):
    """Save/Export Critic model in TensorFlow Lite
    format"""
    critic_model_save_dir = os.path.join(model_dir,\
```

```
                "critic", str(version))
    model_converter = \
      tf.lite.TFLiteConverter.from_keras_model(
                      self.model)
    # Convert model to TFLite Flatbuffer
    tflite_model = model_converter.convert()
    # Save the model to disk/persistent-storage
    if not os.path.exists(critic_model_save_dir):
      os.makedirs(critic_model_save_dir)
    critic_model_file_name = \
      os.path.join(critic_model_save_dir,
             "model.tflite")
    with open(critic_model_file_name, "wb") as \
    model_file:
      model_file.write(tflite_model)
    print(f"Critic model saved in TFLite format at:\
        {critic_model_file_name}")
```

（9）将 save_h5() 函数添加到到 Critic 类，可以以 HDF5 格式保存和导出评论家网络模型：

```
  def save_h5(self, model_dir: str, version: int = 1):
    critic_model_save_dir = os.path.join(
      model_dir, "critic", str(version), "model.h5"
    )
    self.model.save(critic_model_save_dir, \
          save_format="h5")
    print(f"Critic model saved at:\
        {critic_model_save_dir}")
```

（10）向 Critic 类添加 save_tfjs() 函数，可以以 TF.js 格式保存并导出评论家网络模型：

```
  def save_tfjs(self, model_dir: str, version: \
  int = 1):
    """Save/Export Critic model in TensorFlow.js
    supported format"""
    critic_model_save_dir = os.path.join(
      model_dir, "critic", str(version), \
      "model.tfjs"
    )
    tfjs.converters.save_keras_model(self.model,\
                critic_model_save_dir)
    print(f"Critic model saved TF.js format at:\
```

```
        {critic_model_save_dir}")
```

（11）最后修改的是 save_onnx() 函数，它将评论家网络模型以 ONNX 格式进行保存并导出：

```
def save_onnx(self, model_dir: str, version: \
int = 1):
  """Save/Export Critic model in ONNX format"""
  critic_model_save_path = os.path.join(
    model_dir, "critic", str(version), \
    "model.onnx"
  )
  onnx_model = keras2onnx.convert_keras(self.model,
                  self.model.name)
  keras2onnx.save_model(onnx_model, \
              critic_model_save_path)
  print(f"Critic model saved in ONNX format at:\
      {critic_model_save_path}")
```

（12）完成了对智能体的 Critic 类的保存和导出方法的添加后。现在可以将相应的 save() 函数添加到 Agent 类中，该类只需调用行动者网络和评论家网络中相应的 save() 函数：

```
def save(self, model_dir: str, version: int = 1):
  self.actor.save(model_dir, version)
  self.critic.save(model_dir, version)

def save_tflite(self, model_dir: str, version: \
int = 1):
  # Make sure 'toco_from_protos binary' is on
  # system's PATH to avoid TFLite ConverterError
  toco_bin_dir = os.path.dirname(sys.executable)
  if not toco_bin_dir in os.environ["PATH"]:
    os.environ["PATH"] += os.pathsep + \
            toco_bin_dir
  print(f"Saving Agent model (TFLite) to:\
      {model_dir}\n")
  self.actor.save_tflite(model_dir, version)
  self.critic.save_tflite(model_dir, version)
```

（13）PPOAgent 类的其余保存和导出方法也很简单：

```
def save_h5(self, model_dir: str, version: int = 1):
```

```
        print(f"Saving Agent model (HDF5) to:\
            {model_dir}\n")
        self.actor.save_h5(model_dir, version)
        self.critic.save_h5(model_dir, version)

    def save_tfjs(self, model_dir: str, version: \
    int = 1):
        print(f"Saving Agent model (TF.js) to:\
            {model_dir}\n")
        self.actor.save_tfjs(model_dir, version)
        self.critic.save_tfjs(model_dir, version)

    def save_onnx(self, model_dir: str, version: \
    int = 1):
        print(f"Saving Agent model (ONNX) to:\
            {model_dir}\n")
        self.actor.save_onnx(model_dir, version)
        self.critic.save_onnx(model_dir, version)
```

（14）完成了 Agent 类的实现后，现在准备好运行脚本构建、训练和导出深度强化学习模型，实现 __main__ 函数并调用前面步骤中实现的所有 save() 函数：

```
if __name__ == "__main__":
    env_name = args.env
    env = gym.make(env_name)
    agent = PPOAgent(env)
    agent.train(max_episodes=1)
    # Model saving
    model_dir = "trained_models"
    agent_name = f"PPO_{env_name}"
    agent_version = 1
    agent_model_path = os.path.join(model_dir, \
                    agent_name)
    agent.save_onnx(agent_model_path, agent_version)
    agent.save_h5(agent_model_path, agent_version)
    agent.save_tfjs(agent_model_path, agent_version)
    agent.save_tflite(agent_model_path, agent_version)
```

（15）执行脚本。默认情况下，脚本将训练智能体一个回合并保存智能体模型，并以各种格式导出模型以备部署。脚本完成后，可以看到导出的模型，其目录结构和内容与图 9.18 所示类似。

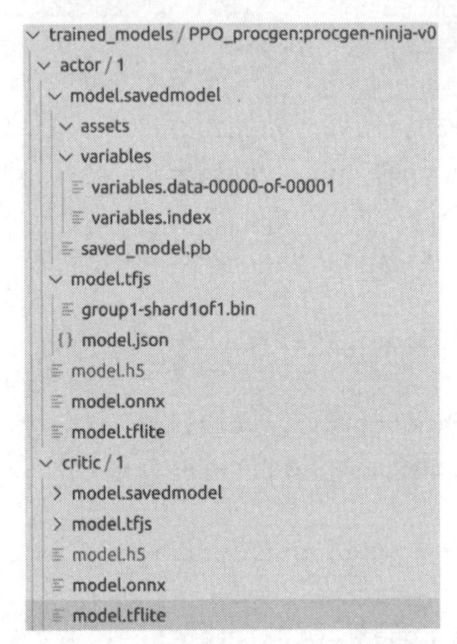

图 9.18　将 PPO 模型导出为各种格式以进行部署

9.6.3　工作原理

由于 TFLite 的目标是在嵌入式和移动设备上运行，不支持 TensorFlow 默认使用的 float64 表示（出于性能原因），所以首先将 TensorFlow Keras 后端浮点值的默认表示设置为 float32。

在这个方法中，使用了一个带有行动者网络和评论家网络的 PPO 智能体，它期望获取图像观测并在离散空间中产生动作，本方法适用于如 OpenAI 程序生成的 procgen 的强化学习环境。可以将智能体更换为第 8 章中使用不同状态/观测空间和动作空间的 PPO 的实现，还可以将当前算法替换为不同的强化学习算法。

本节还讨论了几种保存和导出智能体模型的方法，利用 TensorFlow 2.x 提供的整套工具和库。本节实现的各种导出选项的概述如图 9.19 所示。

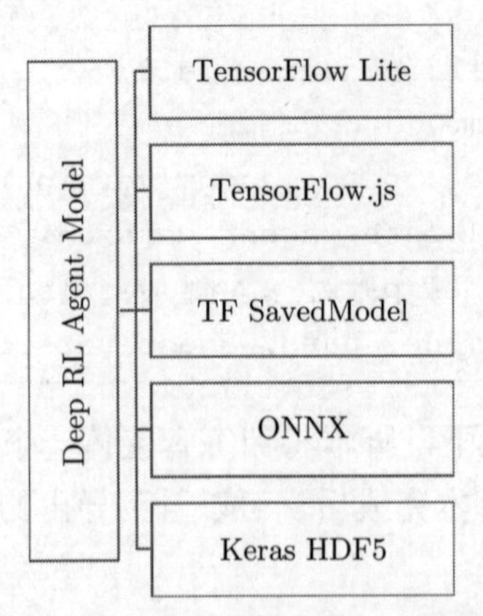

图 9.19　本方法中讨论的各种强化学习模型导出选项概述

至此，就结束了整本书的内容。本书中讨论了许多不同的内容，包括利用 TensorFlow 2.x 框架和基于它构建的工具和库的生态系统来构建强化学习环境、算法、智能体和应用程序。